计算机类技能实战系列丛书
互联网+创新型“十四五”精品教材

大数据与人工智能

应用基础

主　编◎张　翼　乔丽婧　张　宇
副主编◎吴大有　赵俊峰　王博雅
王　晨　艾小敏　郑　磊
陆晓生

哈爾濱工程大學出版社
Harbin Engineering University Press

内 容 简 介

本书以项目任务式体例模式编写而成。全书共 9 个项目，主要包括大数据概述、大数据架构、大数据采集与存储、大数据分析与处理、人工智能概述、人工智能算法、Python 概述、Python 大数据应用、Python 人工智能应用。读者学后可以了解大数据与人工智能的应用如何改变生活。

本书结构清晰、语言简洁，既可作为应用型本科院校、职业院校相关专业的教材，也可作为计算机领域技术人员及大数据与人工智能技术爱好者的入门学习用书。

图书在版编目（CIP）数据

大数据与人工智能应用基础 / 张翼，乔丽婧，张宇主编. -- 哈尔滨 : 哈尔滨工程大学出版社，2025. 3.
ISBN 978-7-5661-4693-9

Ⅰ. TP274；TP18

中国国家版本馆 CIP 数据核字第 2025AX2734 号

大数据与人工智能应用基础
DASHUJU YU RENGONG ZHINENG YINGYONG JICHU

选题策划 张林峰
责任编辑 田 婧

出版发行 哈尔滨工程大学出版社
社　　址 哈尔滨市南岗区南通大街 145 号
邮政编码 150001
发行电话 0451-82519989
经　　销 新华书店
印　　刷 三河市中晟雅豪印务有限公司
开　　本 787 mm×1 092 mm 1/16
印　　张 14.5
字　　数 371 千字
版　　次 2025 年 3 月第 1 版
印　　次 2025 年 3 月第 1 次印刷
书　　号 ISBN 978-7-5661-4693-9
定　　价 49.80 元
http://www.hrbeupress.com
E-mail:heupress@hrbeu.edu.cn

前 言

党的二十大报告中指出，育人的根本在于立德，要全面贯彻党的教育方针，落实立德树人的根本任务，培养德、智、体、美、劳全面发展的社会主义建设者和接班人。报告中的内容为我国新时代的教育事业指明了清晰且坚定的方向，也为我们提供了思想指引和行动指南。

目前，大数据和人工智能已经成为信息技术研究的新热点，并显示出日益增长的生命力和吸引力。大数据与人工智能技术发展方兴未艾，成为人们关注的热点。由于该领域的理论知识过于复杂且涉及大量的公式及算法推导，对于零基础或初学者来说学习难度较大。为改变这种现状，本书将大数据与人工智能中的理论知识转变成简单通俗的内容，且并不过多地侧重于公式推导及算法的详细讲解。

本书不仅涉及大数据与人工智能的关键技术和最新动向，而且还重视应用实例，对Python语言在大数据和人工智能中的应用做了详细的实例讲解，既具有前沿性与先进性，又具有很好的实用性。

（1）提供全面的内容覆盖：本书不仅涵盖了大数据和人工智能的核心概念、技术及应用，还介绍了Python语言的应用。从基础知识到前沿技术，从技术角度到道德、伦理和数据安全等角度，内容全面而详细。

（2）强调大数据和人工智能之间的密切关系：本书强调大数据与人工智能的相互依赖和互补关系。大数据为人工智能系统提供了训练和改进的基础，人工智能则为大数据的分析和应用提供了支持。

（3）讲解深入浅出：本书以深入浅出的方式分享相关研究的发展历史、理论基础、经典算法和前沿应用。无论是已经初步了解大数据和人工智能的读者，还是从未接触过大数据和人工智能的读者，通过学习本书都能扩展对大数据和人工智能的数据科学认知。

本书由张翼（湖北文理学院理工学院）、乔丽婧（烟台文化旅游职业学院）、张宇（大连医科大学）担任主编；由吴大有（有数企业管理咨询（广州）有限公司）、赵俊峰、王博雅（河南牧业经济学院）、王晨（上海思博职业技术学院）、艾小敏（郑敬诒职业技术学校）、郑磊 (德阳科贸职业学院) 、陆晓生（北方自动控制技术研究所）担任副主编。本书的相关资料和售后服务可扫封底微信二维码或登录www.bjzzwh.com下载获得。

由于编者水平有限，书中难免存在疏漏和不当之处，敬请各位专家及读者批评指正。

编 者

前言

目　录

CONTENTS

项目 1　大数据概述

项 目 导 读

大数据时代的到来，标志着一个以数据量的爆炸性增长和数据分析技术的显著进步为特征的新纪元的开启。大数据对社会的结构和运作方式产生了深远的影响，同时也带来了对隐私保护和数据安全的新挑战。本项目主要介绍大数据的重要性，以及大数据的发展历程和我国的大数据发展态势对大数据兴起的相关内容。

学习目标

◆ 知识目标

- 了解大数据的定义和特性。
- 熟悉大数据的重要性和应用领域。
- 掌握大数据的应用领域和发展现状。

◆ 技能目标

- 对大数据的定义有清晰准确的认识。
- 明确大数据五大特性的具体内涵和表现形式，掌握不同类型的大数据结构，了解其特点和应用场景。
- 熟悉大数据的关键技术，理解其在大数据处理中的作用。
- 清晰区分大数据与传统数据的差异，包括数据规模、处理方式、价值挖掘等方面。

◆ 素质目标

- 培养读者学会以数据为导向思考问题，提升数据敏感度。
- 培养读者勇于尝试新的技术和工具，积极探索大数据在不同领域的应用，积累经验，提高技术水平。
- 引导读者尊重数据的真实性和客观性，不篡改、伪造数据，确保数据的质量和可靠性。

◆ 思政目标

- 引导读者扎实掌握大数据基础知识，培养科学严谨、求真务实的学习态度，激发对知识精准钻研的精神。
- 讲解大数据重要性时，树立正确的价值观，使读者认识到大数据对社会发展的推动作用。

任务1　大数据的基本知识

任务描述

本任务将从大数据的定义、特点、结构类型、关键技术，以及与传统数据的区别等多个方面，对大数据进行全面且系统的阐述。

任务分析

在当今数字化时代，大数据已经广泛渗透到各个领域，从商业决策到科学研究，从社交媒体到医疗保健，都离不开大数据的应用。通过本任务的学习，读者可以更好地利用大数据推动社会的发展和创新。

任务重点与实施

“大数据”一词最早出现在著名未来学家阿尔文·托夫勒1983年所著的《第三次浪潮》一书，该书提到“如果IBM的主机拉开了信息化革命的大幕，那么‘大数据’才是第三次浪潮的华彩乐章。”

1.1.1　大数据定义

数据和信息的记录一直是人类文明发展的重要组成部分。在远古时代，当文字尚未形成系统时，人们便开始利用自然界中的材料来记载信息。他们用尖锐的石头在岩石上刻画狩猎的场景、天文现象或是日常生活，以此作为信息的载体。这些原始的“硬盘”，虽然简陋，却承载着古代人类智慧的火花。

随着时间的推进，人类学会了使用更加多样化的材料进行信息的记录和传输。竹子因其易于获取且加工方便的特性，被用来制作竹简；而布帛则由于其轻便和易于保存的特点，成为书写材料的另一种选择。然而，不论是竹简还是布帛，它们的制作工艺复杂，成本较高，且存储容量有限，这在很大程度上限制了数据量的增长及信息传播的效率和范围。

纸张的发明无疑是信息记录与传播历史上的一次革命。它轻巧、廉价且易于大量生产，使得书籍成为普及知识的重要工具。印刷术的诞生进一步推动了这一进程，使文化的传播速度和范围都有了显著的提升。尽管与今日的标准相比，那时的数据量仍然较小，信息传递的速度和范围都较为有限，但纸张和印刷术的出现为人类知识的传承和文明的交流奠定了坚实的基础。

进入20世纪，电子计算机的发明彻底改变了数据处理的方式。这种全新的技术设备以其惊人的速度进行计算和处理数据，使得数据存储和分析工作变得前所未有的高效。磁盘等存储介质的出现，更是让大量的数据得以安全地保存和快速地检索。从此，数据不仅是静态的记录，还可以被分析和利用，为决策提供支持，为研究提供依据。

互联网的兴起将数据的记录和传播带入了一个全新的纪元。博客、社交网络、基于位置服务的新型信息发布方式层出不穷，极大地丰富了人们的沟通方式和信息交流的途径。云计算的出现，让大规模的数据存储和处理成为可能，而物联网的崛起则是将现实世界中的物品通过传感器和网络连接起来，生成了大量的实时数据。至此，人们进入了所谓的大数据时代。

大数据是指具有数量巨大(无统一标准，一般认为在T级或P级以上，即10^{12}或10^{15}以上)、类型多样(既包括数值型数据，也包括文字、图形、图像、音频、视频等非数值型数据)、处理时效短、数据源可靠性保证度低等综合属性的海量数据集合。

1.1.2　大数据的五大特性

大数据这一名词出现后，很多组织和机构都希望能够对大数据的特征进行准确描述，其中比较有代表性的是国际商业机器公司(IBM)提出的大数据具有“5V”的特征，即大量(volume)、高速(velocity)、多样(variety)、价值(value)、真实(veracity)，如图1-1所示。

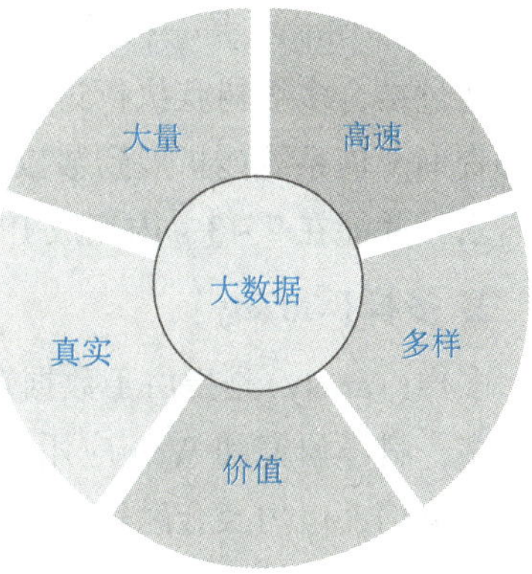

图1-1　大数据的“5V”特征

1. 大量(volume)

大量(volume)是指大数据的数据规模巨大，其单位从TB级别跃升到PB级别甚至ZB级别。据资料显示，天文学和基因学是最早产生大数据变革的领域，2000年，斯隆数字巡天项目启动时，位于新墨西哥州阿帕奇山顶天文台的2.5 m口径望远镜进行的红移巡天项目，在短短几周内搜集到的数据已经比天文学历史上总共搜集的数据还要多。2016年9月，我国建成的“中国天眼”(学名为500 m口径球面射电望远镜(FAST))一年产生的数据大约在15 PB，平均每秒钟产生2 GB的数据。2003年，人类第一次破译人体基因密码的时候，辛苦工作了10年才完成了30亿对碱基对的排序。大约10年之后，世界范围内的基因仪每15 min就可以完成同样的工作。

随着各种随身设备及物联网、云计算、云存储等技术的进步，人和物的所有轨迹都能被记录，因此产生了大量数据。移动互联网的核心网络节点转变为人，不再是网页，每个人都成了数据的生产者。微信、微博、照片、录像等都是其数据产物；数据来自无数自动化传感器、自动记录设施、生产监控、环境监测、交通监控、安防监控等，以及自动流程记录。例如，刷卡机、收款机、电子停车收费系统，互联网点击、电话拨号等设备，以及各类办事流程登记等。海量的自动或人工生成的数据通过互联网聚集到特定地点，包括电信运营商、互联网服务商、政府、银行、商场、企业、交通枢纽等机构，形成了数据的海洋。

2. 高速(velocity)

高速(velocity)是指数据的增长速度和处理速度都很快。在大数据时代，大数据的交换和传播主要是通过互联网和云计算等方式实现的，其数据的增长速度非常迅速。其中，某些数据源呈现爆炸性的生成速度，例如，欧洲核子研究中心的大型强子对撞机在运行中，每秒钟即可产生 PB 级别的数据。而其他数据则以稳定而持续的方式产生，但鉴于用户群体庞大，即便在短时间内，累积的数据规模也相当巨大，例如，用户点击量、系统日志、无线射频识别数据，以及全球定位系统的位置数据等。

大数据的处理速度非常快，它依托于即时生成的数据提供实时分析结果。因此，大数据的处理和分析速度通常要达到秒级响应，这与传统的数据挖掘技术存在明显差异，后者往往不要求给出实时分析结果。在数据处理速度方面，有一个著名的“1 秒定律”，即要在秒级时间范围内给出分析结果，超出这个时间，数据就失去价值。为了快速分析巨量数据，新兴的大数据分析技术常常采用集群处理和特定的内部架构。例如，谷歌公司的 Dremel 是一种可扩展的、交互式的实时查询系统，用于只读嵌套数据的分析，通过结合多级树状执行过程和列式数据结构，它能做到几秒内完成对万亿张表的聚合查询。该系统能扩展到数以千计的 CPU，可以满足成千上万用户操作 PB 级别数据的需求，并能在 2 ~ 3 s 内完成 PB 级别数据的查询。

3. 多样(variety)

多样(variety)是指由于数据来源的广泛性，决定了数据形式的多样性。大数据的来源众多，科学研究和 Web 应用等领域都在源源不断地生成新的数据。在生物、交通、医疗、电信、电力及金融等行业，大数据呈现出爆炸性增长，涵盖了各式各样的数据类型。目前，非结构化数据占据了数据总量的绝大部分，其中包括电子邮件、音频文件、视频内容、社交媒体信息(如微信、微博)、地理位置数据、链接信息、手机通话记录、网络日志等。

数据类型的多样性对数据处理与分析技术提出了前所未有的挑战，同时也带来了新的机遇。传统的结构化数据主要存储在关系型数据库中，然而，随着 Web 2.0 等新兴应用领域的发展，越来越多的数据开始存储于 NoSQL 数据库中，这要求在数据集成过程中进行复杂的数据转换和管理。传统联机分析处理(online analytical processing, OLAP)技术和商务智能工具设计之初主要针对结构化数据，但在大数据时代背景下，能够支持非结构化数据分析的用户友好型商业软件将迎来巨大的市场潜力。

4. 价值(value)

价值(value)是指大数据的核心特征在于潜在的价值，然而，与传统关系型数据库中的数据相比，大数据的价值密度往往较低。在大数据的背景下，许多重要的信息散布在庞大的数据集中，需要通过深入挖掘才能像“沙里淘金”一样发现真正有价值的内容。尽管大数据的价值密度相对较低，但其实际应用价值却非常高。

以交通监控视频为例，在没有交通事故或违规行为发生的日常中，源源不断生成的视频数据似乎并不具有显著意义。但当出现交通违规、事故或其他特殊事件时，捕捉到这些事件的视频片段才真正体现价值。然而，为了确保能够实时捕获并保留记录关键交通事件的珍贵视频，人们不得不投入巨额资金用于购置和维护交通监控摄像头、网络传输设备和数据存储系统，同时需要消耗大量的电力和存储资源来处理与储存持续上传的监控画面。

5. 真实(veracity)

真实(veracity)是指数据的准确性和可靠性，关注的是数据的质量问题。在大数据环境中，由于数据来源广泛且类型繁多，数据的真实性和可信度是一个重要的考量因素。这意味着在海量数据中，可能存在潜在的不准确、不一致、不完整或误导性的信息。为了确保数据真实可靠，通常需要进行数据清洗、数据校验、评估数据源的权威性，并采取数据质量管理和保证措施。如果数据的真实性得不到保证，基于这些数据做出的决策就可能存在风险。

数据质量是大数据发挥价值的关键。尤其是在互联网中，存在大量虚假、错误的数据，例如，电子商务的交易数据仅从电子踪迹的角度看是真实的，但不能真实地反映人们的交易行为。类似事例使人们认识到不同领域、不同来源的大数据的可靠性存在差异。

1.1.3 大数据的结构类型

大数据的数据类型多样且复杂，这些数据可以划分为以下三种数据类型，分别是结构化数据、半结构化数据和非结构化数据，如图1-2所示。在这些数据类型中，非结构化数据逐渐成为数据的主要组成部分。根据IDC的调查报告显示，企业中80%的数据都是非结构化数据，并且这些数据每年都呈指数式增长。

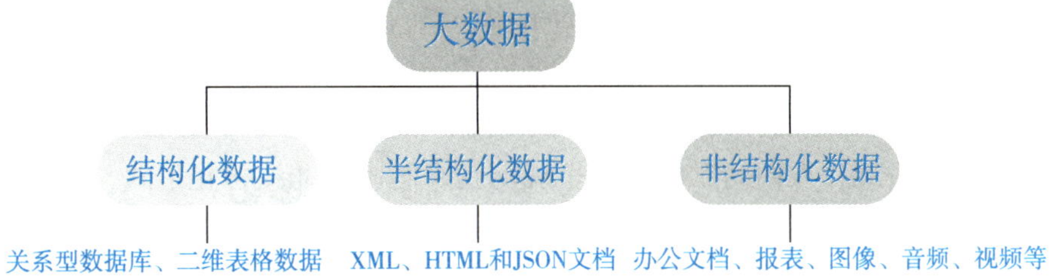

图1-2 大数据的三种数据类型

1. 结构化数据

结构化数据具有预定义的数据类型、格式和结构，通常存储在关系型数据库中，可以非常方便地进行查询和分析。结构化数据的特点是每个字段都具有固定的数据格式（如整数、浮点数和字符串等）和长度规范。企业内部的财务记录、客户信息、员工信息、订单信息和产品信息等均为常见的结构化数据示例。

结构化数据的优点在于其规范性和一致性，这使得数据处理变得相对简单。当数据按照一致的格式和结构存储时，不仅可以提高数据的可读性和可理解性，还有助于确保数据的完整性和准确性。这种一致性有助于降低数据处理过程中的错误率，并使数据更易于维护和更新。此外，结构化数据的规范性还使得数据分析和报告生成变得更加高效，因为分析工具和报告生成系统可以更轻松地理解和处理这些数据，从而加快了决策过程和业务运营的效率。通过固有的键值，可以轻松地获取结构化数据中的相应信息，这为企业内部的决策制定和业务运营提供了重要支持。

2. 半结构化数据

半结构化数据是介于结构化数据和非结构化数据之间的一种数据。与非结构化数据相比，半结构化数据具有一定的结构性；与结构化数据相比，半结构化数据并不像结构化数据那样严格遵循固定的格式。由于半结构化数据的构成更为复杂和不确定，从而也具有更高的灵活性，能够适应更为广泛的应用需求。

半结构化数据是一种适于数据库集成的数据模型，也就是说，适于描述包含在两个或多个数据库（这些数据库含有不同模式的相似数据）中的数据。这种数据通常包含一定数量的元数据信息，这些信息有助于人们更好地理解数据的含义和上下文。半结构化数据的常见形式包括 XML、JSON 文档，以及各种日志文件等。

3. 非结构化数据

非结构化数据是大数据中最为复杂、多样的一种类型，它不具备固定的结构和模式，因此无法用数据库中的二维表来表示。这些数据包括各种格式的办公文档、图像、音频和视频等。非结构化数据占据了大数据的绝大部分，并且随着信息技术的迅猛发展，非结构化数据的产生量将会持续增加，其增长速度远远超过结构化数据和半结构化数据。

非结构化数据的处理和分析是一项巨大的挑战。传统的数据处理技术难以直接应用于非结构化数据，因为它们缺乏固定的结构和模式。但是，非结构化数据的应用前景广阔，涉及领域众多。为了处理非结构化数据，需要利用先进的技术和工具，如自然语言处理、计算机视觉、语音识别、数据挖掘、机器学习和人工智能等。

随着时代的发展，人们面对的数据呈现出越来越多的非结构化形式，这给数据处理和分析带来了前所未有的挑战。传统的数据处理技术往往局限于结构化数据，但非结构化数据的复杂性和多样性使得这些技术难以直接被应用。然而，正是这种多样性给非结构化数据的应用带来了广阔的前景，其涉及的领域涵盖了几乎所有的行业。

为了有效处理非结构化数据，需要依赖于一系列先进的技术和工具。其中自然语言处理（natural language processing，NLP）可以帮助用户理解和分析文本数据；计算机视觉技术则可以处理图像和视频数据；语音识别技术可以转换音频数据为文本或命令；

数据挖掘和机器学习技术则可以发现数据中的模式和趋势，从而进行更深入的分析和预测。而人工智能作为一个综合性的技术框架，则可以整合各种技术，为非结构化数据的处理和应用提供更加全面和高效的解决方案。

1.1.4　大数据的关键技术

大数据技术是一种通过运用非传统的数据处理工具和方法来处理海量的结构化、半结构化，以及非结构化数据，从而获得分析和预测结果的数据处理技术。

大数据的关键技术涵盖了大数据的整个处理流程，一般包括大数据采集、大数据预处理、大数据存储、大数据分析与挖掘、大数据可视化，以及大数据安全等几个层面的内容，具体见表1-1。

表1-1　大数据的关键技术及其功能

名称	功能
大数据采集技术	通过射频识别(radio frequency identification，RFID)、传感器、社交网络交互及移动互联网等方式，获得各种类型的结构化、半结构化和非结构化的海量数据
大数据预处理技术	通过数据抽取、数据清洗、数据变换和数据规约等环节，以提升数据质量、整合多源数据、转换数据形式、减少数据规模
大数据存储技术	通过高效存储、数据索引、快速访问、数据冗余、故障恢复等，以支持海量数据的高效与安全的存储
大数据分析与挖掘技术	通过数据查询、统计分析、模式识别、预测建模等，从庞大复杂数据中提取有价值信息，以支持决策和知识发现
大数据可视化技术	通过可视化展示、报告生成、数据产品化和智能决策支持等功能，以将数据分析结果直观呈现并应用于实际
大数据安全技术	在发掘大数据潜在的商业和学术价值之际，需建立隐私和数据安全保护机制，确保个人隐私与数据的安全性得到妥善维护

1. 大数据采集技术

由于数据来源多样、量大，产生速度快，数据采集过程中必须考虑数据的可靠性、完整性和准确性。为提高数据采集效率，可以利用网络爬虫、数据挖掘等自动化工具和技术。

大数据采集通常分为智能感知层和基础支撑层。智能感知层包括数据传感体系、网络通信体系、传感适配体系、智能识别体系，以及软硬件资源接入系统，以实现对海量数据的智能化识别、定位、跟踪、接入、传输、信号转换、监控、初步处理和管理。基础支撑层提供大数据服务平台所需的虚拟服务器、数据库，以及物联网资源等基础支撑环境。

2. 大数据预处理技术

大数据预处理是数据处理的关键步骤，涵盖数据清洗、数据集成、数据变换和数据规约四大核心环节。这一阶段旨在提升数据质量和准确性，为后续分析奠定坚实基础。首先，通过数据清洗去除噪声和异常值，确保数据的纯净；其次，数据集成将分散数据合并，构建完整视图；再次，数据变换转换格式或结构，以适应不同分析需求；最后，数据规约降低数据复杂度，提高处理效率，同时保留关键信息。这一系列流程对于挖掘有价值的信息至关重要。

3. 大数据存储技术

采集到海量数据并对其进行预处理之后，接下来的关键环节是对这些已预处理的数据进行高效的存储。大数据存储技术对整个大数据系统至关重要，它对整个大数据系统的性能表现产生直接影响。数据存储不仅包括接收、存储、组织和维护企业生成的数据，更延伸至对数据进行深度管理，如分类、聚合操作以提升数据利用价值，系统性地收集与解析数据相关的元数据，以及采取有力措施确保数据及元数据免受自然故障与人为中断的损害。根据数据存储的内容范围，大数据存储技术需要重点研究如何解决大数据的可存储性、可表示性、可处理性、可靠性及有效传输等关键问题。

4. 大数据分析与挖掘技术

大数据分析与挖掘技术是一门关注如何有效地处理、分析和挖掘海量数据以获取有用信息和洞察力的领域。其核心目标是从大规模、多样化、高维度的数据集中发现模式、趋势和关联性，为决策制定、问题解决和业务优化提供支持。

大数据挖掘是大数据分析的重要组成部分，它通过各种算法和技术从数据中提取有价值的信息。这些信息可能包括隐藏的模式、趋势、异常值和关联规则等。而大数据分析与挖掘技术的意义在于不断改进现有技术，并开发新的技术来解决面临的挑战，如数据的复杂性、规模性和多样性等。在大数据分析与挖掘技术中，数据预处理是至关重要的步骤，以确保数据的质量和可用性。在大数据挖掘过程中，需要利用各种算法和技术进行模型建立、模型评估和结果解释等。这些算法和技术包括决策树、支持向量机、神经网络、聚类分析等。

5. 大数据可视化技术

大数据可视化技术是一种集多种功能于一体的综合性技术，它极大地超越了传统数据可视化的界限，致力于将海量数据转化为具有实用价值的信息资源和决策依据。

大数据可视化的核心功能包括以下几个方面。

(1)大数据可视化展示是该技术的基础和亮点。利用各种视觉元素如图表、地图、仪表盘等，大数据可视化能够将抽象复杂的大量数据结构化并生动呈现，使用户得以快速识别数据的关键特征、发现隐藏规律，以及把握发展趋势。这一特点有效克服了人们对纯数字信息解读的困难，增强了数据故事的表达力和吸引力。

(2)大数据可视化技术还具备强大的报告自动生成能力。针对企业运营、市场研究等各种场景下的需求，大数据可视化平台能自动整合分析结果，形成结构清晰、内容详实的数据报告，这对于决策层而言是一大"利器"，显著提升了报告制作的专业度和时效性，大大节省了人力资源和时间成本。此外，数据产品化是该技术的又一重要应用实践。通过对大数据的深度挖掘和精心设计，可将其转化为具有商业价值的产品，如数据分析服务、智能软件等，这既拓宽了企业的盈利渠道，也极大地提升了数据在各行业中的普及应用程度，助力企业实现从数据洞察到实际行动的有效转化。

(3)智能决策支持则是大数据可视化技术的高级形态。结合人工智能及机器学习技术，平台能实时分析预测数据，为决策者提供精准前瞻的建议和方案，确保企业在瞬息万变的市场环境中保持竞争优势，做出明智而高效的决策。

综上所述，大数据可视化技术不仅是图形化展示数据的工具，更是在信息时代背景下，将原始数据转化为智慧洞察，有力支撑高效决策和业务发展的关键技术手段。随着技术的日新月异和深入探索，大数据可视化将在更多领域中扮演着举足轻重的角色，持续为社会各领域的进步和发展注入强大动能。

6. 大数据安全技术

大数据安全技术通常涵盖大数据的整个处理流程，但它的重点是确保数据在整个处理过程中的安全性和隐私保护。大数据安全技术主要包括数据保密性技术、数据完整性技术、数据可用性技术和隐私保护技术四大类。

(1)数据保密性技术的目标是保护数据不被未经授权的访问，其中包括数据加密技术(确保数据在传输和存储过程中的安全)、访问控制技术(限制对数据的访问权限)、数据掩盖和脱敏技术(对敏感数据进行部分掩盖或脱敏处理以保护隐私信息)，以及数据权限管理(管理数据的使用权限)等。

(2)数据完整性技术的目标是确保数据在传输和存储过程中未被篡改，其中包括数字签名技术(验证数据的完整性)、数据备份与恢复技术(确保数据能够在灾难发生时快速恢复并保持完整性)，以及数据校验技术(通过校验和等技术验证数据的完整性)等。

(3)数据可用性技术的目标是确保数据在系统故障或灾难发生时能够快速恢复，其中包括数据备份与恢复技术(确保数据在系统故障或灾难发生时能够快速恢复)，以及容错和高可用性技术(通过冗余和自动故障转移等技术确保系统的高可用性)等。

(4)隐私保护技术的目标是保护个人隐私信息，其中包括数据匿名化和脱敏技术、隐私政策管理技术(管理数据使用和共享的政策以确保合规性和隐私保护)以及用户数据访问控制技术(管理用户对个人数据的访问权限)等。

1.1.5 大数据与传统数据的区别

大数据是用来表示大量的没有按照传统的相关格式存储在企业数据库中的非结构化数据的总术语。与传统数据相比，大数据在数据规模、数据类型和处理方式上有明显的区别。

1. 数据规模

传统数据通常是指存储在关系型数据库中的数据，这些数据的规模相对较小，可以通过数据库分析工具进行处理。而大数据的数据量非常庞大，以至于无法仅通过传统的数据库分析工具来处理。

2. 数据类型

传统数据主要是结构化数据，如表格、数字和字母等。大数据则包括了非结构化数据，如图像、声音和视频文件，这些数据类型的多样性要求使用不同的技术和工具来进行存储和分析。

3. 处理方式

在大数据的处理过程中，通常会增加一个“stream”过程，即在写入数据时打上标签，以便在后续利用大数据时根据标签抽取数据。这种处理方式与传统数据分析工具的方法不同，后者通常不涉及这样的实时数据处理步骤。

大数据与传统数据在数据规模等方面存在显著差异。大数据的出现并不是为了取代传统数据，而是作为一种补充，两者相辅相成，共同为企业和组织提供更全面的信息和价值。随着技术的发展，人们应该适应新的形势、思路、工具和流程，以便更好地利用大数据所带来的机会。

任务评价

评价内容	评价标准	分值	自评	师评
大数据的定义	能够准确阐述大数据的定义	20		
大数据的特性	能够简述大数据的五大特性	20		
大数据的结构类型	能够简述大数据的结构类型	20		
大数据的关键技术	能够运用大数据的关键技术	20		
大数据与传统数据的区别	能够理解大数据与传统数据的区别	20		
总分		100		

任务 2 大数据的经济价值及应用

任务描述

本任务将对大数据的经济价值、社会影响，以及行业应用展开具体介绍，进而总结归纳大数据在各个方面所体现出的重要价值。

任务分析

大数据重要性涵盖了经济、社会、行业应用，以及创新模式等多个领域。随着技术的不断发展，大数据的角色和影响力只会进一步增强。通过本任务的学习，读者了解了大数据的重要性对于个人、企业和社会的重要意义。

任务重点与实施

在当今信息时代，数据已经成为一种重要的资产，而大数据更是具有前所未有的重要性。

1.2.1 经济价值与社会影响

大数据的经济价值和社会影响从以下几方面介绍。

1. 经济方面

当前，大数据在经济中的重要作用日益凸显。得益于信息技术的发展和数据量的急剧增长，大数据已经成为推动经济转型发展的新动力。

(1)促进产业转型升级。大数据技术的应用推动了传统产业的信息化、智能化升级，从而提升了整体的生产效率和产品质量。

(2)创新商业模式。企业利用大数据分析消费者行为，开发新的产品和服务，创造新的盈利模式，如基于用户数据的个性化推荐服务。

(3)提升决策效率与质量。大数据提供的丰富信息能够帮助企业和政府做出更为精准、及时的决策，可以减少风险并提高成功率。

(4)市场洞察与竞争优势。通过分析市场数据，企业能够快速响应市场变化，把握用户需求，获得竞争优势。

(5)开辟新的收入来源。数据交易、数据分析服务等成为新的经济增长点，数据转化为商品本身具有价值。

(6)金融市场预测与风险管理。大数据分析帮助金融机构预测市场趋势，评估投资风险，进行金融产品的创新。

2. 社会影响

大数据对社会的影响是多方面的，既包括正面的创新和便利，也包括需要关注的负面挑战。

(1)有助于增强政府决策的科学性。大数据技术能够整合并分析海量数据，揭示传统方法难以发现的关联性和趋势，为政府提供更加精准、全面的信息支持，有助于制定更为科学合理的政策。

(2)有助于推动政府数据开放共享。通过构建数据共享平台，促进不同部门间的数据流通与整合，打破信息孤岛，提高服务效率和透明度，同时鼓励公众参与，增强政府与民众的互动。

(3)有助于促进社会治理创新。大数据在社会事业中的应用，如教育、农业、公共安全等领域，通过数据融合和分析，可以优化资源配置，预防和解决社会问题，比如预测粮食短缺、降低读者辍学率等。

(4)有助于提升公共服务质量。在农业领域，通过分析作物产量、气候条件、市场动态等数据，可以指导农民合理种植，提高农业生产效率和抗风险能力，保障粮食安全。在学校教育中，利用读者的学习行为、出勤记录等数据进行分析，可以及早识别潜在的辍学风险，采取干预措施，提升教育成果。

(5)有助于推进政府现代化建设。大数据技术的应用有助于构建“数据驱动”的政府管理模式，即“用数据说话、用数据决策、用数据管理、用数据创新”，这不仅提高了政府工作效率，还促进了政府管理理念和社会治理模式的革新，向法治政府、创新政府、廉洁政府和服务型政府转变。

1.2.2 行业应用实例概览

大数据在多个行业中都有广泛的应用，并将继续深刻地影响人们的生活。下面介绍几个典型的大数据应用场景。

1. 生物医学行业

大数据在生物医学行业同样得到了广泛的应用，其在流行病预测、智慧医疗和生物信息学方面的贡献尤为突出。

大数据在流行疾病预测方面发挥着重要作用。传统的流行疾病预测方法往往依赖于有限的样本和经验判断，这种方法在某些情况下可能不够准确或及时。然而，大数据技术的出现彻底颠覆了这一局面。通过对各种来源的健康数据进行收集、整合和分析，如社交媒体、医疗记录、实验室测试结果等，大数据技术可以更准确地预测和追踪疾病的传播趋势。这为公共卫生管理部门提供了宝贵的信息，使其能够提前采取措施防止疾病暴发或减轻其影响。

大数据在智慧医疗方面带来了革命性的改变。随着物联网技术和大数据技术的进步，智慧医疗已经成为现实。通过建立健康档案区域医疗信息平台，可以实现患者、医护人员、医疗服务提供商和保险公司之间的无缝、协同、智能互联。这有助于提高医疗服务的效率和质量，降低医疗成本，并为患者提供更好的医疗体验。例如，患者可以通过手机应用程序随时查看自己的健康档案，与医生进行远程咨询，甚至在线购买处方药品。此外，医疗机构可以利用大数据分析患者的就诊记录和治疗效果，为患者提供个性化的治疗方案和健康管理建议。

在生物信息学方面，大数据的应用也为科学研究和生物产业的发展带来了新的机遇和挑战。通过利用大数据技术分析基因组、转录组、蛋白质组等生物学数据，研究人员可以更深入地了解生物学过程的复杂性和多样性，发现新的治疗靶点和药物设计方案。此外，大数据在疾病诊断和预防方面也发挥着重要作用，通过分析疾病致病基因和环境因素之间的关联性，为疾病的早期筛查和个体化预防提供科学依据。

2. 金融行业

金融行业是一个典型的数据驱动型行业，因其特有的属性，在长期业务运营中积累了大量高价值数据，在大数据应用方面拥有独特优势。下面从客户管理和信贷风险管理两个方面介绍大数据在金融领域的应用。

(1) 客户管理。在客户管理方面，利用大数据技术，金融机构可以建立客户的全面画像，依据所建立的客户画像，可以更好地了解客户需求，对客户进行细分，从而实现精准营销和个性化服务。

(2) 信贷风险管理。信贷风险管理是金融行业风险管控的一个重要方面。信贷风险是指贷款后可能发生的本金和利息损失的风险，这对金融机构的生存和发展有直接影响。我国众多的中小企业是金融机构的重要客户群体，但与大型企业相比，中小企业存在一些固有的问题，如偿还能力差、财务制度不健全、信用度低和生存能力弱。因此，向中小企业放贷的潜在风险高于向大型企业放贷的风险。然而，如果能有效提高风险管理能力，支持精细化管理，那么金融机构和中小企业都将迎来新的发展机遇。现在，大数据技术可以提供企业信贷风险分析的支持。通过收集和分析大量中小企业用户的日常交易行为数据，金融机构可以更准确地了解它们的业务范围、经营状况、信用状况、用户定位、资金需求和行业发展趋势，从而增强放贷的信心和管理的保障。

3. 电子商务行业

大数据在电子商务行业的应用非常广泛，它不仅能够帮助企业实现精准营销、优化供应链，还能够提升用户体验和进行风险控制。

亚马逊利用大数据分析顾客的购买历史和浏览习惯来推荐相关产品，同时优化库存管理和物流。淘宝每天数以万计的交易产生了海量数据，这些数据不仅包括交易的基本信息如交易时间、商品价格和数量，还可能涉及用户画像信息，如消费者的年龄、性别、地理位置，以及通过用户行为数据分析推测出他们的兴趣偏好。这些数据对于商家而言是宝贵的资源，可以帮助他们优化营销策略、调整库存、定制化产品，以及提升用户体验。

另外，通过大数据分析，电子商务企业，如淘宝上的商家能够更精确地进行销售预测和需求规划。结合历史销售记录、外部因素(如天气、节假日)与促销活动的表现，复杂的预测模型能够捕捉到销售趋势中的模式，包括季节性波动和非固定周期的变化。这种动态预测能力使得商家能够快速响应市场变化，精准调整库存水平，减少不必要的库存成本，同时保证商品供应，提升了供应链的反应速度和顾客满意度。

4. 物流行业

智能物流是大数据在物流行业的典型应用，它融合了大数据、物联网和云计算新兴 IT 技术等，使物流系统能够模仿人的智能，实现物流资源的优化调度和有效配置，以及提升物流系统的效率。

自国际商业机器公司(IBM)在 2009 年最先提出智能物流概念以来，智能物流在全球范围内得到了快速发展。智能物流具有以下三个方面的重要作用。

(1)智能物流可以提高物流的信息化和智能化水平。不仅局限于库存水平的确定、运输道路的选择、自动跟踪的控制、自动分拣的运行、物流配送中心的管理等问题，而且物品的信息也将存储在特定数据库中，并能根据特定情况做出智能化的决策和建议。

(2)智能物流可以降低物流成本并提高物流效率。由于交通运输、仓储设施、信息通信、货物包装和搬运等对信息的交互和共享要求较高，因此，可以利用物联网技术对物流车辆进行集中调度，有效提高运输效率。

(3)智能物流可以提高物流活动的一体化。通过整合大数据、物联网等相关技术，集成分布式仓储管理及流通渠道建设，可以实现物流中运输、存储、包装、装卸等环节全流程一体化管理模式，以高效地向客户提供满意的物流服务。

大数据技术在智能物流中扮演着核心角色，能够帮助研究人员从海量物流数据中挖掘出有价值的信息，支持企业的战略规划和日常运营决策。物流行业在货物流转、车辆追踪、仓储等各个环节都会产生海量的数据，有了这些物流大数据，人们可以充分了解物流运作背后的规律。借助于大数据技术，工作人员可以对各个物流环节的数据进行归纳、分类、整合、分析和提炼，为企业战略规划、运营管理和日常运作提供重要支持和指导，从而有效提升快递物流行业的整体服务水平。

因此，大数据将推动物流行业从粗放式服务到个性化服务的转变，颠覆整个物流行业的商业模式。通过对物流企业内部和外部相关信息的收集、整理和分析，可以做到为每个客户量身定制个性化的产品和服务。

5. 农业

大数据在农业方面的应用正成为农业生产的重要助力，不仅能提高农业生产力，增加农作物产量，还能改善农产品的质量。

在种植管理方面，大数据利用卫星图像和传感器收集气象和农田数据，通过大数据分析温度、湿度、光照、二氧化碳、土壤水分和养分等信息，从而实现对灌溉、施肥和通风等工作的合理安排，进而提高农作物的产量和品质。这种精准的管理方式，有效地减少了资源的浪费。

在育种方面，大数据的应用为农作物品种改良和选育提供了新的思路。利用基因技术收集农作物基因组数据，并结合大数据分析，可以更准确地预测不同品种的性状表现，从而培育出更适应市场需求和环境条件的新品种，提高了农作物的抗病虫性、产量和品质。

大数据在病虫害预测方面也同样发挥出重要作用。通过收集和分析农作物图像数据和土壤数据，可以及时识别农作物的叶面疾病，并预测病虫害的传播模式，帮助农民提前采取防治措施，最大限度地减少损失，保障了农业生产的稳定性和可持续性。

在智能农机大数据的应用使得农机设备和无人机的路径规划、任务分配和自动化操作更加精准和高效。传感器监测和大数据分析为农机的智能化提供了技术支持，使得农业生产更加智能化、自动化，提高了农业生产效率和质量。

6. 制造业

制造企业利用大数据监测生产线的运行状态，实现预防性维护和故障预测，提高生产效率。随着“智能制造 2025”等国家战略的实施，大数据已成为提升制造业生产力、竞争力和创新能力的关键。它推动了制造过程、产品、模式、管理及服务的标准化和智能化。

在生产优化方面，大数据分析可以帮助企业实现生产过程的优化。例如，通过收集生产线的数据，企业能够预测设备故障，实现预测性维护，减少停机时间。同时，数据分析还可以优化生产流程，提高生产效率和产品质量。

在供应链管理方面，大数据可以帮助企业更好地预测市场需求，优化库存水平，降低物流成本。联想集团就通过其供应链计划管理平台，运用人工智能和运筹学技术，提高了交付率，降低了资金占用，并提升了生产效率。

在价值链优化方面，大数据能够帮助企业优化工业价值链，通过构建多层次工业互联网平台体系，培育数据驱动的制造业数字化转型新模式新业态。

在产品全生命周期管理方面，从设计、制造、销售和服务，大数据的应用都起到了关键作用。它不仅能够加速产品的研发进程，还能够在产品上市后继续收集用户反馈，为产品迭代提供依据。

在环境监测与管理方面，大数据可以帮助企业监控和管理生产过程中的环境影响，确保符合环保标准，减少污染物排放。

在市场趋势分析方面，通过对市场数据的分析，企业可以及时了解消费者需求变化，调整产品结构和市场策略，更好地满足市场需求。

1.2.3 决策支持与业务优化

大数据的应用不仅展示了大数据在决策支持和业务优化方面的潜力，也反映了企业在实施大数据解决方案时的创新思维。

1. 决策支持

决策支持包括以下方面。

(1)数据分析驱动的决策制定。企业利用大数据分析来识别市场趋势、消费者行为和潜在风险，从而做出更加精准的战略决策。

(2)实时数据监控。通过实时监控销售数据、库存水平或生产流程，决策者可以快速响应并调整策略以应对变化。

(3)预测分析。使用历史数据和算法模型来预测未来事件的可能性，如产品需求、股票市场走势等，为决策提供科学依据。

(4)客户洞察。分析客户数据以更好地理解客户需求和偏好，提升客户满意度和忠诚度。

(5)供应链优化。通过分析供应链数据，企业可以优化库存管理，减少成本并提高效率。

2. 业务优化

业务优化包括以下方面。

(1)个性化服务。大数据帮助企业了解个别客户的需求，从而提供定制化的产品或服务。

(2)运营效率提升。分析生产数据可以帮助企业发现瓶颈，优化流程并减少浪费。

(3)营销活动优化。通过对营销活动的效果进行实时分析，企业可以调整策略以提高回报率。

(4)风险管理。在金融服务领域，大数据分析用于评估信贷风险、市场风险和操作风险，从而降低潜在的损失。

(5)产品和服务创新。基于用户反馈和市场数据的分析，企业能够不断创新，推出符合市场需求的新产品和服务。

(6)成本控制。大数据帮助企业更精确地追踪和分析成本，在各个层面上实现成本节约。

1.2.4 大数据驱动的创新模式

在大数据的背景下，传统的思维方式需要被重新塑造，以适应海量信息的处理与分析。这种新兴的思维方式称为“大数据思维”，它涵盖了面向大数据处理的一系列思维方式，其中主要包括全样思维、容错思维和相关思维。

1. 全样思维

在大数据时代尚未到来之前，随机抽取样本被广泛认可为一种高效的手段，它使大量数据的分析变得可行。然而，就像将一幅完整的图画切成若干碎片，再选取部分碎片来分析整个完整的图画，所以在随机抽样的过程中，很多信息可能会被遗漏。只有拥有全部或几乎全部的数据，才能够从不同角度更细致地观察和研究数据的各个方面。

在大数据时代，由于技术的进步，人们有能力收集和处理比以往更多的数据。这意味着人们可以分析整个数据集，而不仅仅依赖于抽样。全样思维鼓励人们利用全部数据来获得更全面的视角和更准确的分析结果。

2. 容错思维

大数据的一个特点是接受数据的不完美性。由于数据量巨大，一些小的错误或异常值对整体分析的影响可以忽略不计。因此，大数据处理往往注重于揭示数据的整体趋势和模式，而不是追求每个数据点的完美准确。

当混乱成为大数据的新常态之后，传统追求精确性的思维方式就变得不再适用。在当今的大数据时代，如果人们仍然坚持使用传统的思维方式，就会错过许多重要的信息。因此，大数据要求人们调整思维方式，必须能够接受混乱和不确定性。所以需要从追求数据精确性的传统思维方式转变为更加包容不精确数据的思维方式，即所谓的“容错思维”。

实际上，用户已经接受了容错思维，并在此指导下进行新型数据库的开发，如非关系型数据库。这类数据库无须预先设定记录结构，能够处理大量多样化的数据。由于它们能包容数据结构的多样性，这些数据库需要更多的处理和存储资源。然而，目前计算机的存储和处理成本已大幅降低，使得这些数据库可用于高效地存储和处理海量数据。

3. 相关思维

在传统观念中，人们总是致力于追寻一切事物发生背后的原因，即探索因果关系。即使有时确定数据之间的因果关系十分困难，人类仍然习惯性地寻求缘由。然而，在大数据时代，人们不再需专注于追踪事物之间的因果关系，而应关注它们之间的相关关系。相关关系或许无法准确解释某事件为何发生，但却能提醒人们该事件正在发生。在许多情况下，这种提醒已经足够使人受益。

因此，大数据时代的第三个重要思维转变是，不再力求探索难以捉摸的因果关系，而是关注事物之间的相关关系。

任务评价

评价内容	评价标准	分值	自评	师评
大数据的经济价值与社会影响	能够简述大数据的经济价值与社会影响	25		
大数据的行业应用实例	能够简述大数据的行业应用实例	25		

（续表）

评价内容	评价标准	分值	自评	师评
大数据的决策支持与业务优化	能够简述大数据的决策支持与业务优化	25		
大数据驱动的创新模式	能够运用大数据创新思维	25		
总分		100		

任务 3　大数据的历史和发展

任务描述

本任务主要介绍对大数据的发展历程、技术突破，以及我国在政策层面上对大数据发展所给予的支持。

任务分析

大数据作为一种新兴的技术和理念，对社会、经济、科学等各个领域产生了深远影响。通过本任务的学习，读者能够了解大数据的历史和发展，有助于把握当前信息技术的发展趋势，为未来的创新和应用提供借鉴。

任务重点与实施

随着信息技术的飞速发展，大数据已成为推动社会进步的新引擎。我国紧随大数据的发展潮流，短短数年，大数据已迅速成为社会各领域的焦点。

1.3.1　大数据的发展历程

大数据是信息技术发展的必然产物，同时也代表了信息化进入新阶段。信息化曾经历三次高速发展的阶段。首次发展始于20世纪80年代，主要特征是个人计算机的普及和应用，人类迎来了第一次信息化浪潮。第二次高速发展则始于20世纪90年代中期，以互联网大规模商业应用为主要特征，人类迎来了第二次信息化浪潮。2010年前后，云计算、物联网、大数据的快速发展，拉开了信息化第三次浪潮的序幕，人类进入了大数据时代。

从大数据的发展历程来看，总体上可以划分为以下三个重要阶段：萌芽期、成熟期和大规模应用期，如图1-3所示。

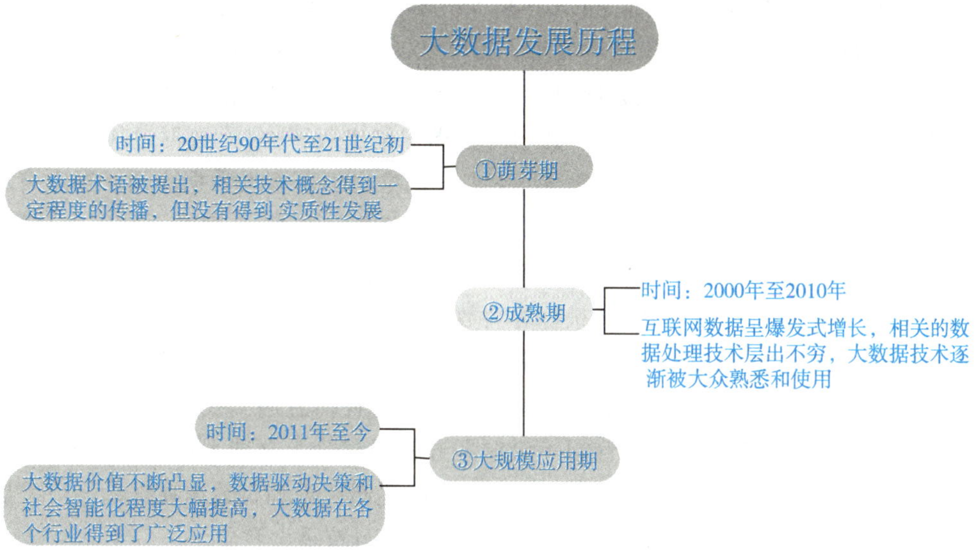

图 1-3　大数据的发展历程

1. 萌芽期(20 世纪 90 年代至 21 世纪初)

1998 年，《科学》杂志发表了一篇题为“大数据科学的可视化”的文章，“大数据”作为一个专业名词正式出现在公共期刊上。

在这一阶段，大数据术语被提出，相关技术概念得到一定程度的传播，但没有得到实质性发展。同一时期，随着数据挖掘理论和数据库技术的逐步成熟，一批商业智能工具和知识管理技术开始被应用，如数据仓库、专家系统、知识管理系统等。

2. 成熟期(2000 年至 2010 年)

在 2004 年前后，Google 公司提出了谷歌文件系统(google file system，GFS)、大数据分布式计算框架 MapReduce 和 NoSQL 数据库 BigTable 等技术，开创了大数据技术的先河。2005 年，Hadoop 技术应运而生，并成为数据分析的主要技术。2010 年 2 月，肯尼斯・库克尔在《经济学人》上发表了长达 14 页的大数据专题报告《数据，无所不在的数据》。

在这一阶段，随着互联网、物联网、移动通信等技术的发展，数据的产生速度和规模远远超过了传统数据处理方法的能力，数据的特征也变得更加复杂多样，出现了大数据的概念和特征。在此背景下，众多创新的大数据技术应运而生，它们不仅崭露头角，还为处理庞大而复杂的数据集提供了切实有效的解决方案。

3. 大规模应用期(2011 年至今)

2011 年 2 月，《科学》杂志推出专刊《处理数据》，主要围绕科学研究中的大数据问题展开讨论。2011 年 5 月，麦肯锡全球研究院发布《大数据：下一个具有创新力、竞争力与生产力的前沿领域》，提出“大数据”时代到来。

2012 年 3 月，美国政府发布了《大数据研究和发展倡议》，正式启动“大数据发展计划”，大数据上升为美国国家发展战略。2012 年 4 月，英国、美国、德国、芬兰和澳大利亚研究者联合推出“世界大数据周”活动，旨在促使政府制定战略性的大数据措施。

2013 年，牛津大学教授维克托·迈尔·舍恩伯格出版著作《大数据时代》，在全球引起轰动。百度、阿里巴巴、腾讯各显身手，分别推出创新型大数据应用。2013 年 12 月，中国计算机学会发布《中国大数据技术与产业发展白皮书》，系统总结了大数据的核心科学与技术问题，推动了我国大数据学科的建设与发展，并为政府部门提供了战略性的意见与建议。因此，2013 年被称为大数据元年。

2014 年 4 月，世界经济论坛以“大数据的回报与风险”为主题发布了《全球信息技术报告(第 13 版)》。报告认为，在未来几年，针对各种信息通信技术的政策会十分重要，接下来将对数据保密和网络管制等议题展开积极讨论。全球大数据产业的日趋活跃，技术演进和应用创新的加速发展，使各国政府逐渐认识到大数据在推动经济发展、改善公共服务、增进人民福祉乃至保障国家安全方面具有重大意义。

在这一阶段，大数据的价值日益凸显，它极大地促进了数据驱动的决策制定和社会的智能化进程。大数据技术已经广泛渗透到各个行业领域，世界各国也纷纷展开战略性布局，以把握大数据的潜力。同时，随着人工智能、机器学习和深度学习等先进技术的不断发展与应用，数据不再仅仅被存储和分析，而是能够被深度理解并有效利用，孕育出新知识、服务模式和商业创新。

1.3.2 我国大数据的发展态势

随着信息技术的飞速发展，大数据已成为推动社会进步的新引擎。我国紧随大数据的发展潮流，短短数年，大数据已迅速成为社会各领域的焦点。在政策层面上，我国政府高度重视大数据的战略地位，并在过去几年中加快了相关政策的制定与实施进度。此外，我国还启动了“数据强国”计划，旨在进一步促进大数据领域的发展，强化国家在全球数据经济中的竞争能力。

2015 年 8 月，国务院印发了《促进大数据发展行动纲要》，提出全面推进我国大数据的发展和应用，加快建设数据强国；同年 10 月，党的十八届五中全会将“大数据”写入会议公报并将其升级为国家战略。2016 年 3 月，国家在出台的“十三五”规划纲要中再次明确了大数据作为基础性战略资源的重大价值，提出要加快推动相关研发、应用及治理。2017 年 1 月，《大数据产业发展规划(2016—2020 年)》正式发布，为“十三五”时期大数据产业的持续健康发展确立了目标与路径。

2021 年 11 月，工业和信息化部发布《“十四五”大数据产业发展规划》(以下简称《规划》)，对“十三五”时期我国大数据产业发展成效进行了总结。据测算，我国的大数据产业规模年均复合增长率超过 30%。《规划》中还提出了“十四五”时期的大数据产业发展目标。一是要保持大数据产业的高速增长，到 2025 年，大数据产业测算规模突破 3 万亿元，年均复合增长率保持在 25% 左右，创新力强、附加值高、自主可控的现代化大数据产业体系基本形成。二是初步建立数据要素价值评估体系，持续夯实大数据产业的基础，形成稳定高效的大数据产业链，以及促进大数据产业生态良性发展等目标。

任务评价

评价内容	评价标准	分值	自评	师评
大数据的发展历程	能够简述大数据发展的三个阶段	50		
我国的大数据发展态势	能够简述我国的大数据发展态势	50		
总分		100		

项目小结

本项目主要介绍了大数据基本知识、大数据的重要性、大数据的历史和发展。首先介绍了大数据的定义和五大特性；其次介绍了大数据的结构类型；最后介绍了大数据的社会影响、行业应用，以及发展历程。通过本项目的学习，读者能够了解大数据的发展，以及大数据在人们工作和生活中的应用，为后面的学习奠定基础。

项目习题

1. 简述大数据的定义。
2. 简述大数据的五大特性。
3. 简述大数据的结构类型。
4. 简述大数据的关键技术及其功能。
5. 大数据与传统数据有哪些区别？
6. 大数据的重要性涵盖了哪些领域？
7. 简述大数据发展历程的三个阶段。

项目2　大数据架构

项 目 导 读

大数据架构通常涉及多个组件和技术，用于存储、处理和分析海量数据集。在这个架构中，云计算和Hadoop体系架构是两个关键部分，它们可以共同工作以提供强大的大数据解决方案。本项目主要介绍云计算和Hadoop体系架构的概念、特性等内容，将有助于读者更好地理解和应用大数据技术。

学习目标

◆ 知识目标

- 了解云计算的概念和特性。
- 掌握云服务模型。
- 熟悉Hadoop的概念。

◆ 技能目标

- 理解云计算与大数据的关系。
- 理解云计算的优势与挑战。
- 掌握Hadoop体系架构。

◆ 素质目标

- 引导读者敢于尝试新的技术和方法，不断探索大数据架构的优化和创新。
- 培养读者能够对现有的大数据架构进行批判性思考，发现问题和不足，提出改进和优化的建议，推动大数据架构的不断发展。
- 培养读者具备跨学科思维能力，能够将大数据技术与其他领域的知识相结合，创造出更有价值的大数据应用场景。

◆ 思政目标

- 理解云计算与大数据关系及云计算优劣势，培养读者的系统思维和全局观，增强读者对科技进步的认同感与自豪感。
- 掌握Hadoop体系架构知识，让读者理解技术演进过程，激发探索新技术、钻研难题的精神。

任务1 云 计 算

任务描述

本任务主要介绍云计算的概念、特性与服务模型，深入剖析云计算与大数据之间的密切关系。

任务分析

随着信息技术的快速发展，云计算作为一种新型的计算模式，正在改变着企业和个人的计算方式和商业模式。通过本任务的学习，帮助读者了解云计算的概念、特点、架构和应用场景，对于企业和个人在数字化转型中选择合适的云计算解决方案具有重要意义。

任务重点与实施

在数字时代，大数据和云计算紧密相连，共同推动信息技术的革新。大数据提供了海量的信息资源，但要想让这些资源得到有效利用，就必须依靠云计算的强大计算能力和灵活的服务模式。可以说，没有云计算作为支撑，大数据的应用将难以实现其应有的价值。

2.1.1 云计算的概念

云计算是IT产业发展到一定阶段的必然产物。在云计算概念被正式提出之前，许多大公司如Google、Amazon等已经意识到传统的集中式数据中心模式无法满足日益增长的服务需求。这些公司通过建设分散于全球各地的数据中心来应对大规模数据处理和用户请求的挑战。然而，随着服务内容和用户规模的不断增加，对于服务的可靠性、可用性的要求急剧增加，传统的基础设施架构已经无法满足需求。因此，Google、Amazon已经开始探索新的基础设施架构和服务模式。它们利用自身丰富的基础设施能力，将其基础设施作为服务提供给其他公司和个人，这就是云计算的起源。

2006年，Amazon公司推出了早期的云计算产品(Amazon web server，AWS)，尽管AWS的名字中并没有出现“云计算”，但是，其产品形态本质上就是云计算。随后，Google、Microsoft等公司也纷纷进入云计算市场，因此，很多人将2006年视为云计算发展的元年。

云计算兴起后，众多机构和标准化组织都试图对其进行界定。目前，被广泛接受的云计算定义源自美国国家标准与技术研究院：云计算是一种无处不在的、方便的、按需访问的可配置计算资源(如网络、服务器、存储、应用和服务)共享池模式。这些计算资源可以通过很少的管理工作量或与服务提供商进行较少的交互来快速配置和释放。

云计算是一种新兴的商业计算模型，它将计算任务分布在大量计算机构成的资源池上，以满足各种应用系统对计算能力、存储空间和软件服务等的需求。这种模型之所以被称为“云”，是因为它借鉴了现实中云的某些特点：通常具有庞大的规模，能够根据需求动态伸缩，没有明确的边界，并且存在于网络上，其具体位置不明确。此外，术语“云”的普及也得益于 Amazon 公司推出的一款名为“弹性计算云”(elastic compute cloud，EC2)的云计算服务。

云计算作为一种新兴的技术架构，能够有效地统一并标准化 IT 基础设施，并将其托管给云服务提供商。这种统一化不仅提高了系统的灵活性和可扩展性，还显著降低了管理和维护的成本。通过利用云计算，政府和企业能够将更多精力集中于其核心业务活动，促进了业务的专业化和劳动的高效分工，进而提升了运营和服务的效率。

通常情况下，云计算在成本效益上确实优于传统的本地部署模式，因为它往往涉及较低的前期投资和持续的运营费用。然而，必须注意的是，云计算的成本优势可能会因实际情况的不同而有所变化，特别是当涉及潜在的隐性费用时，例如，数据传输费、服务扩展费等。此外，采用云计算可能引发对数据安全和隐私保护的顾虑。尽管存在这些担忧，云计算的重要意义在于构建了一个经济的 IT 平台，为数字经济的增长提供了强有力的推动力。云计算为企业开辟了创新和发展数字化产品与服务的广阔空间，从而推动了整个经济体系的发展。

2.1.2 云计算的特性

云计算的核心思想是将大量用网络连接的计算资源统一管理和调度，构成一个计算资源池向用户提供按需服务。云计算通过把计算分布在大量的分布式计算机上而非本地计算机或远程服务器中，企业数据中心的运行将与互联网更相似，使得企业能够将资源切换到需要的应用上，根据需求访问计算机和存储系统。提到云计算，很多人都会用电厂模式来解释，即每家每户、工厂企业都要用电，可是每家每户不必都要安装一台发电机，只需要接入电网，按使用量付费即可。根据 NIST 对云计算的定义，云计算具有以下五个特性，如图 2-1 所示。

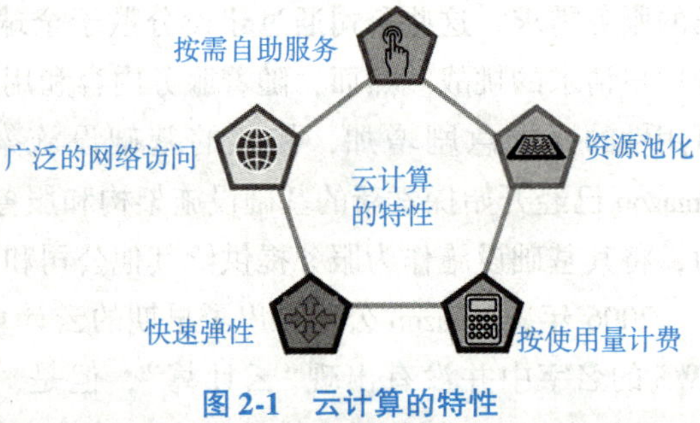

图 2-1　云计算的特性

1. 按需自助服务

用户无须人工干预即可根据需要自助通过网络获取计算资源，自行订购、配置和管理所需的资源，如服务器时间、存储容量、网络带宽、数据库服务等。

2. 广泛的网络访问

云计算服务可以通过标准网络协议，从任意位置（如手机、平板电脑、笔记本电脑和工作站等）通过互联网访问，支持多平台接入，实现了资源使用的地理位置无关性。

3. 快速弹性

根据用户需求的变化，云计算服务能够快速、自动地提供资源扩展或缩减的能力，用户可以在几分钟甚至几秒钟内增加或减少资源使用量，无须事先长时间规划和采购硬件资源。

4. 按使用量计费

云计算服务提供商会对用户所使用的资源进行精确量化和监控，用户只需为其实际消耗的资源付费，类似于水电等公用事业的计费模式，这有助于降低前期投资和运营成本，提高资源利用效率。

5. 资源池化

云计算服务提供商汇集了大量的计算资源（包括存储、处理、内存、网络带宽等），并将其整合成一个大的资源池。用户从中请求资源时，资源可以根据需求动态分配，而不必考虑具体物理位置和设备归属。

2.1.3　云服务模型

云计算包括三种典型的服务模式如图 2-2 所示。

1. 基础设施即服务（infrastructure as a service，IaaS）

IaaS 模式允许用户通过互联网租用计算、存储、网络等基础硬件资源，而无须自行购买或维护实际的物理设备。在这种模式下，IaaS 供应商向用户提供完善的基础设施，用户可以根据需求按量付费，租用 IaaS 供应商所提供的硬件资源环境，并在其上部署和运行各种软件应用。相较于传统的 IT 部署模式，企业在 IaaS 服务模式下无须自行购买服务器、存储应用或网络设备，也不必承担前期实施和后期运营维护的责任。因此，IaaS 模式赋予了企业更大的灵活性和可扩展性，使其能够根据实际需求灵活调配资源，避免了资源的浪费，实现了更加高效和经济的 IT 资源管理。

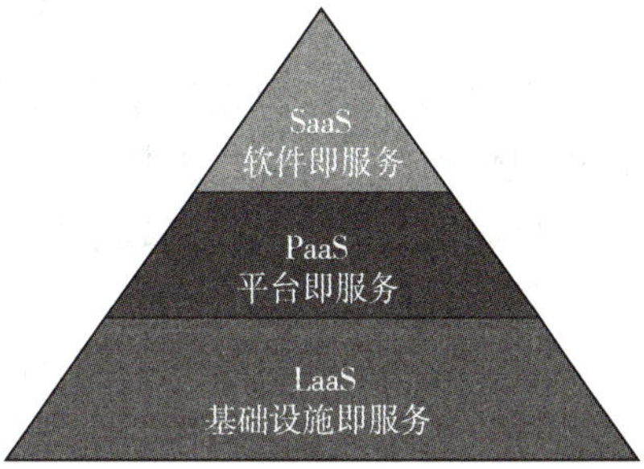

图 2-2　云计算三种类型服务模式

2. 平台即服务(platform as a service, PaaS)

PaaS 模式是为开发人员提供一个完整的开发环境和工具集，使他们能够在上面构建、测试和部署应用程序。PaaS 模式不仅提供了云组件，还包括开发、测试、部署和管理应用程序所需的各种资源和服务。用户可以使用各种开发工具和集成开发环境(IDE)来访问 PaaS 平台。此外，PaaS 并非仅由云服务提供商的托管基础设施提供，它可以通过多种交付模式，包括公有云、私有云和混合云来提供服务。PaaS 的便利性在于提供了预先配置的开发环境和服务，帮助开发人员快速构建和部署应用程序，而不必担心基础架构的细节。用户可以随时随地通过各种设备访问 PaaS 提供的服务。

3. 软件即服务(software as a service, SaaS)

SaaS 是云计算中一种重要的服务模式，它为用户提供了使用云服务提供商的应用程序的能力，而无须在本地安装、维护或管理这些应用程序。在 SaaS 模式下，应用程序托管在云端的服务器上，并通过互联网提供给用户。用户只需通过 Web 浏览器或专用的应用程序访问云端的应用程序，而无须关心底层的硬件或软件基础设施。

SaaS 模式的核心优势之一是其灵活性和便利性。用户无须购买、安装或维护任何软件，只需订阅所需的服务即可立即使用。这种按需付费的模式使得用户能够根据实际需求灵活调整使用量，避免了大笔的前期投资和长期的维护成本。

此外，由于应用程序托管在云端，用户可以随时随地通过互联网访问应用程序，从而提高了工作效率和灵活性。另一个 SaaS 模式的优势是由云服务提供商负责应用程序的更新和维护。用户无须担心软件的更新或安全补丁的安装，云服务提供商会负责这些任务，保证用户始终使用最新、最安全的版本。这极大地减轻了用户的管理负担，让用户可以更专注于核心业务。同时，SaaS 模式还为企业提供了更加灵活和可扩展的解决方案。企业可以根据需要轻松地增加或减少用户数量，而无须重新配置或购买额外的软件许可证。这种灵活性使得 SaaS 模式尤其适用于中小型企业或初创企业，他们可以根据业务的发展情况灵活调整软件使用量，降低成本，同时保持竞争力。

2.1.4　云计算与大数据的关系

大数据与云计算是当今信息技术领域中两个至关重要的概念。云计算是硬件资源的虚拟化和按需分配，大数据则是海量数据的高效处理和分析。这两者的结合已经成为不可避免的趋势，并在数字化地球、数字城市和智慧城市等领域推动着信息化建设的蓬勃发展。

云计算与大数据是密不可分的关系，如图 2-3 所示。两者互为依托，共同构成了现代信息技术的基础架构和商业应用的重要部分。

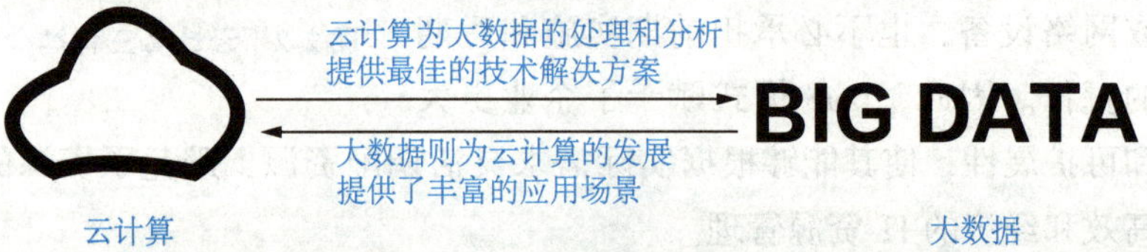

图 2-3　云计算与大数据之间的关系

1. 技术层面的关系

云计算的分布式计算能力、弹性资源分配，以及按需自助服务特性使其成为处理大数据的理想平台。大数据技术需要依赖云平台的可伸缩性来处理海量数据流，并利用云存储来容纳大规模的数据集。

虚拟化技术使得资源的使用更加高效，降低了成本，同时提高了大数据处理的灵活性和可扩展性。

2. 商业应用的关系

对于企业而言，通过云计算平台能够以较低的成本获得强大的数据处理能力，从而将大数据分析作为业务决策和创新的依据。

大数据分析为企业提供了深入洞察市场和消费者行为的能力，这些分析结果又可以指导云计算资源的更优化配置和使用。

3. 发展促进的关系

随着大数据技术的发展，对实时分析和机器学习等高级数据处理功能的需求增加，这直接推动了云计算服务的进一步开发和完善。反过来，云计算的进步也促进了大数据分析技术的普及和创新，因为企业可以更容易地访问到高性能计算资源。

在数字化时代，企业和组织越来越依赖于数据驱动的决策制定过程，而云计算和大数据的结合无疑为实现这一目标提供了强有力的技术支持。

2.1.5　云计算的优势与挑战

云计算的优势包括降低成本、灵活性和可伸缩性、高效性、提高资源利用率、提升效率以及加速创新。通过按需付费模式，企业可以根据实际需求使用云服务，从而减少不必要的投入和降低 IT 成本。

新兴科技公司如 Netflix 和 Airbnb 从一开始就采用云原生架构，构建了高度可伸缩、弹性和敏捷的应用平台。这些公司充分利用云计算的弹性特性，根据用户需求快速调整资源，提供稳定可靠的服务。

云计算还提高了开发效率、运行效率、维护效率和测试效率等，通过虚拟技术实现资源的最大化利用，带来更高的利益。许多大型企业，如通用电气，已将其传统数据中心迁移到亚马逊 AWS 和微软 Azure 等公共云平台，以实现更高的运营效率和成本效益。这些公司通过采用混合云策略，将核心业务保留在私有云中，同时将非核心应用和工作负载迁移到公共云，以实现资源的最优化配置。

云计算也面临着一些挑战，如安全性问题、可靠性问题和管理问题。例如，医疗保健行业由于涉及大量敏感患者数据，对数据安全和合规性要求极高。因此，医疗机构，如美国匹兹堡儿童医院采用云计算服务时，会特别关注是否符合 HIPAA 等法规要求，并与云服务提供商合作，确保数据加密、访问控制和持续监控等安全措施到位。

2.1.6 主流云平台实例分析

随着信息技术的不断发展，云计算作为一种新兴的计算模式，正逐渐改变着传统的 IT 行业格局，促进着各个行业的数字化转型和创新。从云计算平台的发展进行分析，并结合实际应用实例，充分展示了大数据与云计算在各行各业中的重要作用和巨大潜力。

1. 亚马逊 AWS

AWS 是云计算服务的先行者，2006 年亚马逊正式推出云计算产品，并在 2013 年获得 CIA 的私有云订单后，其市场领导地位得到了加强。AWS 在全球拥有 69 个区域性数据中心和 1 700+网络节点数量，提供包括基础服务（如计算、储存、网络）和管理服务（如管理工具、安全配置、监控运行）在内的上千种服务。

2. 阿里云

在信息通信研究院的调查统计中，阿里云在公有云 IaaS 和 PaaS 市场份额均位列前茅。云原生技术在我国得到广泛应用，其中互联网和信息服务业的应用占比有所下降，而金融、制造等行业的应用占比有所上升，显示了数字化转型的推动效应。

3. 腾讯云

腾讯云也是我国公有云市场的主要参与者之一，尤其在 PaaS 层面保持领先。云原生技术的落地和行业应用加速是当前我国云原生发展的显著特征。

4. 华为云

受到信创政策推动，云平台建设逐渐向国产化方向发展，华为云作为国内重要的云服务提供商，在这一进程中扮演着关键角色。随着数字化转型进程加深，云平台已成为企业数字化业务运转的基础设施，而华为云等平台为其提供了强大的支持。

5. 天翼云

在中国信息通信研究院的调查中，天翼云在公有云 IaaS 市场份额中也占据了一席之地。云平台的价值在性能优化方面得到初步验证，为用户提供高效能和成本可控的解决方案。

任务评价

评价内容	评价标准	分值	自评	师评
云计算的概念	能够准确阐述云计算的概念	20		
云计算的特性	能够准确阐述云计算的特性	20		
云服务模型	能够简述云服务模式	20		
云计算与大数据的关系	能够简述云计算与大数据的关系	20		

（续表）

评价内容	评价标准	分值	自评	师评
云计算的优势与挑战	能够简述云计算的优势与挑战	20		
总分		100		

任务 2　Hadoop 体系架构

任务描述

本任务主要介绍 Hadoop 的定义、主要发行版本、显著优势、核心组件及其在实际场景中的广泛应用。

任务分析

随着数据量的不断增长，传统的数据处理方式已经无法满足企业和组织的需求。Hadoop 作为一种开源的分布式计算框架，在大数据处理领域得到了广泛的应用。通过本任务的学习，读者能够了解 Hadoop 的体系架构对于有效地利用其进行大数据处理至关重要。

任务重点与实施

Hadoop 是一个由 Apache 基金会所开发的分布式系统基础架构，它擅长处理超大规模的数据，通过将大数据拆分为小模块，并分配给其他机器进行分析，实现了对超大规模数据的处理。它预设硬件可能会发生故障，因此在内部建立了数据的副本，并假设数据在处理之前无法整齐排列。

2.2.1　Hadoop 简介

Hadoop 体系架构是一个分布式计算框架，旨在处理大量数据集。Hadoop 的设计理念是能够透明地为应用提供可靠性和数据移动，同时能够自动处理节点故障。这种设计使得 Hadoop 能够与成千上万的独立计算机和 PB 级的数据进行交互，非常适合于大数据处理需求。

Hadoop 起源于 Apache Nutch 项目，始于 2002 年，是 Apache Lucene 的子项目之一。2004 年，Google 在“操作系统设计与实现”（operating system design and implementation，

OSDI)会议上公开发表了题为“简化大规模集群上的数据处理”(MapReduce: simplified data processing on large clusters)的论文之后，受到启发的 Doug Cutting 等人开始尝试实现 MapReduce 计算框架，并将它与 Nutch 分布式文件系统(nutch distributed file system, NDFS)结合，用以支持 Nutch 引擎的主要算法。由于 NDFS 和 MapReduce 在 Nutch 引擎中有着良好的应用，所以它们于2006 年2 月被分离出来，成为一套完整而独立的软件，并被命名为 Hadoop。

2008 年初，Hadoop 已成为 Apache 的顶级项目，包含众多子项目，被应用到包括 Yahoo 在内的很多互联网公司。

2.2.2 Hadoop 发行版本

Hadoop 有多个发行版本，其中最著名的三大发行版本分别是 Apache Hadoop、Cloudera's Distribution Hadoop (CDH)和 Hortonworks Data Platform (HDP)。

1. Apache Hadoop

Apache Hadoop 是 Hadoop 的原始开源版本，由 Apache 软件基金会管理。它提供了 Hadoop 的所有核心组件，包括 HDFS、MapReduce、YARN 等。Apache Hadoop 是所有其他发行版的基础，但是它不包含企业级的支持和服务。

2. Cloudera's Distribution Hadoop (CDH)

CDH 是由 Cloudera 公司开发的 Hadoop 版本。CDH 是基于 Apache Hadoop 开发的，但包含了额外的特性、优化和工具，使其更适合企业使用。Cloudera 还提供专业的支持和培训服务。

3. Hortonworks Data Platform (HDP)

HDP 是由 Hortonworks 公司开发的 Hadoop 版本，也是基于 Apache Hadoop 开发的。HDP 提供了高度集成的大数据解决方案，包括数据流处理、数据存储和管理、数据分析和治理等功能。Hortonworks 公司在 2015 年被 Cloudera 收购，但其 HDP 产品继续作为独立的产品存在。

以上三个版本都是基于 Apache Hadoop 开发的，但它们各自添加了一些独特的特性和工具，以满足不同用户的需求。在选择适合的 Hadoop 发行版时，需要考虑许多因素，包括成本、性能、易用性、社区支持和企业支持等。

2.2.3 Hadoop 的优势

Hadoop 的优势主要体现在以下几个方面。

1. 可扩展性

Hadoop 设计之初就考虑到了海量数据的处理需求，因此具有良好的可扩展性。用户可以根据数据量和计算需求动态增减集群节点，无须重启整个系统。

2. 成本效益

Hadoop 是一个开源项目，可以免费使用，节省了购买商业软件的开支。同时，Hadoop 可以在廉价的硬件上运行，降低了硬件成本。

3. 容错性

Hadoop 采用了分布式存储和计算，即使个别节点出现故障，也不会影响整个系统的运行。此外，Hadoop 还实现了数据的多副本存储，提高了数据的安全性。

4. 灵活性

Hadoop 支持多种编程语言(如 Java、Python 等)进行数据处理任务的编写，同时也支持多种数据格式(如文本、JSON、CSV 等)。

5. 社区支持

作为开源项目，Hadoop 拥有活跃的社区和丰富的文档，遇到问题时可以寻求社区的帮助。

2.2.4　Hadoop 核心组件

Hadoop 生态系统主要由三部分构成：底层文件存储系统——Hadoop 分布式文件系统(hadoop distributed file system，HDFS)、资源调度计算框架——又一个资源协调者(yet another resource negotiator，YARN)，以及基于 HDFS 与 YARN 的上层应用组件，如 HBase、Hive 等。典型的基于 Hadoop 的应用如图 2-4 所示。

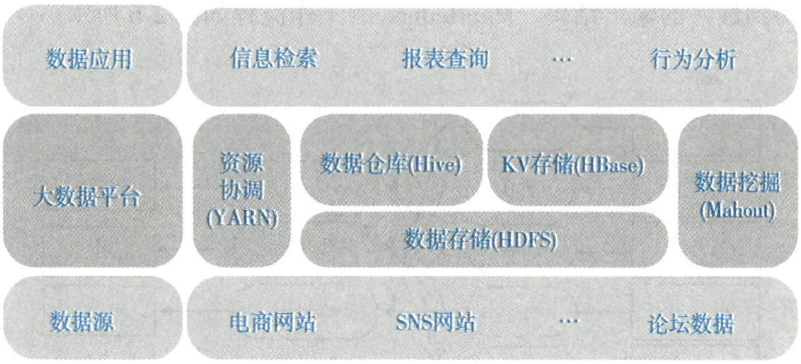

图 2-4　典型的基于 Hadoop 的应用

1. HDFS

HDFS 是一个高度容错性的分布式文件存储系统，它以流式访问模式访问应用程序的数据，这大大提高了整个系统的数据吞吐量，因而非常适合用于具有超大数据集的应用程序中。HDFS 采用 master/slave 的架构如图 2-5 所示。其中，master 节点负责管理和调度，NameNode 作为 master 节点，负责管理文件系统的命名空间和文件块的映射关系。slave 节点负责执行具体的任务，DataNode 作为 slave 节点，负责存储文件块的实际数据。

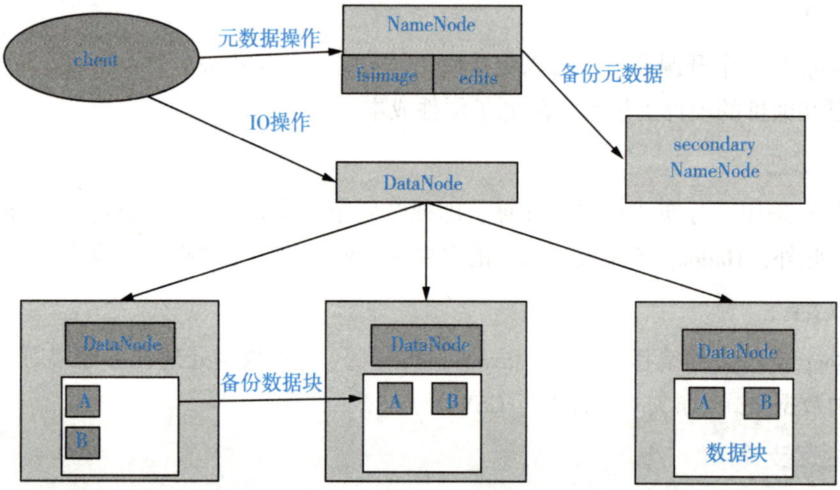

图 2-5　HDFS 采用 master/slave 的架构

2. MapReduce

在 Hadoop 中，MapReduce 是 Hadoop 的计算框架，也是一种分布式计算模型，对存储系统中的数据进行计算的过程，包括数据的读取、处理和输出等，用于处理大规模数据集。

MapReduce 采用了 map 和 reduce 两个阶段，其中，map 阶段负责将输入数据切分成若干个小块，并对每个小块进行处理，输出中间结果；reduce 阶段负责将中间结果进行合并，得到最终的输出结果。MapReduce 的工作流程如图 2-6 所示。

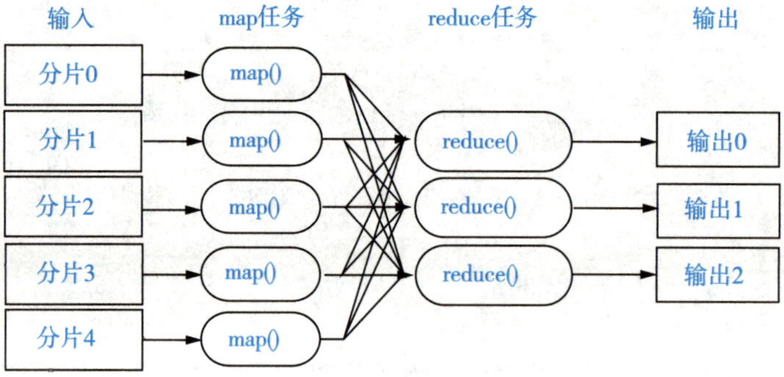

图 2-6　MapReduce 的工作流程

3. YARN

YARN 是 Hadoop 2.0 中的资源管理器，用于管理集群中的计算资源(如 CPU、内存等)，并根据应用程序的需求分配资源。YARN 提供了更灵活的资源管理和调度机制，使得 Hadoop 可以更好地支持各种不同类型的计算任务。

YARN 的基本原理是将 JobTracker 的两个主要功能(资源管理和作业调度/监控)分

离，主要方法是创建一个全局的资源管理(resource manager，RM)和若干个针对应用程序的应用主控(application master，AM)。这里的应用程序是指传统的 MapReduce 作业或作业的有向无环图(directed acyclic graph，DAG)，如图 2-7 所示。

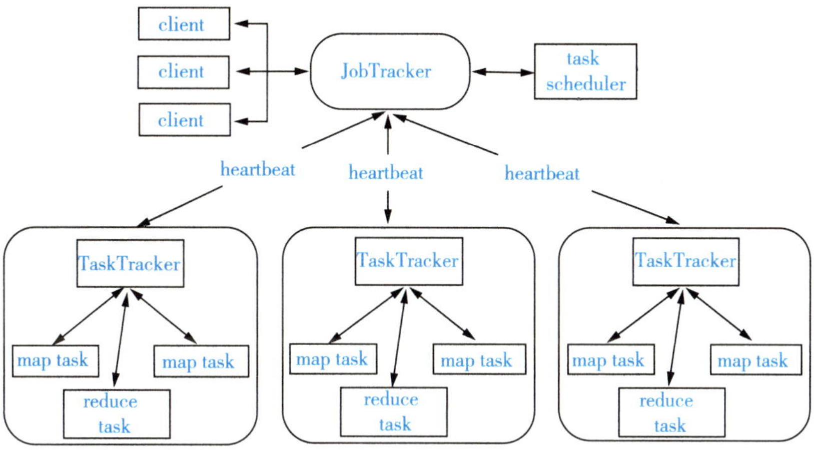

图 2-7　YARN 的基本原理

4. 分布式数据库(HBase)

HBase 是一个分布式、可扩展、高可靠性的数据库，用于存储非结构化数据。它是 Hadoop 生态系统中的一部分，可以与 HDFS 和 MapReduce 等组件配合使用，提供高效的数据存储和查询功能。HBase 包括下面六种数据模型，HBase 存储的四维数据模型如图 2-8 所示。

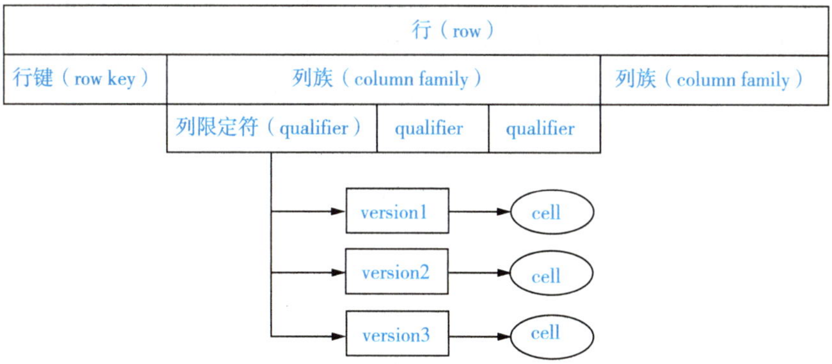

图 2-8　HBase 存储的四维数据模型

(1)表：每个 HBase 采用表来组织数据，表由行和列组成，行(row)划分为若干个列族。

(2)行键(row key)：每个 HBase 表都由若干行组成，每个行由行键来标识。

(3)列族(column family)：一个 HBase 表被分组成为许多列族的集合，它是基本的访问控制单元。

(4)列限定符(qualifier)：列族里的数据通过列限定符(或列)来定位。

(5)单元格(cell)：在HBase表中，通过行键、列族和列限定符确定一个单元格(cell)。

(6)版本(version)：每个单元格都保存着同一份数据的多个版本，这些版本采用时间戳进行索引。

2.2.5 Hadoop应用场景

Hadoop作为一个开源的分布式计算框架，通过使用简单的编程模型，让用户能够在分布式环境中轻松处理大规模数据集。

下面介绍Hadoop在商业领域、医学领域、制造领域和农业领域中的应用实例，充分展示了这一技术的多样性和灵活性。通过这些具体的应用场景，可以更深入地理解Hadoop如何帮助不同领域解决实际问题并提高效率。

1. 商业领域

Hadoop集群的高效处理能力来完成数据的分析。例如，百度拥有近十个Hadoop集群，每个集群超过2 800台机器节点，总共有上万台Hadoop机器，存储容量超过100 PB，已使用的超过74 PB。百度每天需要提交大量的数据处理作业，这些作业依赖于Hadoop集群的高效处理能力来完成数据的分析。

Hadoop集群的高效处理能力来完成数据的挖掘。例如，雅虎利用Hadoop来分析用户行为，通过处理海量的日志数据来优化其服务和广告投放策略。通过分析用户的搜索习惯和偏好，雅虎能够提升其搜索引擎的准确性和效率。

2. 医学领域

Hadoop被用于处理和分析大量的基因组数据。例如，贝勒医学院(Baylor)使用Hadoop来存储和分析从基因测序项目中获得的巨大数据集。这样的分析帮助研究人员识别可能导致疾病的基因变异，对疾病早期诊断和个性化医疗具有重要意义。

在医院和医疗机构中，Hadoop被用来集中监控患者的健康数据，包括实时数据分析和历史数据比对。这使得医疗提供者可以更快地响应患者状况的变化，提高治疗效果和患者满意度。

3. 制造领域

Hadoop用于分析生产过程中的数据，以识别瓶颈和改进流程。例如，通过分析机器的运行数据和产品质量数据，制造商可以发现哪些环节需要改进，以减少浪费来提高生产效率。

利用Hadoop分析设备的使用数据和维修记录，制造企业可以实施预测性维护策略。这样不仅可以减少设备故障时的停机时间，还可以降低维护成本，确保生产线的平稳运行。

4. 农业领域

Hadoop用于分析土壤样本、天气模式和作物生长数据，帮助农民做出更好的种植决策。例如，通过分析历史数据，可以预测某种作物在特定条件下的表现，从而指导农民选择最适合当前环境和市场需求的作物品种。

通过收集和分析关于气候变化、病虫害发生模式和农作物生长阶段的数据，Hadoop 可以帮助预测病虫害的发生。这允许农民提前采取措施，如喷洒适当的农药，以预防或减轻损害。

任务评价

评价内容	评价标准	分值	自评	师评
Hadoop 简介	能够准确阐述 Hadoop 的定义	20		
Hadoop 发行版本	能够简述 Hadoop 的发行版本	20		
Hadoop 的优势	掌握 Hadoop 的优势	20		
Hadoop 核心组件	掌握 Hadoop 的核心组件	20		
Hadoop 应用场景	熟悉 Hadoop 的应用场景	20		
总分		100		

项目小结

本项目主要介绍云计算和 Hadoop 体系架构在存储、处理和分析海量数据集方面的重要作用。首先介绍了云计算特性、云服务模型；其次介绍了云计算与大数据的关系；最后介绍了 Hadoop 概念和优势。通过本项目的学习，读者能更好地理解和应用大数据技术，为企业和社会创造更大的价值。

项目习题

1. 简述云计算的概念。
2. 简述云计算的特性。
3. 简述三种云计算的典型服务模式。
4. 简述云计算与大数据的关系。
5. 简述云计算的优势与挑战。
6. 简述 Hadoop 的概念。
7. Hadoop 的优点有哪些？
8. 简述 Hadoop 的核心组件。

项目3 大数据采集与存储

项目导读

大数据采集与存储是大数据技术中的关键组成部分，在现代数据密集型业务中很重要。本项目主要介绍从各种来源获取数据，在采集到数据后，必须对其进行预处理，包括清洗、转换和归一化，以确保数据的质量和可用性；选择合适的存储解决方案来保存这些数据，确保这些数据的组织、管理和安全。

学习目标

◆ 知识目标

- 了解大数据采集的基本原理和方法。
- 学习大数据预处理的基本步骤。
- 学习大数据存储的基本知识。

◆ 技能目标

- 掌握大数据采集技术。
- 理解大数据预处理。
- 掌握大数据存储技术。

◆ 素质目标

- 能够不断学习和掌握新的大数据采集和存储技术，提升读者的专业水平。
- 能够将学到的知识和技能应用到实际工作中，不断改进和优化工作方法和流程。
- 勇于尝试新的数据采集与存储方案，不断优化现有流程和方法，提高工作效率和质量。

◆ 思政目标

- 了解国内大数据采集与存储技术成果，增强读者民族自豪感和文化自信，鼓励读者为国内行业发展贡献力量。
- 强调数据采集存储中的法规和道德规范，培养读者数据安全和隐私保护意识，引导读者树立正确的职业操守。

任务1 大数据采集

任务描述

本任务主要介绍大数据采集与传统数据采集的差异，大数据采集所运用的采集技术。

任务分析

在当今信息化社会，数据已经成为组织和企业决策的重要依据。无论是政府部门、企事业单位还是科研机构，越来越依赖于数据来指导决策、优化运营和推动创新。通过本任务的学习，读者能够了解大数据采集可作为数据分析和利用的基础环节，其重要性日益凸显。

任务重点与实施

数据是大数据分析和应用的核心，其获取过程称为数据采集。作为整个大数据处理流程的首要步骤，数据采集至关重要，它构成了大数据产业的基础。在没有数据的情况下，大数据的商业价值将无从实现。

数据采集，也被称为“数据获取”，指的是利用多种技术手段实时或非实时地从各种外部数据源收集数据以供后续使用。

3.1.1 数据来源

按照数据来源的不同划分，大数据主要来源于泛互联网、工业互联网、行业信息系统和社交网络。这些数据来源于不同的渠道和平台，通过收集和分析这些数据，企业、政府和研究机构能够更好地理解市场动态、用户行为和操作效率，从而做出更加精准的决策和策略。

1. 泛互联网

泛互联网是指使信息和服务通过当下可能的技术和手段在计算设备、通信设备、机器、人之间传递和交付的网络，包括物联网、移动互联网和车联网等。

(1) 物联网

物联网是指通过射频识别、红外感应器、全球定位系统、激光扫描器等信息传感设备，按约定的协议，把任何物体与互联网连接起来，进行信息交换和通信，以实现智能化识别、定位、跟踪、监控和管理的一种网络。物联网连接如图3-1所示。

(2) 移动互联网

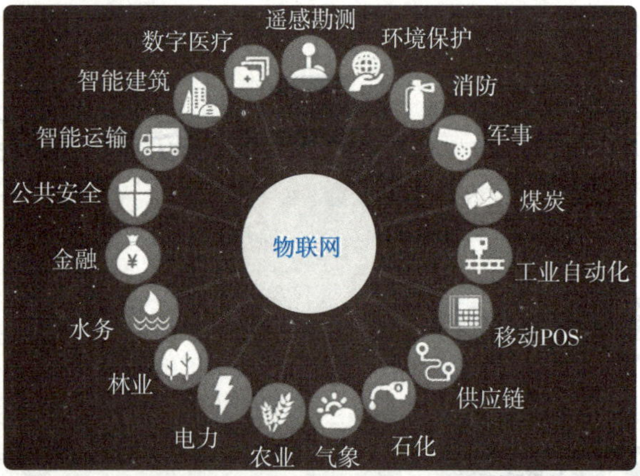

图 3-1　物联网连接

移动互联网是指通过无线技术，尤其是蜂窝网络（如 3G/4G/5G）和 Wi-Fi，提供互联网接入服务到移动设备的网络。这包括智能手机、平板电脑、工业设备和手持设备等以及其他能够连接到互联网的移动设备。移动互联网允许用户在几乎任何地点、任何时间访问网络服务和应用，极大地扩展了互联网的使用场景和用户体验。

例如，消费者可以在任何地点、任何时间使用手机或平板电脑进行在线购物，浏览商品信息，比较价格，下单购买，查看订单状态等。用户可以通过移动互联网进行移动支付，如支付宝、微信支付等，无须携带现金或银行卡，方便快捷。读者可以在家中或任何地方通过移动互联网接受在线教育、观看课程视频、参与在线讨论、完成作业等。患者可以通过移动互联网预约医生、咨询病情、查看检查结果，甚至进行远程诊疗。

(3) 车联网

车联网作为移动互联网背景下的产物，其功能、服务选择和精准性都离不开大数据的支持。每一辆汽车在行驶过程中都会生成大量的数据，这些数据包含了位置信息和时间，能够形成海量的数据。如今，几乎所有在路上行驶的汽车都在产生巨大的数据量。

例如，从轮胎气压、发动机转速、油温和速度等传感器监测的数据中，汽车每小时可以生成 5 GB 到 250 GB 的数据。而对于高级概念车来说，产生的数据更是惊人。谷歌的无人驾驶汽车每秒就可以生成约 1 GB 的数据，这相当于每秒发送 20 万封纯文本电子邮件或上传 100 张高清数码相片。这些数据为车联网提供了丰富的信息，使其能够更好地服务于驾驶员。

2. 工业互联网

工业互联网是一个宏伟的目标，也是一个基本的想法，即将机器连接到网络中并利用生成的数据为企业提供服务。与阿里巴巴的大数据不同，工业互联网的数据来源于安装在机器上的传感器。当机器启动时，传感器开始收集数据，并将机器的速度、倾斜度等状态详细记录为数据，传输到云端进行存储、分析和决策制定。

(1) 在医疗保健方面

由于大型医疗设备的联网，患者可以在社区附近的医院进行计算机断层扫描（CT）。医疗工业互联网根据距离和水平分配空闲的医生，病人可以根据医生的外貌、性别、年龄、从医经验、毕业院校等条件自主挂号，并通过聊天软件与医生进行交流。即使住院部没有病房也没关系，患者可以通过云端预订其他医院的病房，即拿着 A 医院的片子、B 医院的诊断书，到 C 医院照方抓药，在 D 医院安心疗养。

(2) 在智能制造方面

工厂内的机器设备通过工业互联网连接，实现生产过程的实时监控和优化。例如，汽车制造企业可以通过工业互联网监测生产线上的设备运行状态，预测设备故障并及时进行维修保养，提高生产效率和产品质量。

(3) 在智能农业方面

农业生产设备如拖拉机、灌溉系统等通过工业互联网连接，实现农田环境的实时监测和农作物生长情况的数据分析。农民可以根据分析结果调整种植方案和灌溉策略，提高农作物产量和质量。

(4) 在智能物流方面

物流公司的运输车辆通过工业互联网连接，实现货物位置的实时追踪和运输过程的优化调度。物流公司可以根据实时路况信息调整运输路线，减少运输时间和成本，提高运输效率。

3. 行业信息系统

行业信息系统是指针对特定行业的需求，设计和实施的信息管理系统，如金融信息系统、医疗信息系统等。行业信息系统每天对海量的数据进行收集、交换、分析和整合，这些数据如同一股强大的“洪流”涌入企业和行业中。数据已经成为生产过程中的一个基本要素，与固定资产和人力资源同等重要。

(1) 在金融服务行业方面

银行和金融机构通过建立高效的信息系统，能够对客户的交易数据、信用记录、投资偏好等进行全面分析，从而提供个性化的金融产品和服务。例如，使用大数据分析技术来识别潜在的信贷风险，或者向特定客户推荐适合其风险承受能力的投资产品。

(2) 在零售行业方面

大型零售商利用信息系统跟踪库存水平、消费者购买行为、市场趋势等，以实现更精准的库存管理和优化营销策略。例如，一个零售商可以通过分析顾客的购物习惯来调整店铺的布局，把最畅销的商品放在显眼位置，或者在特定季节推出促销活动以提高销售额。

(3) 在制造业方面

制造企业运用信息系统监控生产线的工作效率、设备状态、产品质量等关键指标，实时调整生产计划和维护安排。通过实时数据分析发现某个工序出现瓶颈导致整体生产效率下降，企业可以及时调整资源配置或改良工艺流程，以提升生产效率和降低成本。

(4) 在物流行业方面

物流公司通过建立先进的信息系统来实现货物的实时追踪、运输路线的优化，以及客户服务的改善。例如，一家快递公司可以利用数据分析来预测不同区域的包裹量，从而提前调整人力和车辆资源的分配，确保快递能够在最短时间内送达客户手中。

4. 社交网络

社交网络是指通过网络平台，让用户能够建立和维护社交关系的服务。社交网络可以是公开的，也可以是私密的，如今已成为人们日常生活的重要组成部分。社交网络如何以不同的形式满足个人、群体之间的交流需求，无论是维护现有关系还是建立新的关系，其都提供了一个有效的平台。

企业社交网络。企业社交网络提供了一个平台，让员工能够展示自己的职业背景、技能和成就，寻找内部工作机会，扩展职业网络。

教育社交网络。教育社交网络为教师、读者和家长提供一个专门的平台，让他们分享学习资源、讨论课程内容，以及进行学习小组的合作。

兴趣爱好社交网络。这类社交网络聚集了相同爱好的人群，他们可以分享经验、组织活动，以及交流技巧，从而增强了社区内的联系和支持。

3.1.2 大数据采集与传统数据采集的区别

大数据采集是在传统数据采集的基础上发展起来的，但大数据采集与传统数据采集在数据规模、数据内容、采集方式等方面有显著区别，具体见表 3-1。

表 3-1 传统数据采集和大数据采集的主要区别

维度	传统数据采集	大数据采集
数据规模	采集的数据通常涉及的数据量较小，以 GB 为单位	采集面对的是海量数据，数据量级可达到 TB 甚至 PB 级别
数据内容	主要针对结构化数据，例如，企业内部管理系统中或客户管理系统中的数据	不仅包括结构化数据，还包括半结构化数据，以及非结构化数据，如图像、声音等
采集方式	由于数据通常局限于单一来源，一般使用一种数据采集方式即可完成	由于不同数据源对应的采集技术各不相同，将使用多种采集技术混合的方式

3.1.3 大数据采集技术

数据采集又称数据收集或数据获取，是指利用各种装置、技术和手段从多种来源收集、获取数据的过程。这个过程可能涉及从系统内部和外部的各种数据源获取数据，并将其输入到系统内部或者其他存储系统中，以便后续处理、分析和利用。区别于传统的数据采集，大数据的数据采集不再仅仅通过问卷调查、信息系统的数据库取得结构化数据，而是通过多种方式获取包括结构化、半结构化和非结构化数据。

根据数据源特征的不同，大数据采集的方式多种多样，下面主要介绍五种常用的大数据采集方式，即传感器采集、系统日志采集、网络数据采集、数据库采集和其他数据的采集。

1. 传感器采集

传感器采集的数据可以通过有线或无线传感器网络传送到数据采集点。有线传感器网络通过网线连接传感器并收集信息，适用于传感器易于部署和管理的情况。例如，视频监控系统通常使用非屏蔽双绞线连接摄像头，并通过媒体压缩、机器学习和媒体过滤技术进行集中采集，以获取涉及城市交通、群体行为和公共安全等方面的大量信息。无线传感器网络利用无线网络作为信息传输的载体，并形成自组网来传输采集的数据，适用于环境监控、水质监控、野生动物监控等需要分散部署和灵活性较高的场景。一个无线传感器网络通常由大量微小的传感器节点构成，这些节点由电池供电或通过环境供电，并被部署在应用指定的地点以收集感知数据。完成节点部署后，基站将发布网络配置、管理或收集命令，不同节点采集和感知的数据将被汇集并转发到基站以供后续处理。图 3-2 为两种不同类型的传感器。

(a) 湿度传感器

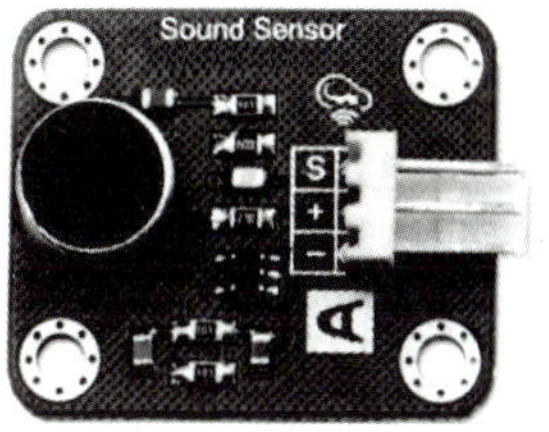

(b) 声音传感器

图 3-2　两种不同类型的传感器

2. 系统日志采集

系统日志是由系统运行时生成的，以特殊的文件格式记录了系统的各种活动。系统日志包括系统的行为、状态，以及用户与系统的交互。与物理传感器相比，系统日志可以被视为“软件传感器”。它们记录了计算机软硬件系统运行状态、金融应用的股票记账、网络监控的性能测量和流量管理，以及 Web 服务器记录的用户行为等。系统日志的示例如图 3-3 所示。

图 3-3　系统日志的示例

系统日志在诊断系统错误、优化系统运行效率，以及发现用户行为偏好等方面具有广泛的应用。例如，Web 服务器通常会记录网站用户的点击、键盘输入、访问行为及其他属性。通过分析这些行为，可以有效地发现用户的访问偏好，一方面可以基于用户行为优化网站布局，另一方面可以绘制出有效的用户画像，从而实现精准的信息推荐。

如今，大量机器不分昼夜地处理着日志数据，供离线和在线的分析系统使用，以生成可读性的报告，帮助人类做出决策。许多公司的业务平台每天都会产生大量的日志数据，通常为流式数据，例如，搜索引擎的页面浏览量（page view，PV）和查询等。要处理这些日志并从中提取信息，需要特定的日志系统，这些系统通常具备以下特征。

（1）可作为应用系统和分析系统之间的桥梁，将它们之间的关联解耦。

（2）拥有近实时的在线分析系统和分布式并发的离线分析系统。

（3）具有高可扩展性，即当数据量增加时，可以通过增加节点进行水平扩展。

许多互联网企业都拥有自己的大规模数据采集工具，主要用于系统日志采集。这些工具通常采用分布式架构，能够满足每秒数百兆字节的日志数据采集和传输需求。

3. 网络数据采集

网络数据采集是通过网络爬虫或网站公开的应用程序接口（application program interface，API）等手段从网站上获取数据信息的过程。网络数据采集支持图片、音频、视频等文件或附件的获取，并能够自动关联附件与正文。

目前，网络数据采集主要依赖于基于垂直搜索引擎的网络蜘蛛（或数据采集机器人）、分词系统、任务与索引系统等技术。随着互联网技术的发展和网络信息量的增加，对于信息的获取与整理需求不断增加。

常用的网页爬虫框架包括 Apache Nutch、Crawler4j、Scrapy 等，同时采用多个框架并行抓取数据可以充分利用计算资源和存储能力，显著提高系统的数据采集能力。这也使得开发人员能够更快速地完成一个数据系统的开发。图 3-4 为使用网络爬虫采集互联网数据的过程。

4. 数据库采集

数据库采集是将实时产生的数据以记录的形式直接写入企业的数据库中，然后利用特定的数据处理系统进行进一步分析。目前，常见的数据库包括 MySQL、Oracle、Redis 及 MongoDB 等。在数据库采集过程中，通常需要在采集端部署大量数据库，并深入思考和设计如何实现这些数据库之间的负载均衡和分片。图 3-5 为数据库采集的过程。

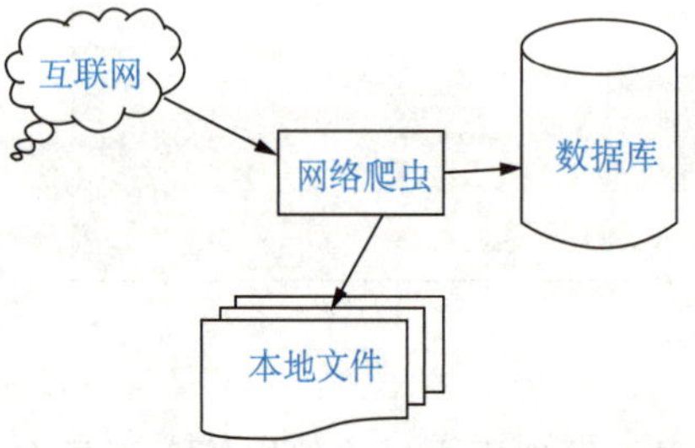

图 3-4 使用网络爬虫采集互联网数据的过程

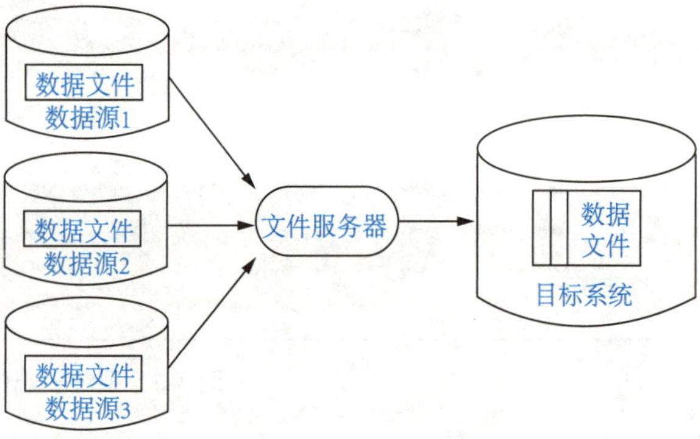

图 3-5 数据库采集的过程

5. 其他数据的采集

在某些特定领域，例如，对于具有较高保密性要求的企业生产经营数据或学科研究数据，可以通过与企业或研究机构合作，利用特定系统接口等方式来采集数据。然而，数据采集通常需要经过特定的授权或权限才能够进行。

任务评价

评价内容	评价标准	分值	自评	师评
大数据来源	能够阐述大数据的来源	30		
大数据采集与传统数据采集的区别	能够简述大数据采集与传统数据采集的区别	35		
大数据采集技术	能够运用大数据采集技术	35		
总分		100		

任务2　大数据预处理

任务描述

本任务主要介绍数据预处理的流程，包括数据清洗、数据集成、数据变换，以及数据归约等方面的内容。

任务分析

在大数据分析过程中，数据的准确性和可靠性是至关重要的。原始数据中往往存在缺失值、异常值、重复值等问题，这些问题会直接影响数据分析的准确性和可靠性。通过本任务的学习，读者了解在进行分析之前，需要对原始数据进行预处理，以提高数据质量，为后续的数据分析工作提供可靠的基础。

任务重点与实施

数据预处理是一个广泛的领域，其总体目标是为进行后续的数据挖掘工作提供可靠和高质量的数据。它旨在减小数据集的规模，提高数据的抽象程度和数据挖掘的效率。

3.2.1　数据预处理的流程

数据预处理主要由数据清洗、数据集成、数据变换及数据规约这四个相互关联且不可或缺的核心环节组成，数据预处理流程如图 3-6 所示。

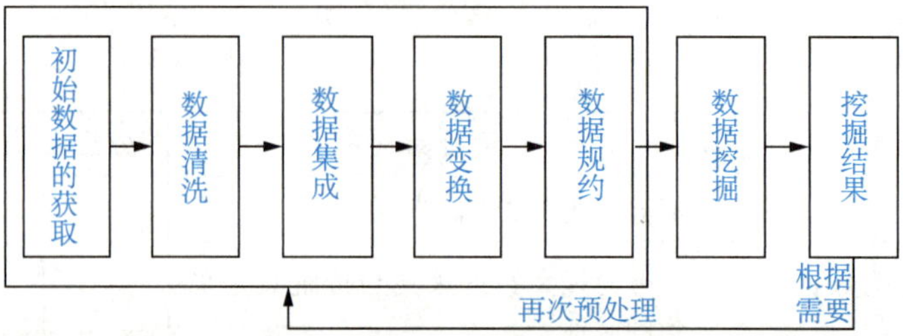

图 3-6　数据预处理的流程

需要注意的是，数据预处理不是一次性完成的任务，而是一个迭代的过程，可能需要多次进行才能达到理想的效果。另外，在数据预处理的实际操作中，数据清洗、数据集成、数据变换及数据规约这四个环节并非孤立进行，而是相互融合、协同发挥作用。面对庞大而复杂的数据世界，为确保获取精准的分析挖掘结果，关键在于在数据预处理阶段全方位提升数据质量。

3.2.2　数据清洗

数据清洗是对数据进行详细审查和校验的过程，目的在于删除重复信息、纠正错误数据，并确保数据的一致性。

1. 数据清洗的任务

数据清洗的任务是处理那些不符合要求的数据。不符合要求的数据主要有残缺数据、噪声数据、错误数据和冗余数据四大类。

(1)残缺数据。残缺数据指在数据集中某些字段或记录的信息未能被完整捕获或记录的情况。

(2)噪声数据。噪声数据包含由于测量误差、录入错误或其他原因导致的不准确、异常或偏离真实值的数据点。

(3)错误数据。错误数据涵盖因人为失误、系统故障、数据传输错误等原因所导致的不准确或无效的数据，如数据值超出合理范围或存在逻辑矛盾。

(4)冗余数据。冗余数据指数据集中存在的重复或几乎相同的信息，这种数据不仅会浪费存储资源，还可能对分析结果造成误解。

据统计，在大数据项目的实际开发过程中，数据清洗通常占据了相当一部分的工作量，有时可达到项目总工时的 50% 至 70%，甚至在某些情况下可能高达 80%。因此，数据清洗工作对于所有数据工作者来说都是一个不可忽视的重要环节。

2. 数据清洗的原理

数据清洗的原理是利用相关技术将含有“脏数据”的原始数据转化为满足数据质量要求的数据，如图3-7所示。

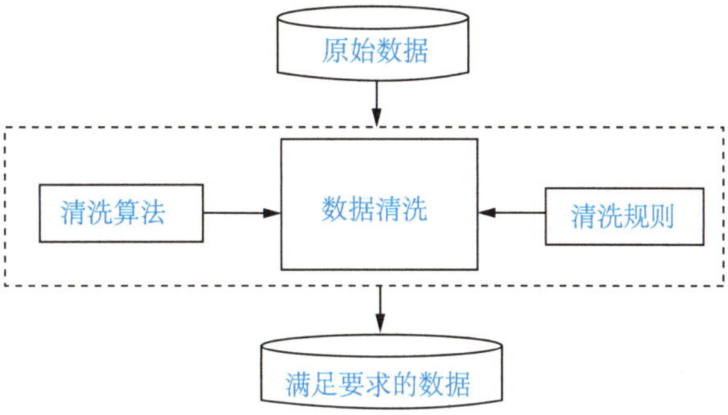

图3-7　数据清洗的原理

随着数据清洗技术的不断提升，现在常常使用清洗算法与清洗规则来辅助完成数据清洗。清洗算法与清洗规则是应用相应的技术，如数理统计、数据挖掘等，分析出数据源中数据的特性，并且进行相应的数据清洗。目前，数据清洗的算法种类繁多，如基于相似度函数的算法、基于规则的算法以及基于机器学习的算法等。其中，相似度函数算法以数据对作为输入值，输出一个相似度分数。两个数据越相似，输出的值越大。如果两个数据的相似度大于给定的阈值，那么它们就被视为冗余。基于规则的算法利用规则来进行数据清洗，其中规则是指多个断言的组合，如果一对数据满足所有的断言，那么它们将满足这个规则，从而被判定为冗余数据。每个断言包含一个相似度函数和一个阈值。许多算法需要用户来制定规则，也可以利用现有的技术从正例和反例中找出合适的相似度函数和阈值。基于机器学习的算法首先在数据比对阶段计算组内每对数据在某些属性上的相似度，并将其表示成数据对的特征向量。接着在冗余判断阶段利用训练集训练出分类模型，其中训练集中的正例和反例分别代表冗余和不冗余的数据对。

3.2.3　数据集成

数据集成是将多个数据源(这些数据源可能包括多个数据库、数据立方体或一般文件)中的数据整合到一个一致的数据存储(如数据仓库)中，由于数据源存在多样性，因此需要解决可能出现的各种集成问题。数据集成同样是预处理中的重要部分，它有助于减少结果数据集的冗余和不一致，有助于提高其后挖掘过程的准确性和速度。

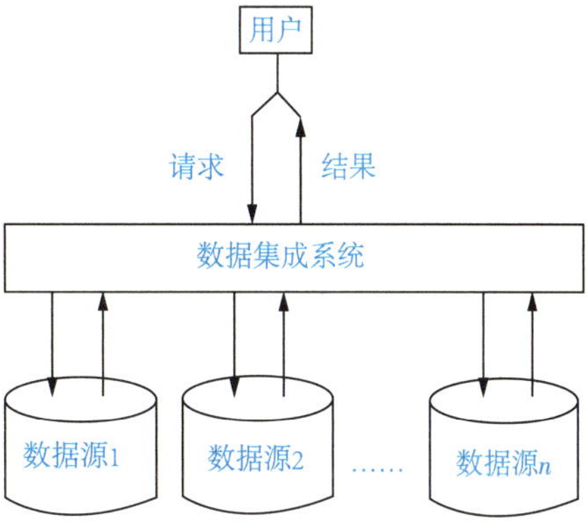

图3-8　数据集成系统示意图

实现数据集成的系统称作数据集成系统，它为用户提供统一的数据源访问接口，执行用户对数据源的访问请求，如图3-8所示。

目前来说，异构性、分布性、自治性是数据集成的主要难点。

1. 异构性

异构性是指在数据集成过程中遇到的数据来源具有不同的结构、格式、编码规则、语义定义等特性。这些数据可能源于独立开发的应用系统，每个系统都有自己特有的数据模型，导致数据在逻辑结构、字段命名、数据类型、业务规则等方面存在显著差异。数据语义异构意味着尽管表面上数据项名称或数值相同，但在不同系统中可能代表不同的业务含义。此外，数据源所处的使用环境(如操作系统、数据库管理系统、应用程序接口等)各异，进一步增加了数据集成的复杂性。因此，异构性要求数据集成方案具备强大的数据转换、映射和一致性协调能力，以确保数据在融合时能够正确理解和处理这些差异。

2. 分布性

分布性是指集成所需的数据源地理位置上分散，它们可能位于不同的服务器、数据中心甚至跨地域的云环境中。这种分布式特性使得数据交换必须依赖网络进行传输，而网络的带宽限制、延迟、丢包、拥塞等问题会影响数据传输的效率和稳定性。同时，数据在传输过程中面临的安全威胁，如数据泄露、篡改、拒绝服务攻击等，对数据的保密性和完整性构成挑战。因此，有效的数据集成策略需要考虑如何在保证数据安全的前提下，优化网络通信性能，实现高效且可靠的数据传输。

3. 自治性

自治性描述的是各数据源具有独立的管理和更新机制，它们能够在不通知集成系统的前提下自主地修改其内部结构(如表结构变更、字段增删等)、更新数据内容或者调整业务逻辑。这种动态变化的特性对数据集成系统的适应性和鲁棒性提出了高要求。数据集成系统需要具备实时监测数据源变化的能力，能够快速响应并调整集成流程以适应源系统的变动，确保持续、准确地集成来自不同源系统的数据。此外，还需要设计相应的容错机制和回滚策略，以应对因源系统突发变化导致的集成失败或数据不一致情况。总之，数据源的自治性要求数据集成系统具备高度的灵活性和自我修复能力。

3.2.4 数据变换

数据变换也称数据转换，指的是将数据从一种表现形式转换到另一种形式的过程。这个过程的核心目标是减少数据在时间、空间、属性以及精度等方面的差异。

数据变换主要包含以下内容。

1. 平滑

平滑的目的是除去数据中的噪声，常用的方法包括分箱、聚类和回归等。

2. 聚集

聚集是对数据进行汇总和聚集操作，这通常用于构造数据立方体或进行多细度分析。例如，将每天的销售额数据汇总成每月或每年的总销售额。

3. 数据概化

所谓概化就是用更抽象(更高层次)的概念来取代低层次或数据层的数据对象。例如，将街道属性概化到城市或国家，或将年龄属性概化为年轻、中年和老年等类别。

4. 规范化

规范化就是将有关属性数据按比例缩放，使之落入一个特定区间。例如，将工资收入规范化到0~1的范围内。

5. 属性构造

由给定的属性构造添加新的属性，以提高数据处理和分析的精度，以及对高维数据结构的理解。例如，根据“高”和“宽”属性可以构造出“面积”属性。通过属性构造可以增强数据属性间的联系，有利于发现知识。

另外，数据变换还可能包括其他一些内容，如数据离散化、数据降维和数据编码等。总之，所有数据变换的目标都是将数据转化为更适合分析的形式。

3.2.5 数据归约

数据归约是指在对挖掘任务和数据本身内容理解的基础上，寻找依赖于发现目标的数据的有用特征，以缩减数据规模，从而在尽可能保持数据原貌的前提下，最大限度地精简数据量。因为被分析的数据对象往往比较大，分析与挖掘会特别耗时甚至不能进行，所以非常有必要对数据进行归约。数据归约后可以得到数据集的归约表示，它虽然小，但仍大致保持原数据的完整性。这样，在归约后的数据集上挖掘将更有效，并产生相同(或几乎相同)的分析结果。

数据归约可以分为三类，分别是特征归约、样本归约、特征值归约。

1. 特征归约

特征归约是通过删除不重要或不相关的特征，或者通过对特征进行重组和比较来减少特征数量。其原则是在保持甚至提高原有判断能力的同时减少特征向量的维度。例如，在挖掘读者选课与所取得的成绩的相关关系时，读者电话号码这一特征与当前挖掘任务无关，可以将其从原始特征集合中删除。

特征归约通常包括以下几个步骤。

(1)特征选择：在特征空间中搜索并选择特征子集，每个子集由部分或全部特征构成。

(2)评估：使用评估函数(如信息增益、相关系数、卡方检验等)或预设阈值，对不同特征子集的性能进行评估(如分类准确性、模型复杂度等)，以确定最优特征组合。

(3)应用：使用最终选定的特征子集执行相应的学习任务(如分类、回归等)。

2. 样本归约

样本归约是指从数据集中选出一个有代表性的子集作为样本。在确定子集大小时，需要考虑计算成本、存储要求、估计量的精度等因素。

3. 特征值归约

特征值归约是特征值离散化技术，它将连续型特征的值离散化，使之成为少量的区间，每个区间映射到一个离散符号。其优点在于简化了数据的描述，使数据和最终的挖掘结果更易于理解。

特征值归约方法可分为有参方法和无参方法两种。有参方法使用一个模型来评估数据，只需存放参数而不需存放实际数据，其中包括回归和对数线性模型等。无参方法则不需要建立数学模型，而是直接根据数据的特点进行离散化，其中包括直方图、聚类和选样等。

任务评价

评价内容	评价标准	分值	自评	师评
数据预处理的流程	能够简述数据预处理的流程	20		
数据清洗	能够简述数据清洗的任务和原理	20		
数据集成	能够简述数据集成的概念和难点	20		
数据变换	能够简述数据变换的内容	20		
数据归约	能够简述数据归约的三个类型	20		
总分		100		

任务 3　大数据存储

任务描述

本任务主要介绍大数据存储技术的发展历程、大数据存储技术的优势、分布式文件系统、NoSQL 数据库、数据仓库，以及云数据库等内容。

任务分析

随着信息技术的飞速发展和互联网的广泛应用，各行各业产生的数据量呈现爆炸式增长。传统的数据存储架构和方法已经无法满足这种大规模数据集的存储需求。因此，大数据存储技术应运而生，旨在解决海量数据的存储问题。通过本任务的学习，读者能够了解选择合适的存储方案，可以保障数据的安全。

任务重点与实施

相对于传统的数据存储方法，大数据存储涉及的是规模庞大、结构复杂、多样化的数据集的持久化保存。于是大数据存储技术应运而生，旨在提供更高效、可靠、灵活的解决方案。大数据存储技术的分类主要包括分布式文件系统、NoSQL 数据库、数据仓库和特定领域存储技术。

3.3.1　大数据存储技术的发展历程

大数据存储技术的发展历程是一个从原始的物理记录到现代复杂数据管理系统的长足进步。

1. 早期数据存储技术

在文字尚未发明之前，人类使用结绳、刻画等方式记录信息，这些方法虽然原始，但在当时是信息传递和存储的重要手段。

随着造纸术和印刷术的发明，信息的记录和传播发生了革命性变化，极大地推动了文化的交流和社会的进步。

2. 机械存储时代

18 世纪工业革命期间，机械化的数据存储形式开始出现，如打孔卡和打孔带被广泛用于工业机器中，这是数据第一次被转换为二进制信息，大幅提升了工作效率。

Herman Hollerith 发明了打孔卡制表机，极大提高了数据处理速度，他因此被誉为现代机械数据处理之父，并创立了 IBM 的前身。

1898 年，丹麦工程师 Valdemar Poulsen 发明了磁线电报机，这是人类历史上第一个实用的磁声记录和再现设备，标志着磁性存储时代的开启。

1928 年，德国工程师 Fritz Pfleumer 基于磁线电报机原理发明了录音磁带，进一步推动了磁存储技术的发展。

3. 电子计算机与存储器

John Vincent Atanasoff 和他的读者 Clifford Berry 设计制造了 ABC 计算机，这台机器使用了磁鼓存储器作为主存储器，尽管它采用的是顺序存取方式，但在当时已是一项重大突破。

1947 年，Williams 和 Kilburn 发明了威廉姆斯-基尔伯恩管，这是一种早期的随机存取存储器，它的出现为后来更高效的存储器开发奠定了基础。

4. 数字时代的数据库系统

随着个人计算机的发展，编程语言、操作系统和数据库成为技术发展的基石。数据库技术尤其重要，因为它直接关系到数据的存储和查询效率。

5. 分布式存储与云计算

Hadoop 分布式文件系统成为大规模数据集处理的标准之一，它通过在多个服务器节点之间复制数据块来实现高可用性和容错性。

云存储服务如 Amazon S3 提供了一种按需使用、高度可扩展的存储解决方案，使得企业能够更灵活地管理其大数据资源。

大数据存储技术的发展反映了人类对信息记录和处理能力的不懈追求。从最初的物理记录到现代复杂的数据库系统，每一步都是对效率和容量的优化。未来，随着科技的不断进步，更多创新的存储技术将会出现，以应对日益增长的数据需求。

3.3.2 大数据存储技术的优势

这些数据集通常难以直接使用传统数据库技术处理和分析。为了确保大数据分析的有效性，必须制定合理的数据存储策略。只有当海量数据得到妥善存储，才能保障数据的完整性、可访问性和安全性，从而为后续的数据处理和分析提供坚实的基础。

大数据存储技术是现代信息技术架构的核心部分，对数据分析、业务决策支持和创新应用的发展具有深远影响。通过有效地存储和管理大数据，企业能够深入理解客户需求，优化业务流程，提升运营效率，实现差异化竞争和推动创新发展。此外，大数据存储技术在科学研究领域也发挥了关键作用，如在天文学、生物学、气候研究等方面，它为科学家们提供了丰富的数据资源，加速了科学发现和知识的进步。

与传统的数据存储技术相比，大数据存储技术具备以下优势。

1. 存储容量高

大数据存储技术，如 Hadoop 和 NoSQL 数据库等，可以存储 PB 级别的数据，解决了传统关系型数据库在存储容量上的限制。这些技术通过分布式存储和高效的数据压缩算法，实现了海量数据的高效存储和管理。

2. 快速数据处理

大数据存储技术，如 Spark 和 Flink 等，可以在短时间内处理大量的数据，满足了大数据在获取速度和分析速度上的要求。这些技术通过内存计算、流式处理和并行计算等方法，大大提高了数据处理的速度和效率。

3. 多样化数据类型

大数据存储技术可以处理多种类型的数据，包括文本数据、图片数据、视频数据等。这些技术通过灵活的数据模型和丰富的数据处理功能，支持多种数据格式的存储和分析，满足了不同应用场景的需求。

4. 数据可靠性与安全性

大数据存储技术可以保证数据的可靠性和安全性，这对于防止数据泄露和保障个人隐私至关重要。这些技术通过数据备份、容错机制、访问控制和加密等手段，确保了数据在存储和传输过程中的安全性和完整性。

3.3.3 分布式文件系统

分布式文件系统(distributed file system，DFS)是由多个网络节点组成的，对上层应用提供统一文件服务的系统。DFS 中的每个节点可以分布在不同的地理位置，通过计算机网络连接进行节点间的通信和数据传输。DFS 构建在集群的硬件资源之上，实现了数据的分布式存储和管理，从而提高了数据的可靠性和访问效率。

1. 主要特征

分布式文件系统主要具有以下特征。

(1)透明性。分布式文件系统对于用户来说，表现得就像是传统的集中式文件系统。用户不需要关心数据实际存储在哪个节点上，或者数据是从哪个节点获取的，只需像使用本地文件系统一样管理和存储文件。这种透明性极大地简化了用户的操作，并提高了系统的易用性。

(2)冗余性和容错性。分布式文件系统通常会在不同的节点上存储数据的多个副本，这被称为数据冗余。这种设计可以提高系统的容错性，即使某个节点出现故障，也不会影响到整个系统的正常运行。此外，如果某个节点的数据损坏，可以从其他节点恢复数据。

(3)可扩展性。分布式文件系统通常具有很强的可扩展性。新的节点可以很容易加入现有的系统，从而提升系统的存储能力和处理能力。这使得分布式文件系统非常适合处理大规模的数据。

(4)高性能。尽管分布式文件系统需要在多个节点之间进行数据传输，但是通过优化网络协议和算法，现代分布式文件系统设计得非常高效，能够在不牺牲太多性能的情况下提供强大的性能。

(5)安全性。分布式文件系统通常提供了多种安全措施，如加密、访问控制等，以确保数据的安全性。

分布式文件系统以其高度的透明性、冗余性、容错性、可扩展性、高性能和安全性，已经成为现代 IT 基础设施的重要组成部分。

2. 常见的三种数据存储方式

在分布式文件系统中，有三种常见的数据存储方式，分别是文件存储、块存储和对象存储。下面对这三种存储方式进行介绍。

(1)文件存储

文件存储是一种以文件为基本单位的存储方式，通常采用标准的文件系统协议，并可以提供共享文件系统的功能。该存储方式通常具有以下特点。

① 简单易用：文件存储允许用户像访问本地文件系统一样访问和管理文件。

② 共享访问：多用户可以同时访问文件存储，适合需要文件共享和协作的场合。

③ 适应传统应用需求：文件存储可以适应传统的应用需求，如文件编辑、文件传输等。

(2) 块存储

块存储方式将数据分割成固定大小的块(通常为几 KB 或几 MB)，并逐个进行存储。每个块都有独立的地址和偏移量，可以独立地读取和写入。该存储方式通常具有以下特点。

① 高性能：块存储可以提供低延迟的读写操作，适用于需要快速访问数据的应用场景。

② 灵活的存储容量：块存储可以根据需要分配存储空间，支持动态扩容和缩减。

③ 数据保护和恢复：块存储通常支持数据快照和复制功能，有助于数据的保护和恢复。

(3) 对象存储

对象存储是一种以对象为基本单位的存储方式，它使用对象的唯一标识符作为索引，将对象作为一个整体进行存储。一个对象可以包含多个文件，也可以是一个包含多种数据类型的复杂数据结构。该存储方式通常具有以下特点。

① 强大的可扩展性：对象存储能够处理大量的对象，每个对象的大小可以从几个字节到几个 TB，可以轻松应对大规模的数据存储需求。

② 高可靠性：对象存储具有冗余存储机制，数据会被自动复制到多个服务器上，以确保数据的可靠性和持久性。

③ 简单的新增和删除操作：对象存储支持增量的数据添加和删除，每个对象都有一个唯一的标识符，可以方便地进行查找和管理。

3. 常用的分布式文件系统

目前，常用的分布式文件系统有 Hadoop 分布式文件系统(HDFS)、谷歌文件系统(GFS)、Ceph、Lustre 等。

3.3.4 NoSQL 数据库

NoSQL 数据库即非关系数据库，它是一种不同于传统关系数据库的数据库。“NoSQL”一词是英文“Not Only SQL”的缩写，意味着它不仅仅是 SQL，相对于传统的关系数据库，NoSQL 数据库不使用 SQL 作为查询语言，其存储也不需要固定的表模式。

需要注意的是，NoSQL 数据库是对关系数据库的一种补充，而不是其替代品。它们各有优劣，适用于不同的应用场景。在选择合适的存储方案时，应该根据具体的业务需求和技术要求来决定是使用关系数据库还是 NoSQL 数据库。

1. NoSQL 数据库的主要特点

当应用场合需要简单的数据模型、灵活的 IT 系统、较高的数据库性能和较低的数据库一致性时，NoSQL 数据库无疑是一种理想选择。NoSQL 数据库通常展现出以下三个主要特点。

(1)强大的水平扩展能力

传统的关系数据库由于自身设计机理的原因，通常很难实现“水平扩展”(也称横向扩展)，在数据库负载大规模增加时，往往需要通过升级硬件来实现“纵向扩展”。但是，当前的计算机硬件制造工艺已经达到一个限度，性能提升的速度开始减缓，已经远远赶不上数据库系统负载的增加速度，而且配置高端的高性能服务器价格不菲，因此寄希望于通过“纵向扩展”满足实际业务需求，已经变得越来越不现实。相反，“水平扩展”仅需要非常普通廉价的标准化刀片服务器，不仅具有较高的性价比，也提供了理论上近乎无限的扩展空间。NoSQL 数据库设计的初衷就是满足“水平扩展”的需求，因此它天生具备良好的水平扩展能力。

(2)灵活的数据模型

关系模型作为关系数据库的基石，建立在完整的关系代数理论基础之上，具有严谨的定义及一系列严格约束。尽管这种模型确保了业务系统对数据一致性的需求，但过于刚性的结构使得难以适应各类新兴业务场景。与此相反，NoSQL 数据库旨在挣脱关系数据库的诸多束缚，摒弃了沿用已久的关系数据模型，转而采用键值、列族等非关系模型。这些模型允许在单一数据单元内容纳多种类型的数据，极大地提升了数据模型的灵活性。

(3)与云计算紧密融合

云计算具有良好的水平扩展能力，可以根据资源使用情况进行自由伸缩，各种资源可以动态加入或退出。而 NoSQL 数据库凭借自身良好的水平扩展能力，可以充分自由利用云计算基础设施，很好地融入云计算环境，构建基于 NoSQL 的云数据库服务。

2. NoSQL 数据库与关系数据库的比较

NoSQL 数据库和关系数据库是两种不同类型的数据库，两者的比较见表 3-2。

表 3-2　NoSQL 数据库和关系数据库的比较

对比维度	NoSQL 数据库	关系数据库	备注
数据规模	超大	大	NoSQL 数据库较易于通过添加更多设备来实现支持更大规模的数据；关系数据库在水平扩展上具有一定难度，并且其纵向扩展的空间也较有限
数据模型	灵活	严格	NoSQL 数据库通常提供更灵活的数据模型，可以更好地处理非结构化或半结构化数据；关系数据库的数据模型比较严格，仅适用于结构化数据
事务一致性	弱	强	关系数据库严格遵守事务 ACID 模型，可以保证事务强一致性；很多 NoSQL 数据库放松了对事务 ACID 模型的要求，而是遵守 BASE 模型，只能保证最终一致性

（续表）

对比维度	NoSQL 数据库	关系数据库	备注
数据完整性	难于实现	容易实现	关系数据库凭借其内置的数据完整性约束机制能够相对轻松地实现数据完整性；NoSQL 数据库则需要依赖于应用程序逻辑、特定数据库功能或额外工具来实现
扩展性	强	弱	关系数据库在水平扩展方面存在困难，纵向扩展空间亦有限制；NoSQL 数据库则内建对水平扩展的支持，便于通过增置低成本设备实现扩展
查询语言	不标准	标准	关系数据库普遍采用标准化的查询语言（SQL）；NoSQL 数据库目前没有形成行业标准查询语言，各个数据库系统使用各自的查询语言
复杂查询	有限	强大	关系数据库对复杂查询（如多表连接、子查询等）有很强的支持；而 NoSQL 数据库的查询能力通常较为有限，尤其是对于复杂的跨文档或跨集合的查询
数据安全性	依赖于应用程序级别的安全措施	内置的安全机制	关系数据库通常提供了一套完整的安全机制，包括用户认证、角色管理、权限控制等；而 NoSQL 数据库的安全性主要依赖于应用程序级别的措施

3. NoSQL 数据库的类型

NoSQL 数据库种类繁多，可归纳为四种主要类型：键值数据库、列族数据库、文档数据库和图数据库。

（1）键值数据库

键值数据库类型的 NoSQL 数据库使用键（key）和值（value）来存储数据，键是唯一的，而值可以是任何数据类型。

传统的关系数据库在处理一对多关系时，通常将外键放在“多”的一端，以维护两个表之间的关系。而在键值数据库中，一对多的关系可以在任何一端进行管理，不局限于特定的设计模式。键值数据库使用哈希表来存储数据，其中每个特定的 key 对应一个特定的 value。通过 key，可以快速定位到对应的 value，实现数据的存储和检索。在键值数据库中，value 对于数据库系统本身是不可见的，因此无法直接对 value 进行索引和查询，只能通过 key 来进行操作。value 可以用来存储各种类型的数据，包括整数、字符串、数组、对象等。键值数据库结构的示例如图 3-9 所示。在这个示例中，可以看到“姓名”“年龄”“兴趣”的 key（键），分别对应“王某”“18”“阅读”的 value（值）。

图 3-9　键值数据库结构的示例

在面对大量写操作的场景下，键值数据库往往能展现出比关系数据库更优越的性能。这是因为关系数据库依赖于索引来加速查询，而在高并发的写操作下，索引需要频繁地更新，这会带来显著的索引维护开销。然而，键值数据库也有自身的局限性。条件查询是键值数据库的一个弱项。如果需要对部分值进行查询或更新，效率可能会较低。在使用键值数据库时，应尽量避免复杂的多表关联查询。一种常用的策略是采用双向冗余存储关系，用空间换取查询效率，通过冗余存储来替代表关联，将复杂的多表操作转化为多个单表操作。

目前，常见的键值数据库产品有 Redis、Memcached、Riak、Cassandra、DynamoDB 等。

(2)列族数据库

列族数据库，又称列存储数据库，其数据模型体现为一种每行列数灵活可变的结构，允许在不影响已有数据结构的前提下便捷地添加新列。这类数据库由一系列行组成，其中每一行数据包含一个或多个预定义的列族。列族是相关列的集合，同一列族中的数据在物理存储上紧密关联，而不同行可根据实际需求选择性地包含某列族中的部分列。这种独特的行与列族组织架构确保了属于同一列族的数据在逻辑上和物理上的一致性与聚合性。列族数据库结构的示例如图 3-10 所示。在这个示例中，看到两个不同的行键(row key)，每个行键下面有多个列族(column-family)和列(column)。每个列族下面又有多个列名(column name)和对应的列值(column value)。这种数据结构允许用户根据需要选择要查询的列，从而提高查询效率。

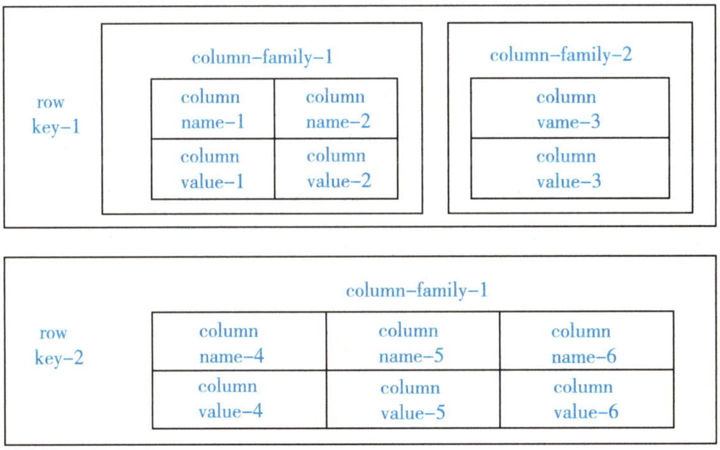

图 3-10 列族数据库结构的示例

列族数据库的核心优势在于其稀疏性和灵活性，因为只有被使用的列会被存储，这使得它非常适合于存储大规模的稀疏数据集。此外，列族数据库还支持高效的压缩机制，因为同一列族内的数据往往是相似的，可以使用相同的方法进行压缩。

目前，常见的键值数据库产品有 BigTable、HBase 和 Cassandra 等。

(3)文档数据库

文档数据库是一类特殊的数据库系统，旨在高效地处理和存储各种类型的文档。在文档数据库中，文档是处理信息的基本单位，一个文档相当于关系数据库中的一条记录。一个文档可以包含非常复杂的数据结构，并且不需要采用特定的数据模式，每个文档可能具有完全不同的结构。这使得文档数据库非常适合于存储如 JSON 或 XML 这样的半结构化数据，以及更复杂的数据类型，比如文本、图像和视频等多媒体信息。对于那些可以把输入数据表示成文档的应用程序而言，文档数据库是非常合适的。文档数据库结构的示例如图 3-11 所示。在这个示例中，可以看到四个独立的文档(document)，每个文档都有一个相对应的唯一文档 ID(Document_ID)，用户可以通过文档 ID 来查找和访问相关的文档内容，从而方便地对文档进行索引、查询和管理。

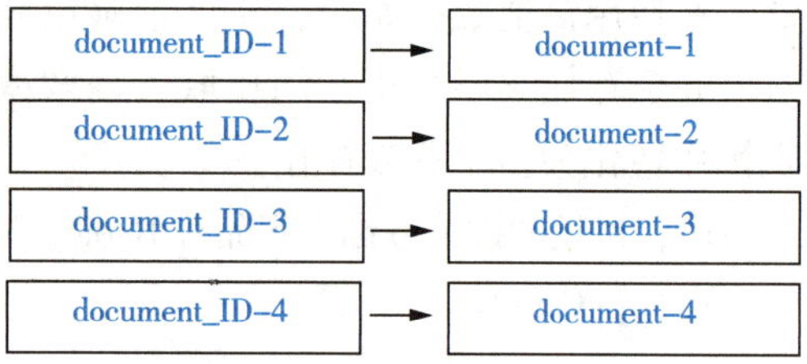

图 3-11　文档数据库结构的示例

由于文档数据库不像传统关系数据库那样需要严格定义模式，所以它们能提供更高的灵活性和可伸缩性。当面对快速变化的数据需求或需要存储大量不同类型的数据时，文档数据库的优势尤为明显。此外，文档数据库通常更容易与其他应用程序集成，因为它们可以直接存储原始数据格式，无须转换成表格形式。这一点对于现代应用开发尤其重要，因为它减少了数据预处理的需求并且加快了开发速度。

目前，常见的文档型数据库产品有 MongoDB、CouchDB 和 BaseX 等。

(4)图数据库

图数据库是一种基于图论实现的新型 NoSQL 数据库，它的数据存储结构和数据的查询方式都是以图论为基础的。图论中图的基本元素为节点(或称顶点)和边(可能带有方向和权重)，在图数据库中对应的就是节点(node)和关系(relationship)。在图数据库中，数据与数据之间的关系通过节点和关系构成一个图结构，并在此结构上实现数据库的所有特性，如对图数据对象进行创建、读取、更新、删除等操作的能力，还有处理事务的能力和高可用性等。图数据库结构的示例如图 3-12 所示。在这个示例中，可以看到一些节点(如“赵老师”“李同学”“数据结构”等)，以及它们之间的连接关系(如“讲授”“选修”等)。

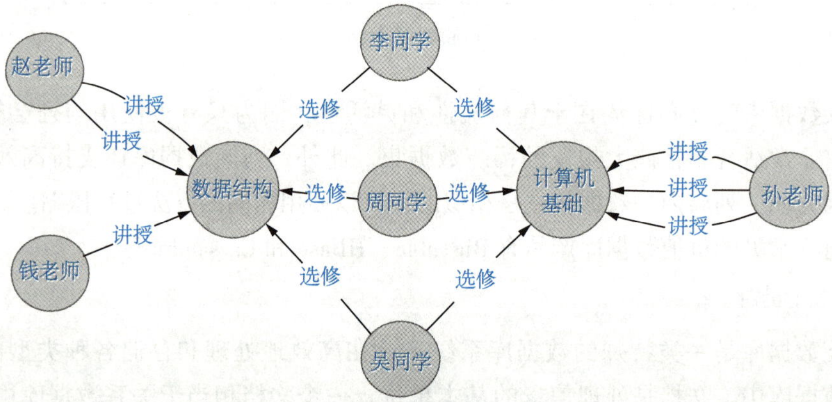

图 3-12　图数据库结构的示例

图数据库特别适用于处理具有复杂关系的数据，因此适合用于构建社交网络、推荐系统、欺诈检测、网络安全等领域。在社交网络中，可以轻松追踪用户之间的互动；在推荐系统中，可以发现物品或服务之间的相关性和模式；在金融领域，可以识别潜在的欺诈行为；在网络安全方面，则有助于发现异常活动和威胁。

目前，常见的图数据库产品有 Neo4j、TuGraph、JanusGraph、HugeGraph 等。

4. NoSQL 数据库的三大核心概念

在 NoSQL 数据库领域，CAP、BASE 和最终一致性通常被认为是该技术体系的三大核心概念，它们构成了 NoSQL 数据库设计和实现的理论支撑。这些概念是理解 NoSQL 数据库如何工作，以及它们设计取舍的根本出发点。

(1) CAP

CAP 中的 C 指的是一致性(consistency)，它指任何一个读操作总是能够读到之前完成的写操作的结果，也就是在分布式环境中，多点的数据是一致的；A 指的是可用性(availability)，它指可以快速获取数据，在确定的时间内返回操作结果；P 指的是分区容忍性(tolerance of network partition)，它指当出现网络分区的情况时(即系统中的一部分节点无法和其他节点进行通信)，分离的系统也能够正常运行。

CAP 定理指出，在设计一个分布式系统时，无法同时实现一致性、可用性和分区容忍性这三个特性。在实际的分布式环境中，网络分区是难以避免的，因此 P(分区容忍性)通常被认为是必须的要求。这意味着设计者必须在 C(一致性)和 A(可用性)之间做出妥协，根据系统的实际需求和业务场景选择合适的设计策略。

(2) BASE

BASE 的基本含义是基本可用(basically available)、软状态(soft state)和最终一致性(eventual consistency)。

① 基本可用。基本可用是指在分布式系统中，即使某些部分发生故障，系统的其他部分仍然能够正常工作。例如，在一个由多个节点组成的数据存储系统中，如果一个节点失效，其余节点仍然可以提供数据访问服务，这就体现了基本可用性。

② 软状态。软状态(soft state)是与硬状态(hard state)相对应的一种提法。相对于硬状态(hard state)，软状态允许系统中的状态在一定时间内不一致。在实际应用中，这通常涉及数据的同步过程，比如通过消息队列异步处理用户间的资金转移，在这个过程中，可能会出现短暂的数据不一致现象，即资金从一个账户扣除，但在另一个账户尚未增加。这种状态不一致是暂时的，最终会达到一致状态。

③ 最终一致性。一致性分为强一致性和弱一致性两种类型，它们的关键区别在于在高并发的数据访问环境中，后续的操作能否立即看到最新的数据。在强一致性模型中，一旦完成更新操作，所有后续的读操作都能确保访问到这次更新后的最新数据。相反，如果后续的访问不能保证总是读取到最新更新的数据，则该模型被归类为弱一致性。最终一致性是弱一致性的一种特例，意味着系统不保证所有操作立即一致，但保证随着时

间的推移，所有副本或镜像的数据最终会达到一致。在实际的分布式系统中，如电子商务购物车系统，可以通过异步通信、消息队列等机制来保证数据的最终一致性。

BASE 理论是对 CAP 定理的一种实践补充，这意味着分布式系统可以在某些情况下接受数据的暂时不一致，以换取更高的可用性和更强的分区容忍性。

(3)最终一致性

最终一致性是一种分布式系统的一致性模型，它允许系统中的数据在一定的时间内可能不一致，但是在经过一段时间之后，所有的数据都会达到一致的状态。此模型因能在确保数据一致性的同时提升系统可用性和分区容忍性，而在分布式系统中广泛应用。因其重要性，最终一致性被作为 NoSQL 数据库的三大核心概念之一，与 BASE 并列提及。

3.3.5 数据仓库

数据仓库(data warehouse)是一个面向主题的、集成的、相对稳定的、反映历史变化的数据集合，用于支持管理决策。数据仓库本身并不“生产”任何数据，同时也无须“消费”任何数据。数据源自于外部系统，并且被提供给外部应用程序使用。正是由于其作为存储和供应数据的中心，而非数据处理和生成的场所，因此被称作“仓库”，而非“工厂”。

1. 数据仓库的基本特征

数据仓库具有以下四个基本特征。

(1)面向主题。操作型数据库的数据组织面向事务处理任务，各个业务系统之间各自分离，而数据仓库中的数据是按照一定的主题进行组织的。主题是与传统数据库的面向应用相对应的，是一个抽象概念，是在较高层次上将企业信息系统中的数据综合、归类并进行分析利用的抽象。主题通常是指用户使用数据仓库进行决策时所关心的重点方向。每一个主题对应一个宏观的分析领域。数据仓库排除对于决策无用的数据，提供特定主题的简明视图。

(2)集成。数据仓库的数据来自分散的操作型数据，所需要的数据需要从原来的数据中抽取出来，在进行加工与集成、统一与综合之后才能进入数据仓库。

(3)相对稳定。数据在进入数据仓库后是极少更新的，通常只需要定期的加载和更新。数据仓库主要是为决策分析提供数据，涉及的操作主要有查询数据，很少有修改和删除操作。数据仓库的更新频率通常比操作型数据库要低得多。

(4)反映历史变化。在构建数据仓库时，会每隔一定的时间(比如每周、每天或每小时)从数据源抽取数据并加载到数据仓库。例如，8 月 1 日晚上 12 点“抓拍”数据源中的数据保存到数据仓库，然后 8 月 2 日、8 月 3 日一直到月底，每天“抓拍”数据源中的数据保存到数据仓库，这样，经过一个月以后，数据仓库中就保存了 8 月份每天的数据“快照”，由此得到 8 月份整月的数据“快照”，就可以用来进行商务智能分析。

2. 数据仓库与数据库的区别

数据库与数据仓库的区别实际上反映了联机事务处理(on-line transaction processing，OLTP)与联机分析处理(on-line analytical processing，OLAP)的差异。

（1）联机事务处理（OLTP）。OLTP 是传统关系型数据库的主要应用之一，也可以称面向交易的处理系统，它是针对具体业务在数据库联机的日常操作，通常对少数记录进行查询、修改。用户较为关心操作的响应时间、数据的安全性、完整性和并发支持的用户数等问题。传统的数据库系统作为数据管理的主要手段，主要用于操作型处理，像 MySQL，Oracle 等关系型数据库一般属于 OLTP。

（2）联机分析处理（OLAP）。OLAP 是数据仓库的应用之一，它使分析人员能够迅速、一致、交互地从各个方面观察信息，以达到深入理解数据的目的。OLAP 一般针对某些主题的历史数据进行分析，以支持管理决策。

因此，可以说，数据库是为捕获数据而设计，数据仓库是为分析数据而设计的。数据仓库是在数据库已经大量存在的情况下，为了进一步挖掘数据和决策需要而产生的，它不是所谓的“大型数据库”。

3. 数据仓库的架构

按照数据流入流出的过程，数据仓库的架构可分为三层，分别是源数据、数据仓库和数据应用，如图 3-13 所示。

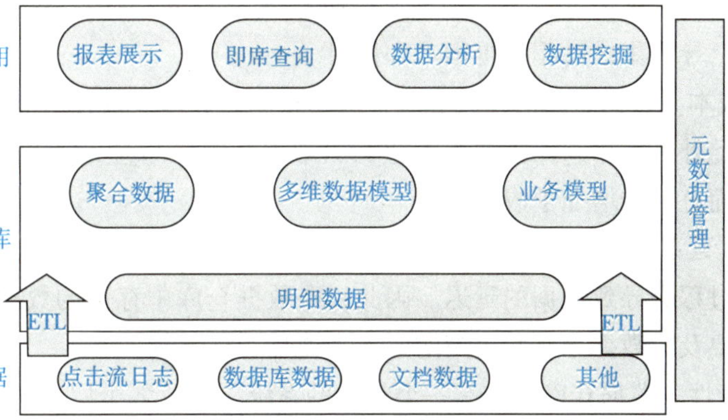

图 3-13 数据仓库架构示意图

（1）源数据

源数据层包含了各种原始的、未经处理的数据源。这些数据源可以来自不同的系统、应用程序或设备，如点击流日志、数据库数据、文档数据，以及其他类型的文件或数据流。

（2）数据仓库

数据仓库层也称细节层，包含了经过 ETL 过程处理后的数据。其中，明细数据是原始的、详细的、未经处理的数据，它们来自于源数据层的各种数据源；聚合数据是通过对明细数据进行汇总和统计得到的数据，用于支持快速查询和报告；多维数据模型是一种数据组织方式，将数据以维度和度量的形式进行组织，便于进行多角度的分析和查询；业务模型是根据业务需求和目标建立的数据模型，用于支持特定的业务场景和决策。

(3)数据应用

数据应用层包含了基于数据仓库中的数据开发的各种应用和服务。其中，报表展示几乎是每个数据仓库必不可少的一类数据应用，它将数据以图表、表格等形式进行可视化展示，用于支持决策者快速了解业务状况和趋势。即席查询允许用户根据自己的需求自定义查询条件和范围，用于支持灵活的数据探索和分析。数据分析能够对数据进行深入分析，用于发现数据背后的规律和模式，支持业务优化和创新。数据挖掘是一种利用高级算法和技术从大量数据中发现有价值的信息和知识的应用，数据仓库为数据挖掘工具提供了数据接口，使得这些工具能够方便地访问和处理数据仓库中的数据。

4. 数据仓库的缺点

在存储数据时，数据仓库主要有以下四个方面的缺点。

(1)数据集成困难。数据仓库需要从各种不同的来源中提取和整合数据，包括各种内部和外部系统。这个过程可能会面临数据格式不一致、命名不统一，以及数据质量问题等挑战，导致集成过程变得困难和耗时。

(2)高成本。数据仓库的建设和维护成本很高。它涉及硬件、软件和人力资源等方面的投入。此外，数据仓库需要不断进行升级和扩展，以应对不断增长的数据量和业务需求，从而进一步增加了成本。

(3)数据延迟。由于数据仓库需要从各种来源中提取和整合数据，然后进行清洗和转换，这个过程会导致数据的延迟。因此，在数据仓库中存储的数据可能不是实时的，这对一些需要及时数据分析和决策的业务来说是一种限制。

(4)复杂性。数据仓库通常是一个复杂的系统，涉及多个层次的数据模型、数据集成和数据转换等过程。管理和维护这样的复杂系统需要高水平的技术和专业知识，这可能对一些企业来说是一项挑战。

尽管数据仓库技术存在上述缺点，但由于其卓越的稳定性、公认的成熟行业标准，以及对结构化数据的强大处理能力，使其仍然在现代大数据存储领域扮演着关键角色。

3.3.6 云数据库

云数据库是部署在云计算环境中并通过虚拟化技术实现的数据库服务。作为伴随云计算发展起来的数据库解决方案，云数据库采用共享基础架构，显著提升了数据存储的能力，同时降低了对人员、硬件、软件重复配置的需求。它还简化了系统的维护和升级流程，并实现了多个后端功能的虚拟化。

在云数据库的服务模型中，所有的数据库管理功能均在云端由服务提供商进行管理和提供。客户可以通过网络远程访问这些服务，无须了解或管理云数据库的底层复杂性。由于硬件和软件的虚拟化，客户使用云数据库时的体验仿佛是在使用一个单一服务器上的本地数据库，既方便易用，又能按需获得强大的存储和处理能力。

云数据库是一种具有动态可扩展性、高可用性、多租户形式、易用性、高性能和免维护等特点的数据库解决方案，具体特点如下。

1. 动态可扩展性

云数据库可以根据数据存储需求的增长进行动态扩展。无论是电子商务公司面临的季节性或突发性需求变化，还是网络社区站点经历的指数级用户增长，云数据库都能够通过分配额外的存储资源来满足增加的需求，并且这个过程通常只需要几分钟。一旦需求过去，这些资源可以立即释放。

2. 高可用性

云数据库采用分布式架构，不存在单点失效问题。如果某个节点失效，其他节点会接管未完成的事务。此外，云数据库通常会在不同的地理位置进行数据冗余存储，以提高容错能力。大型云计算供应商一般在全球范围内分布着数据中心，通过在不同地理区间内进行数据复制，确保数据的高可用性。

3. 采用多租户形式

云数据库通常采用多租户的形式，同时为多个用户提供服务。这种共享资源的模式可以帮助用户节省开销，且用户可以按需付费，使用云计算环境中的各种软硬件资源，避免不必要的资源浪费。此外，云数据库底层存储通常采用大量廉价的商业服务器，进一步降低了用户的开销。

4. 易用性

使用云数据库的用户无须管理运行原始数据库的机器，也无须了解其具体位置。用户只需一个有效的 URL 地址即可开始使用云数据库，就像使用本地数据库一样。许多基于 MySQL 的云数据库产品完全兼容 MySQL 协议，用户可以通过基于 MySQL 协议的客户端或 API 访问实例，并可以将原有 MySQL 应用无缝迁移到云存储平台，无须进行代码改造。

5. 高性能

云数据库依托大型分布式存储服务集群，能够支持海量数据的访问和处理。通过多机房自动冗余备份和自动分离技术，云数据库确保了数据的可靠性和高效性。这使得云数据库在应对大规模数据处理和高并发访问时具有显著优势。

6. 免维护

用户无须关注后端机器和数据库的稳定性、网络问题、机房灾难等各种风险。云数据库服务提供商提供全天候的专业服务，扩容和迁移对用户透明且不影响服务，这是云数据库服务的一个重要特性。

需要注意的是，从数据模型的角度来看，云数据库并不是一种全新的数据库技术，而是以服务的方式提供数据库功能。这种服务通常被称为数据库即服务。云数据库没有专属于自己的数据模型，它可以采用关系数据库所使用的关系模型，也可以采用 NoSQL 数据库所使用的非关系模型。

目前，常见的云数据库产品有 Amazon DynamoDB、Google Cloud Spanner、Microsoft Azure Cosmos DB、Alibaba Cloud PolarDB 和 Tencent Cloud TDSQL 等。这些云数据库产品都有各自的特点和优势，适用于不同的应用场景和业务需求。

任务评价

评价内容	评价标准	分值	自评	师评
大数据存储技术的发展历程	能够简述大数据存储技术的发展历程	20		
大数据存储技术的优势	能够简述大数据存储技术的优势	20		
分布式文件系统	能够简述分布式文件系统的主要特征	10		
NoSQL 数据库	能够简述 NoSQL 数据库的内容	10		
数据仓库	能够简述数据仓库的内容	20		
云数据库	能够简述云数据库的定义和特点	20		
总分		100		

项目小结

本项目主要介绍大数据采集与存储的相关知识。首先介绍了数据来源；其次介绍了大数据采集与传统数据采集的区别；最后介绍了数据情况、大数据存储的优势和 NoSQL 数据库，通过本项目的学习，读者能掌握数据采集和优处理技术，提高数据质量和效率，探索更加先进的存储解决方案。

项目习题

1. 数据来源有哪些？
2. 简述大数据采集与传统数据采集的区别。
3. 简述大数据采集技术。
4. 简述数据预处理的流程。
5. 简述数据清洗、数据集成、数据变换和数据归约的概念。
6. 简述大数据存储技术的发展历程。
7. 大数据存储技术的优势有哪些？

项目 4　大数据分析与处理

项 目 导 读

随着互联网、物联网和社交媒体的快速发展，数据的产生速度和种类都在急剧增加，这给数据处理和分析带来了新的挑战。本项目主要介绍大数据分析与处理的基本概念和技术，为后期在数据分析的过程中提供必要的理论基础和实践指导。

学习目标

◆ 知识目标

- 了解大数据分析的类型和模式。
- 掌握大数据分析的方法。
- 掌握大数据分析的步骤。
- 了解数据挖掘的技术和方法。

◆ 技能目标

- 掌握大数据分析与处理的步骤与方法。
- 具备撰写数据分析报告的能力，提供具体的实施方案。
- 具备大数据实际应用的能力。

◆ 素质目标

- 关注大数据领域的新技术和新应用，积极探索创新的数据分析方法和解决方案。
- 善于倾听他人意见，积极分享自己的经验和知识，共同提高团队的整体水平。
- 严格遵守数据安全法规和企业数据安全制度，确保大数据分析与处理中的数据安全。

◆ 思政目标

- 了解大数据挖掘技术，引导读者理解技术原理，激发对新兴数据处理技术的求知和探索精神。
- 关注数据社会意义，用知识解决社会问题，培养读者的社会责任感和使命感。

任务1　大数据分析

任务描述

本任务主要介绍数据分析与大数据分析之间的差异、大数据分析的不同类型及大数据分析的具体模式。

任务分析

数据分析与大数据分析在数据规模、处理速度、分析方法和应用场景等方面存在显著差异。大数据分析涵盖了描述性、诊断性、预测性和规范性等多种类型，并采用了批处理计算、流计算、图计算和查询分析计算等多种具体模式。通过本任务的学习，读者能够了解这些差异和类型，有助于其更好地应用大数据分析技术，挖掘数据的潜在价值，推动企业和社会的创新发展。

任务重点与实施

大数据分析是一个包含多种技术和方法的综合领域。不同的分析方法适用于不同类型的数据和业务需求，选择合适的方法可以极大提升数据分析的效率和效果。

4.1.1　数据分析与大数据分析

数据分析是指使用适当的统计分析方法对收集来的数据进行详细研究和概括总结的过程，目的是通过提取有用信息和形成结论来帮助决策者做出更明智的决策。随着大数据时代的来临，大数据分析应运而生。大数据分析是在传统数据分析的基础上发展的，它专门针对规模巨大、复杂度高的数据集合进行分析，这些数据集通常无法用传统的数据分析软件进行处理。通常，大数据分析是指对规模巨大的数据进行分析，其目的是提取海量数据中有价值的内容，找出内在的规律，从而帮助人们做出正确的决策。

大数据分析与数据分析在数据规模、理论要求、工具要求及分析流程上均存在一定的区别，具体见表4-1。

表 4-1　大数据分析与数据分析的区别

对比维度	大数据分析	数据分析
数据规模	海量数据集合，传统数据库难以处理	各种规模数据，包括小、中规模
理论要求	需要更复杂的算法和模型来处理数据的多样性和复杂性，可能涉及机器学习、数据挖掘等领域的高级理论和技术	需要算法知识，但要求相对较低
工具要求	使用特定的大数据技术栈，如 Hadoop、Spark 等分布式计算框架	使用传统统计分析软件，如 SPSS、R 等
分析流程	可能需要更复杂的数据分析流程	流程相对简单

大数据分析可以视作数据分析的一个子集。大数据分析专注于处理和分析大规模、复杂的数据集，它是在传统数据分析的基础上，适应大数据时代的需求而产生的一个更为高级和专业的分析领域。

4.1.2　大数据分析的类型

在当今的商业智能、科学研究、互联网应用，以及电子商务等行业，数据正以前所未有的速度增长。为了充分挖掘并利用这些庞大的数据集，行业发展必须依靠先进的大数据分析技术，对数据进行更深层次的分析，以便从中发现有价值的信息，并辅助决策者做出明智的选择。

大数据分析的核心在于支持基于科学证据的数据驱动决策，这种方法确保了决策过程能够立足于实际数据，而不仅仅是依赖历史经验或直觉判断。根据分析的目的和深度，大数据分析可以被划分为四个主要类型：描述性分析、诊断性分析、预测性分析和规范性分析。下面主要介绍诊断性分析和规范性分析。

1. 诊断性分析

诊断性分析主要用于找出数据背后的问题和原因，其目标在于探寻事件发生的原因，即识别出影响这些事件产生的关键因素。诊断性分析能够帮助用户深入数据内部，了解存在的问题，并追溯问题发生的根本原因，因此诊断性分析通常涉及更复杂的统计模型和技术。

诊断性分析与简单的描述性分析有所不同，诊断性分析要求对数据进行深度挖掘，通过更复杂的统计方法和技术来解释数据的异常行为。它所提供的不仅是数据的表面特征，还包括对数据背后机制的解读，帮助理解数据为何呈现出特定的模式或趋势。

诊断性分析已在各行各业得到广泛的应用。在商业领域，诊断性分析可用于解释销售下降、客户流失等业务异常，帮助企业更好地应对挑战；在制造业中，诊断性分析可用于分析产品质量问题的原因，为质量控制和改进提供依据；在医学领域，诊断性分析可用于深入理解疾病的流行原因、治疗效果等，为医学研究提供支持等。

诊断性分析的常用方法包括回归分析、因果关系分析和根本原因分析等。通过回归分析，可以找出不同因素对数据变动的影响程度，进而确定主要驱动因素。利用因果关系分析方法，可以识别出导致特定事件的直接原因和间接因素。使用根本原因分析工具，如鱼骨图(ishikawa diagram)或5WHY分析方法，可以系统性地追溯到问题的根本原因。

2. 规范性分析

规范性分析也称预案性分析，它基于预测性分析的结果，规范之后应当采取的行动。规范性分析在基于预测性分析的结果上，规定、规范应该采取的行动。规范性分析的重点不仅仅是最好遵循哪个选项，而是为什么选择这个选项。规范性分析一般通过建立评价指标(如说模型的准确率)来评价各个备选模型的优劣，从而选出最优模型即最优方案，或者对模型的稳健性进行分析并以此来规范应当采取的行动。

因此，规定性分析提供了可以推理的结果，所以，这种分析可以用来获得优势或降低风险。例如，规范性分析可以为商业公司提供资源分配建议以实现利润最大化，为物流公司推荐最有效的配送路径，或者帮助医生根据患者的病历和遗传信息为患者设计个性化的治疗方案等。

4.1.3 大数据分析的模式

人们提到大数据时就会很自然地想到MapReduce，可见其影响力之广。实际上，大数据分析的问题复杂多样，单一的分析模式是无法满足不同类型的分析需求的，MapReduce其实只是大数据分析模式中的一种，它代表了针对大规模数据的批量处理计算技术，除此以外，还有流计算、图计算、查询分析计算等多种大数据分析模式。

1. 批处理计算

批处理计算主要解决针对大规模数据的批量处理，也是日常数据分析工作中常见的一类数据处理需求。其代表产品有MapReduce、Spark。

(1)MapReduce

MapReduce是最具有代表性和影响力的大数据批处理技术，可以并行执行大规模数据处理任务，用于大规模数据集(大于1 TB)的并行运算。MapReduce极大地方便了分布式编程工作，它将复杂的、运行于大规模集群上的并行计算过程高度地抽象到了两个函数——Map和Reduce，编程人员在不会分布式并行编程的情况下，也可以很容易将自己的程序运行在分布式系统上，完成海量数据集的计算分析。

(2)Spark

Spark是一个针对超大数据集合的低延迟的集群分布式计算系统，比MapReduce快许多。Spak启用了内存分布数据集，除了能够提供交互式查询外，还可以优化迭代工作负载。在MapReduce中，数据流从一个稳定的来源，进行一系列加工处理后，流出到一个稳定的文件系统(如HDFS)。而对于Spak而言，则使用内存替代HDFS或本地磁盘来存储中间结果，因此，Spark要比MapReduce的速度快许多。

2. 流计算

流数据是大数据分析中的重要数据类型。流数据(或数据流)是指在时间分布和数量上无限的一系列动态数据集合体，数据的价值随着时间的流逝而降低，因此，必须采用实时计算的方式给出秒级响应。流计算可以实时处理来自不同数据源的、连续到达的流数据，经过实时分析处理，给出有价值的分析结果。

目前业内已涌现出许多的流计算框架与平台，第一类是商业级的流计算平台，包括 IBM InfoSphere Streams 和 IBM StreamBase 等；第二类是开源流计算框架，包括 Twitter Storm、Yahoo S4(simple、scalable、streaming、system)，Spark Streaming 等；第三类是公司为支持自身业务开发的大数据分析平台。

3. 图计算

在大数据时代，许多大数据都是以大规模图或网络的形式呈现，如社交网络、传染病传播途径、交通事故对路网的影响等，此外，许多非图结构的大数据，也常常会被转换为图模型后再进行处理分析。MapReduce 作为单输入、两阶段、粗粒度数据并行的分布式计算框架，在表达多迭代、稀疏结构和细粒度数据时，往往显得力不从心，不适合用来解决大规模图计算问题。

因此，针对大型图的计算，需要采用图计算模式，目前已经出现了不少相关图计算产品。Pregel 是一种基于整体同步并行计算(bulk synchronous parallel，BSP)模型实现的并行图处理系统。为了解决大型图的分布式计算问题，Pregel 搭建了一套可扩展的、有容错机制的平台，该平台提供了一套非常灵活的 API，可以描述各种各样的图计算。Pregel 主要用于图遍历、最短路径、PageRank 计算等。其他代表性的图计算产品还包括 Facebook 针对 Pregel 的开源实现 Giraph、Spark 下的 GraphX、图数据处理系统 PowerGraph 等。

4. 查询分析计算

针对超大规模数据的存储管理和查询分析，企业经营管理需求对实时或准实时的响应有着迫切的要求。为此，Google 公司开发了 Dremel，这是一个可扩展、交互式的实时查询系统，专门设计用于分析只读的嵌套数据。Dremel 通过结合多级树状执行过程和列式数据结构，能在短时间内完成对海量数据的聚合查询。具体来说，它可以在几秒内完成对万亿条记录的表进行聚合查询。Dremel 系统的设计允许它扩展到成千上万的 CPU 上，以支持谷歌的上万用户操作拍字节(PB)级别的数据。更为显著的是，Dremel 能够在 2 ~ 3 s 内完成对 PB 级别数据的查询。

受到 Dremel 的启发，Cloudera 公司开发了实时查询引擎 Impala。Impala 提供了 SQL 语义，使得用户能够快速查询存储在 Hadoop 的 HDFS 和 HBase 中的 PB 级别的大数据。这一特性使得 Impala 成了大数据分析中的一个重要工具，尤其是在需要快速响应的场景下。

需要注意的是，虽然 Dremel 和 Impala 都能够处理 PB 级别的数据，但它们在设计上有所不同，适用于不同的应用场景。Dremel 更侧重于交互式的数据分析，而 Impala 则提供了更为传统的 SQL 查询接口。两者都为大数据处理提供了强大的实时查询能力，但选择哪一个取决于具体的业务需求和技术栈。

任务评价

评价内容	评价标准	分值	自评	师评
数据分析与大数据分析	能够简述大数据分析与数据分析的区别	30		
大数据分析的类型	能够简述大数据分析的类型	35		
大数据分析的模式	能够简述大数据分析的模式	35		
总分		100		

任务 2　大数据分析步骤与方法

任务描述

在当今数字化高速发展的时代，数据的规模、种类和产生速度都达到了前所未有的程度。本任务主要介绍大数据分析的基本步骤和方法。

任务分析

企业、科研机构、政府部门等各个领域都积累了海量的数据资源，这些数据中蕴含着丰富的信息和潜在价值。然而，仅仅拥有数据是远远不够的，如何有效地分析这些大数据，从中提取出有价值的信息，以支持决策制定、优化业务流程、发现新的机会等，成为摆在人们面前的重大挑战。通过本任务的学习，读者可以掌握大数据分析的步骤与方法，并能有效将其应用于解决实际问题。

任务重点与实施

大数据分析方法主要包括数据挖掘、机器学习和统计分析等。数据挖掘通过使用算法和技术来发现数据中的模式和关系，目的是揭示隐藏在大量数据背后的信息和知识。机器学习作为一种人工智能技术，通过训练模型来自动化数据分析过程，以预测未来的趋势和行为。除了上述方法，还有描述性分析、诊断性分析、预测性分析等，这些方法可以帮助分析师从不同角度理解和分析用户行为和业务性能。

4.2.1　大数据分析的步骤

一个完整的大数据分析应该包含六个步骤，分别是：明确需求、采集数据、预处理数据、分析数据、展现数据，以及撰写报告，如图 4-1 所示。

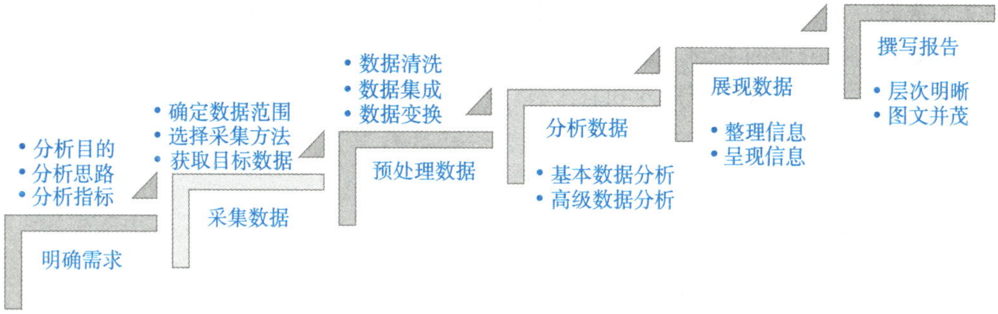

图 4-1　大数据分析步骤

1. 明确需求

明确需求是大数据分析的第一个步骤，主要是和他人沟通与需求相关的一切内容，并将相关内容清晰准确地表达出来。大数据分析的需求包含数据分析的目的，以及确定分析思路，它是确保大数据分析过程有效进行的先决条件，它可以为数据的采集、预处理及分析提供清晰的指引方向。分析目的是整个分析流程的起点，分析目的不明确，则会导致方向性的错误。

当明确目的后，就要整理分析思路，并搭建分析框架。把分析目的分解成若干个不同的分析要点，即如何具体开展数据分析，需要从哪几个角度进行分析，采用哪些分析指标。只有明确了分析目的，分析框架才能跟着确定下来，最后还要确保分析框架的体系化，使分析更具有说服力。

体系化也就是逻辑化，简单来说就是先分析什么、后分析什么，使得各个分析点之间具有逻辑联系，以避免不知从哪方面入手，以及分析的内容和指标被质疑不合理、不完整。所以体系化就是为了让分析框架具有说服力。为了实现分析框架的体系化，需要借助于营销、管理等相关理论作为指导，并结合具体的业务背景来构建分析框架。这样才能保证分析维度的完整性、分析结果的有效性及正确性。

2. 采集数据

采集数据是按照确定的数据分析框架收集相关数据的过程，它为数据分析提供了素材和依据。这里所说的数据包括第一手数据(原始数据)和第二手数据(已经处理过的数据)。第一手数据主要指可直接获取的数据，第二手数据主要指经过加工整理后得到的数据。这个步骤的输出是一个数据子集，它可以是物理上的或是逻辑上的。所谓物理上的数据，就是把分析过程中用到的数据单独复制到一个地方；而逻辑上的数据就只是定义出可用的数据范围，如时间周期、维度、指标等。这个步骤的困难之处在于理解相关的数据源，因为在业务中，数据源文档不完整或者变更的情况经常发生。

3. 预处理数据

预处理数据是指对已采集到的数据进行加工与整理，以使其适用于数据分析。预处理数据是进行大数据分析前必不可少的步骤。预处理数据的基本目的是从大量的、杂乱无章的、难以理解的数据中抽取并推导出对解决问题有价值、有意义的数据。预处理数据是数据分析的基础。通过预处理数据，将收集到的原始数据转换为可以分析的形式，并且保证数据的一致性和有效性。一般拿到手的数据都需要进行一定的预处理才能用于后续的数据分析工作，即使再“干净”的数据也需要先进行一定的预处理才能使用。

4. 分析数据

分析数据是指使用适当的分析方法及工具，对预处理过的数据进行分析，提取出有价值的信息，形成有效结论的过程。由于分析数据多是通过软件来完成的，这就要求数据分析师不仅要掌握各种大数据分析方法，还要熟悉大数据分析软件的操作。

大数据挖掘，其实是一种高级的大数据分析方法，就是从大量的数据中挖掘出有用的信息，它是根据用户的特定要求，从浩如烟海的数据中找出所需的信息，以满足用户的特定需求。大数据挖掘技术是人们长期对数据库技术进行研究和开发的结果。通常，大数据挖掘侧重解决四类大数据分析的问题：分类、聚类、关联和预测，重点在寻找模式和规律。

5. 展现数据

展现数据也称“数据可视化”，是以简单的、直观的方式呈现数据所包含的信息，其目的是提高数据的可读性，使阅读者能够轻松理解数据所表达的内容。在大多数情况下，数据通过表格和图形的形式被展现出来，这也就是人们常说的“让图表说话”的含义。常见的数据图表包括饼图、柱状图、条形图、折线图、散点图、雷达图等。

通常，人们更倾向于接受图表作为数据展现方式，因为它能够更高效、直观地传达出分析的结果。在展示数据时，如果可以通过图形来说明问题，那么就应当避免使用表格；如果可以用表格来说明问题，那么就不必使用文字。

6. 撰写报告

撰写数据分析报告(以下简称报告)是大数据分析的最后一步，它是对整个数据分析过程的总结和呈现。通过报告，可以将数据分析的起因、过程、结果及建议完整地呈现出来，供决策者参考。

一份优秀的报告，首先需要有一个良好的分析框架，同时，报告应该图文并茂，层次明晰，使阅读者一目了然。结构清晰、主次分明可以使阅读者正确理解报告内容；图文并茂可以令数据更加生动活泼，提供视觉冲击力，有助于阅读者更形象、直观地看清楚问题和结论，从而产生思考。

其次，报告中需要有明确的结论。没有明确结论的分析称不上分析，同时也失去了报告的价值。因为最初就是为了寻找或者求证一个结论而进行分析的，所以千万不要舍本求末。结论应该是基于数据分析的结果而得出的，并且应该与报告的目标相一致。

最后，报告中一定要包含建议或解决方案。作为决策者，需要的不仅仅是找出问题，更重要的是提供建议或解决方案，以便他们做决策时作参考。因此，数据分析师不仅需要掌握数据分析方法，而且还要了解和熟悉实际业务，这样才能根据发现的业务问题，提出切实可行的建议或解决方案。

4.2.2 大数据预测性分析

预测性分析是大数据分析的核心内容，目前已在商业领域和社会管理中得到广泛应用，随着全球数据量的持续增长和信息整理技术的不断进步，预测性分析的重要性将日益凸显。

预测分析可以帮助用户评审和权衡潜在决策的影响力，用来分析历史模式和概率，以预测未来业绩并采取预防措施。其主要作用如下。

1. 决策管理

决策管理是一种高度有效的策略，旨在通过集成预测性分析优化并自动化企业的决策过程，从而达到预判未来行动成功可能性、提升决策效果和应对特定业务挑战的目标。这种方法不仅涵盖了自动化决策的设计与实施全链条，还促进了组织与其客户、员工、供应商间交互的智能化管理。实质上，决策管理嵌入企业核心业务流程之中，确保决策活动本身就是一种持续优化的过程，这得益于闭环反馈机制——持续整合新信息，助力组织即时适应环境变动，最大化每次决策的价值。

在当下的商业环境中，数据的海量增长及快速迭代已成为常态，为决策者提供了前所未有的洞察机会，同时也带来了严峻挑战。组织所面临的一个核心竞争难题是如何高效利用这些数据，在日益紧凑的决策窗口期内作出精准判断。尽管丰富的报告与仪表盘为业务管理者监测市场动态提供了便利，但在将这些洞察转化为即时行动、指导日常运营和顾客互动方面，传统手动流程往往显得滞后，无法跟上市场变化的节奏。因此，追求竞争优势的组织迫切需要探索更为先进的解决方案。

决策管理在这方面扮演着革新者的角色，它依托严谨的决策流程框架与先进的分析工具，不仅针对大规模决策进行优化自动化，还巧妙融合基于规则与数据分析模型的应用，彻底改变了过去依赖静态历史数据做决策的传统模式。因此，对于寻求在激烈竞争中脱颖而出的组织而言，采纳决策管理策略，利用先进技术和数据分析能力来自动化和优化决策过程，成为了必然选择。

2. 滚动预测

滚动预测是一种灵活的预测方法，它通过定期更新对未来绩效的预测来反映新的或变化中的信息。这种方法是基于分析当前和历史数据来决定未来趋势的过程。

许多公司正在逐步采用滚动预测方法，以应对7×24小时的业务运营所带来的持续而又瞬息万变的环境。在这个环境中，风险、波动和不确定性持续不断，任何经济动荡都具有近乎实时的深远影响。对于这种变化感受最深的是财务总监和财务部门。虽然业务战略、产品定位、运营时间和产品线改进的决策可能是在财务部门外部做出，但制定这些决策的基础是财务团队使用绩效报告和预测提供的关键数据和分析。具有前瞻性的财务团队意识到传统的战略预测不能完成这一任务，他们正在迅速采用更加动态的、滚动的和基于驱动因子的方法。在这种环境中，预测变为一个极其重要的管理过程。为了抓住正确的机遇，为了满足投资者的要求，以及在风险出现时对其进行识别，很关键的一点就是深入了解潜在的未来发展，管理不能再依赖于传统的管理工具。在应对过程中，越来越多的企业已经或者正准备从静态预测模型转型到一个利用滚动时间范围的预测模型。

采纳滚动预测的企业展现出了显著优势，如预测准确度提升、决策周期缩短、业务部门参与度提高以及决策质量优化。滚动预测机制不仅能够前瞻性地评估业务表现，还为未来的规划周期设定基准，确保长期规划能及时捕捉市场变化的影响。与传统的年度固定预测相比，滚动预测的动态更新机制使得企业在决策点就能获得最新预测信息，有效减轻了财务团队的行政负担，提高了整体运营效率。因此，这一转型标志着企业财务管理迈向更高层次的敏捷性和战略导向性。

3. 预测分析与自适应管理

稳定、持续变化的工业时代渐行渐远，即将步入了一个不可预测、非持续变化的信息时代。未来还将变得更加无法预测，员工将需要具备更高技能，创新的步伐将进一步加快，价格将会更低，顾客将具有更多发言权。

为了有效应对这些挑战，首席财务官迫切需要一套能够赋能各级管理人员迅速做出明智决策的系统。这意味着要摒弃传统的年度规划周期，转而采用更为灵活频繁的业务复审机制，借助滚动预测的力量，使管理者能够敏锐捕捉市场动态，洞悉趋势与模式，从而在激烈的市场竞争中抢占先机，针对产品与市场策略做出更为精准的判断。实践中，首席财务官应当主导实施持续性规划流程，将滚动预测嵌入日常管理的核心，确保通过每日及每周的关键指标报告，及时调整战略方向。

值得注意的是，采用滚动预测不仅是为了提高短期业务的透明度和应变能力，更重要的是将其作为一种主动管理的工具，引导决策而非仅仅作为回顾性的绩效衡量标准。这意味着要培养一种文化，即将预测视为一种持续迭代、指导行动的过程，而非静态的结果评估。通过这种方式，企业能够建立起一种自适应管理系统，不仅能够快速响应外界变化，更能前瞻性地布局未来，从而在不确定的商业环境中稳健前行。

4.2.3 大数据描述性分析

大数据描述性分析主要应用于对已经发生事件的描述，是指通过图表形式加工处理和显示收集的数据，进而综合概括和分析出反映客观现象的规律，即描绘或总结所采集到的数据。例如，公司可能会使用描述性分析来了解过去的销售趋势或者客户行为模式。

描述数据的常用指标有平均数、中位数、众数、极差、分位距、平均差、标准差和离散系数等。

1. 平均数

平均数是衡量一组数据集中趋势的有效指标，由所有数值的总和除以数值个数而得出。由于在计算平均数时包含了所有数据点(其中包括极端值)，这意味着极端值会直接影响平均数的大小，因此它对极端值非常敏感，易受其扭曲。

2. 中位数

中位数是将一组数据按大小顺序排列后处于中间位置的数值。如果数据量为奇数，则中位数就是正好位于中间的那个数据值；如果数据量是偶数，则中位数通常取中间两个数据值的算术平均值。中位数主要用于描述顺序数据的集中趋势，也适用于定量数据的集中趋势分析，但并不适用于分类数据的描述或分析。中位数是一个位置代表值，其最大的优点之一就是抗干扰性强，即对极端值不敏感，可以用于分析收入分配等数据。

3. 众数

众数是指在一组数据中出现频率最高的数值。它不仅适用于描述分类数据的集中趋势，也同样可以用于顺序数据和定量数据的特征分析，尤其是在数据中存在明显的峰值时。一般在数据量较大的情况下，众数更能有效反映数据的集中模式。众数的主要特点是不受极端值的影响，但是在一组数据中的众数可能不唯一，即可能存在多个众数(称为多峰分布)或者没有众数(均匀分布或分布非常分散)。

4. 极差

极差又称为全距，是一组数据中最大值和最小值的差，它是衡量数据离散程度的一个基本指标，能够揭示数据组中数值的总体波动幅度。然而，由于极差的计算仅基于两个极端值，并未涉及数据组中间的数值分布，因此其作为反映数据组中各数据项波动情况的指标存在局限性。它只是一个较为粗略的离散度测量方法，无法提供关于数据分布细节的丰富信息。尽管有这些限制，极差在实际应用中仍然具有一定的价值。例如，在工业生产中，它可以作为一种快速且简便的工具来初步评估产品质量的稳定性，或者在质量控制过程中进行基础的监测。

5. 分位距

分位距是一种从一组数据中剔除了一部分极端值后重新计算的类似于全距的指标。它用于反映数据组中间部分各变量值的离散程度，排除了数列两端的极端值的影响。以四分位距为例，它是一种常用的分位距，计算方法是取第 3 个四分位数(Q_3)与第 1 个四分位数(Q_1)之间的差，即 $IQR=Q_3-Q_1$。Q_1 是指将数据从小到大排列后位于 25% 位置的数值；Q_3 则是位于75%位置的数值。这个差值反映了中间50%数据的离散程度，排除了数列两端各25%的数据的影响。四分位距是一个重要的统计量，因为它能够提供关于数据集中间部分的变异性的信息。与全距相比，四分位距不受极端值的影响，因此在存在异常值或偏态分布的情况下，它更能准确地描述数据的集中趋势和离散程度。

6. 平均差

平均差可反映一组数据中各项数据与算术平均数之间的平均差异。平均差越大，表明各项数据与算术平均数的差异程度越大，则该算术平均数的代表性就越小；反之，平均差越小，说明数据值紧密地围绕着算术平均数分布，平均数能较好地代表数据的整体水平。当数据是以未分组的形式(即原始数据点的形式)呈现时，平均差是一个适用的分析工具。

7. 标准差

标准差与平均差都是衡量数据点相对于中心位置(通常是算数平均数)的离散程度，但两者在计算方法上有所不同，且标准差在统计分析中更为常用。平均差通过计算每个数值与平均数之差的绝对值，然后求这些绝对值的平均数，来衡量离中趋势。这种方法简单直接，但使用绝对值处理正负差异可能在某些统计分析中显得不够精细。标准差则采取了不同的处理方式，它首先对每个数值减去平均数得到离差；然后对离差进行平方(这一步骤可有效地消除正负号的问题，同时放大了离均值较远的数据点的影响)；接着计算这些平方差的平均值(即方差)；最后对方差开平方根得到标准差。标准差的计算过程不仅消除了离差方向的影响，还通过平方和开方的操作增强了对数据分散程度的敏感度，特别是在处理具有不同尺度或非对称分布的数据时更为有效。

8. 离散系数

离散系数又称变异系数，是一个用于比较两组数据离散程度的相对指标。它的计算方法是将标准差除以其对应的平均值，得到一个无量纲的百分率。正是由于离散系数是一个无量纲的指标，这使得它成为具有不同平均值或不同量纲的两组数据离散程度的理想工具。

任务评价

评价内容	评价标准	分值	自评	师评
大数据分析的步骤	能够掌握大数据分析的步骤	40		
大数据预测性分析	能够简述大数据预测性分析方法	30		
大数据描述性分析	能够简述大数据描述性分析方法	30		
总分		100		

任务3 大数据挖掘

任务描述

大数据挖掘作为一种强大的技术手段，能够帮助人们在海量数据中发现隐藏的模式、趋势和关系，为决策制定、业务优化、科学研究等提供有力支持。本任务主要介绍大数据挖掘的概念和技术，包括回归分析、关联规则挖掘，以及聚类分析。

任务分析

无论是商业领域中的市场分析、客户关系管理，还是医疗领域中的疾病预测、治疗方案优化，或是科学研究中的数据探索、模型构建，都离不开大数据挖掘技术的应用。通过本任务的学习，读者能够深入研究和掌握大数据挖掘技术，为推动各领域的创新和发展提供重要的现实意义。

任务重点与实施

大数据的含义远不止于数据量的巨大。它的重要特性之一是其蕴含的巨大价值，但与此同时，这份价值常常隐匿于海量信息之中，难以直接发掘。因此，大数据挖掘技术在该领域扮演着至关重要的角色，它对于各行各业的决策过程提供了不可或缺的支持与推动力。

4.3.1 大数据挖掘概念

数据挖掘是通过对大量数据进行分析，从而发现有用知识的过程。它是一个涵盖广泛的交叉学科领域，包括机器学习、数理统计、神经网络、数据库、模式识别、粗糙集、模糊数学等技术。在具体应用方面，数据挖掘是利用各种分析工具在海量数据中寻找模型和数据间关系的过程，这些模型和关系可以用于预测。

数据挖掘的知识发现(knowledge discovery in databases，KDD)并不是为了发现普遍适用的真理，或全新的自然科学定理和纯数学公式，也不是机器定理证明。实际上，所有发现的知识都是相对的，它们有特定的前提和约束条件，面向特定领域，并且应该易于被用户理解，最好能够用自然语言表达所发现的结果。通常，将信息转化为价值需要经历信息、数据、知识、价值四个阶段，如图4-2所示。数据挖掘就是连接数据和知识的重要环节，是从数据中发现知识的过程。

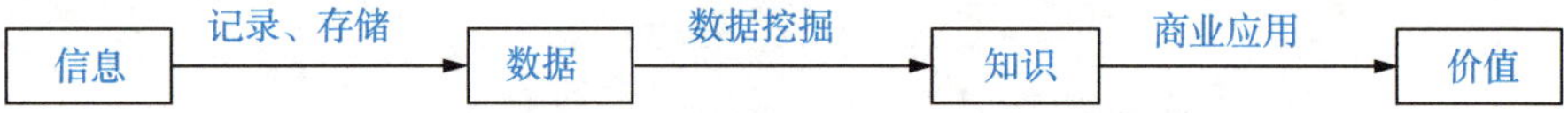

图 4-2　信息转化为价值的过程

数据挖掘也有一套易于理解的流程，即跨行业数据挖掘标准流程（cross – industry standard process for data mining，CRISP – DM），该流程提供了一个数据挖掘生命周期的全面评述，如图 4-3 所示。

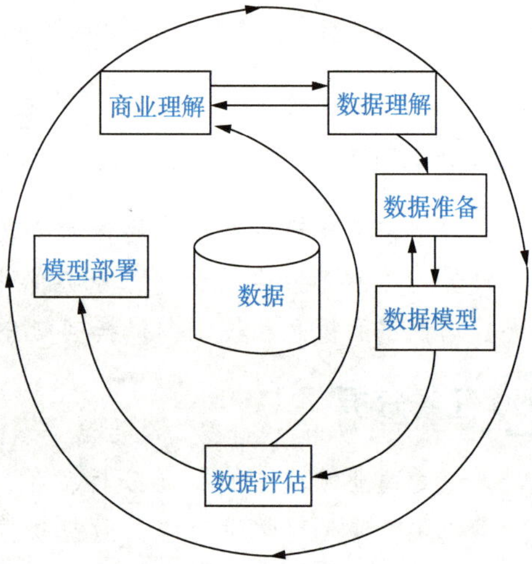

图 4-3　跨行业数据挖掘标准流程的示意图

4.3.2　大数据挖掘技术

大数据挖掘任务可以概括为描述性任务和预测性任务两大类。描述性任务主要是对现有数据进行理解和整理，从中发现其一般特性，是对历史知识的总结和归纳。预测性任务则是利用当前数据对事务的未来发展趋势进行推断，是知识的外延和推理过程。对应于不同的大数据挖掘任务，将会使用到大数据算法，而根据不同的大数据算法，又会产生不同的大数据挖掘技术。

不同的大数据挖掘任务会采用相应的算法和技术来实现。例如，在描述性任务中，可能会用到 k 均值（K-means）聚类算法、Apriori 关联规则算法等；而在预测性任务中，则可能应用逻辑回归、随机森林、神经网络等算法。这些算法的选择和应用构成了大数据挖掘的核心技术体系，每种算法都有其特定的应用场景和优势，通过优化选择和组合，可以有效提升数据挖掘的效果和效率。

常用的大数据挖掘技术归纳为两大类：有监督学习和无监督学习，如图 4-4 所示。

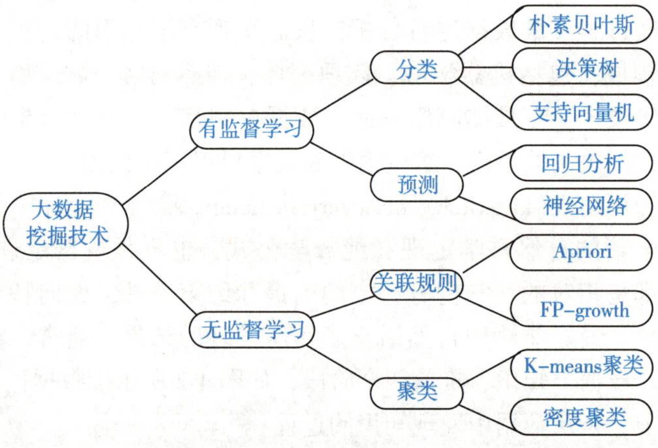

图 4-4　常用的大数据挖掘技术

有监督学习是基于归纳的学习方式，其核心思想是通过使用大量已知分类或已给出输出结果的数据集进行训练，以此建立一个用于分类或预测的模型。这样的模型在经过训练后，便能够对未知的实例进行分类，或者预测未来可能的输出结果。

无监督学习与有监督学习不同，它不依赖于预定义好的分类标签。在学习训练之前，它会按照某种相似性度量标准，计算并衡量实例之间的相似程度。根据这种相似度，最为相似的实例会被聚类在一起形成一组。然后，通过解释每组的特性和含义，能够从中发现和理解这些聚类的实际意义。

比较常见的大数据挖掘技术有如下几类。

1. 分类

分类是按照已知的分类模型找出数据对象的共同特点，并将目标对象划分到相应预定的类别中。它是最为基本的大数据挖掘技术，广泛用于客户喜好分析、满意度分析等场景。

2. 预测

预测是基于历史数据采用某种数学模型来预测未来的一种技术，即以现有数据为基础，对未来的数据进行预测。预测可以分为定性预测和定量预测，在大数据挖掘中多使用定量预测，如预测销售额、股票价格走势等。

3. 关联规则

关联规则用于反映一个事物与其他事物之间的相互依存性和关联性，它是大数据挖掘的一个重要技术，用于从大量数据中挖掘出有价值的数据项之间的相互关系。该技术对于零售业的商品摆放、推荐系统的设计等非常有用。

4. 聚类

聚类是指将一组对象按照相似性和差异程度划分为几个类别，使同一类别中样本的相似性尽可能大，而不同类别之间样本的差异尽可能大。与分类有所不同，聚类不需要预先知道每个数据点的标签或类别，而是自动发现数据的内在结构和模式。聚类可以帮助识别数据的自然分群，适用于市场细分、社交网络分析等多种场景。

4.3.3 回归分析

回归分析是一种统计方法，目的是评估一个或多个自变量(预测变量)与一个因变量(响应变量)之间的关系，并据此建立模型来预测或理解因变量的变化。按照自变量的个数不同，回归分析可分为一元回归分析(自变量只有一个)和多元回归分析(自变量有两个及以上)。按照自变量和因变量之间的关系，回归分析可分为线性回归分析和非线性回归分析。

在大数据挖掘领域，回归分析是一种重要的预测性建模技术。其核心目标是通过分析数据中因变量(通常是感兴趣的结果或预测目标)与一系列自变量(影响因变量的特征或因素)之间的关系，建立一个数学模型。这个模型能够量化自变量对因变量影响的程度，并基于这些关系来预测因变量的未来值或未知值。回归分析不仅帮助理解哪些因素是重要的，还能够预测在给定自变量条件下因变量可能的变化趋势，因此在市场预测、金融风险分析、医疗健康、社会科学等多个领域有着广泛的应用。

1. 线性回归

线性回归通常是人们在预测分析时首选的技术之一，在该技术中，因变量是连续的，自变量(单个或多个)可以是连续的，也可以是离散的。

线性回归就是将输入项(自变量)分别乘以一些常量，再将结果加起来得到输出结果。线性回归包括一元线性回归和多元线性回归。线性回归分析中如果仅有一个自变量与一个因变量，且其关系大致上可用一条直线表示，则称之为一元线性回归分析。多元线性回归分析是一元线性回归分析的推广，指的是有一个因变量和两个或两个以上自变量的回归分析。

对于一元线性回归问题，由于样本点落在空间中的一条直线上或该直线的附近，因此可以使用一个线性函数表示自变量和因变量之间的对应关系。一元线性回归分析的示例如图 4-5 所示。

2. 非线性回归

非线性回归是线性回归的延伸，它适用于那些因变量和自变量之间关系不能简单通过线性方程来表达的情形，而是需要更复杂的非线性函数来描述。大数据挖掘中常用的非线性回归模型有多项式回归、指数模型、对数模型、二次曲线模型和双曲线模型等。

非线性回归在大数据挖掘中有广泛的用途，在使用线性回归无法取得完美的拟合曲线时，可能需要引入非线性回归进行交叉验证。例如，在医学数据研究中，病人血液中药物的浓度和时间的关系往往呈现复杂的非线性形态。非线性回归的示例图 4-6 所示。

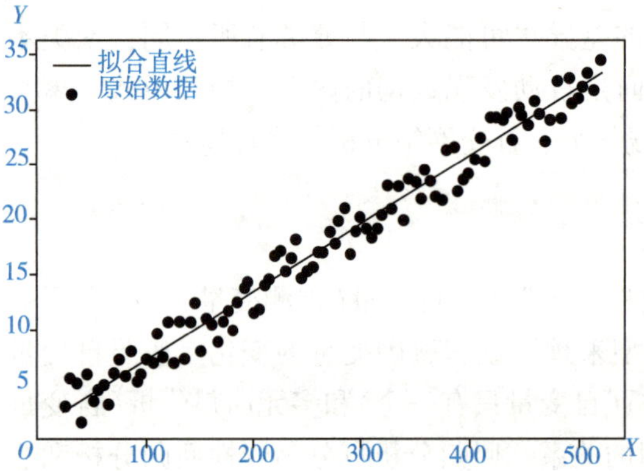

图 4-5　一元线性回归分析的示例

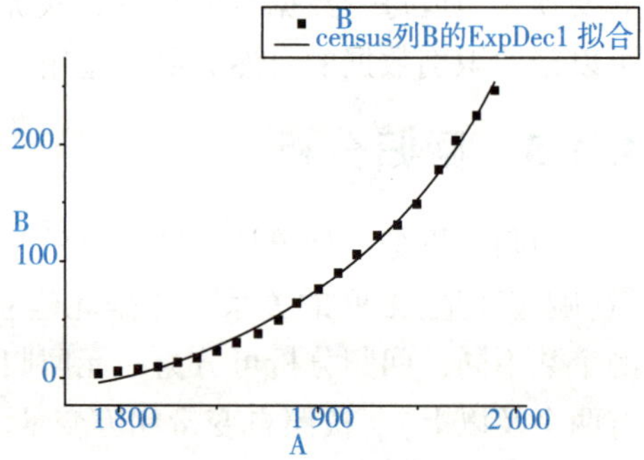

图 4-6　非线性回归的示例

4.3.4　关联规则挖掘

关联规则是一种重要的大数据挖掘技术，用于发现存在于大量数据集中的关联性或相关性，从而描述一个事物中某些属性同时出现的规律和模式。通过关联规则分析，可从大量数据中发现事物、特征或者数据之间的、频繁出现的相互依赖关系和关联关系。

关联规则的定义是：两个不相交的非空集合 X、Y，如果由 $X \rightarrow Y$，就说 $X \rightarrow Y$ 是一条关联规则。其中 X、Y 表示的是两个互斥事件，X 称为前因(antecedent)，Y 称为后果(consequent)，上述关联规则表明 X 和 Y 之间存在一种统计上的关联关系，即在 X 出现的事务中，Y 也很可能出现。关联规则的强度用支持度(support)和置信度(confidence)来描述。其中支持度表示 X 和 Y 同时出现的概率，置信度表示 X 和 Y 同时出现的概率占 X 出现概率的百分比值。支持度和置信度越高，说明关联规则的强度越强。关联规则挖掘的目标是寻找那些同时满足预设最小支持度和置信度阈值的规则，这些规则代表了数据中显著的共现模式。

需要注意的是，支持度和置信度分别反映着所发现关联规则的有用性和确定性。支持度主要衡量关联规则的有用性，如果支持度太小，则说明相应规则只是偶发事件，偶发事件很可能没有商业价值。置信度主要衡量关联规则的确定性(可预测性)，如果置信度太低，即使 X 发生了，没有信心预测 Y 会出现，置信度太低的关联规则在实践应用中也没有太大用处。

关联规则的一个典型应用是购物篮分析。这种分析通过发现顾客在购物篮中放置的不同商品之间的联系，来研究顾客的购买行为模式。了解哪些商品被顾客频繁地同时购买，可以帮助零售商制定更有针对性的营销策略。此外，关联规则分析还可以应用于定价策略、商品促销、商品布局，以及基于购买模式的顾客细分等方面。例如，将洗发水和护发素作为套装销售，或者将牛奶和面包放在相邻的位置，都是基于对购买某种商品的顾客可能还会购买哪些其他商品的分析。

除了上述的商品间关联现象，关联规则分析在医学领域也有重要应用。研究人员可以从成千上万份病历中寻找出患有特定疾病的病人的共同特征，从而找出更有效的预防措施。此外，通过对用户的银行信用卡账单进行分析，可以揭示用户的消费习惯，这对于商家来说，是进行商品推广的重要信息。

下面介绍两种常用的关联规则算法。

1. Apriori 算法

Apriori 算法是一种经典的关联规则挖掘算法，它基于频繁项集的概念工作，通过迭代方式找出数据中的模式。

Apriori 算法中使用了一种逐层搜索的迭代方法，其中 k 项集用于探索(k+1)项集。首先，扫描整个数据库，记录每个项的计数，收集满足最小支持度的项，找出只含一个项的所有规则，记为 L_1。利用频繁 1 项集找出频繁 2 项集集合 L_2，逐次迭代类推直到不能再找到频繁 k 项集为止。找出每个 L_k 需要对数据库进行一次完整的扫描，此举无疑十分浪费资源。为了提高效率，Apriori 算法利用了所谓的先验性质对搜索空间进行压缩。先验性质的含义是频繁项集的所有非空子集一定是频繁的。

Apriori 算法的执行过程分为两个步骤：第一步是生成频繁项集，即通过迭代，检索出事务数据库中的所有频繁项集，即支持度不低于用户设定的阈值的项集；第二步是生成与评估关联规则，即在得到频繁项集后，基于这些频繁项集生成关联规则，并进行评估。

2. FP-growth 算法

FP-growth(frequent pattern growth)算法是一种用于频繁项集挖掘的高效算法，它通过构建一个被称为 FP 树(frequent pattern tree)的特殊数据结构来存储频繁项集信息。FP 树的特点是利用项目出现的频率信息，将原始事务数据压缩到一棵树结构中，大大减少了对数据库的扫描次数。

FP-growth 算法的具体执行过程包括三个步骤：一是对事务数据库进行扫描，统计所有项目的支持度，并按支持度降序排列形成头指针表；二是再次扫描事务数据，根据头指针表的顺序，将每个事务插入到 FP 树中。在插入过程中，会合并具有相同前缀的分支；三是对构建好的 FP 树进行遍历，通过模式增长的方式发现所有的频繁项集。

FP-growth 算法相比于 Apriori 算法，具有更高的效率和速度，因为该算法通过两次扫描数据库和建立一个称为 FP 树的高效数据结构，避免了产生大量的候选项集。

4.3.5 聚类分析

聚类分析(cluster analysis)是一种将数据所研究的对象进行分类的统计方法，聚类分析是指将物理或抽象对象的集合分组为由类似的对象组成的多个类的分析过程。聚类将自动寻找建立分组规则的方法，通过判断样本之间的相似性，把相似样本划分到同一个簇(cluster)中。它的目的就是实现对样本的细分，使得同组内的样本的特征较为相似，不同组的样本的特征差异较大。聚类算法的目标是将数据集合分成若干簇，使得同一个簇内的数据点的相似度尽可能大，而不同簇的数据点的相似度尽可能小。因此，聚类能在未知模式识别问题中从一堆没有标签的数据中找到其中的关联关系。

与分类不同，聚类要求划分的类是未知的，因此聚类属于一种无监督学习。在聚类分析过程中，不必事先给出一个分类标准，聚类分析能够从样本数据出发自动进行分类。从实际应用的角度看，聚类分析是数据挖掘的主要任务之一。按照数据对象之间的距离进行聚类的示例如图 4-7 所示，距离相近的数据对象被划分为一个簇。

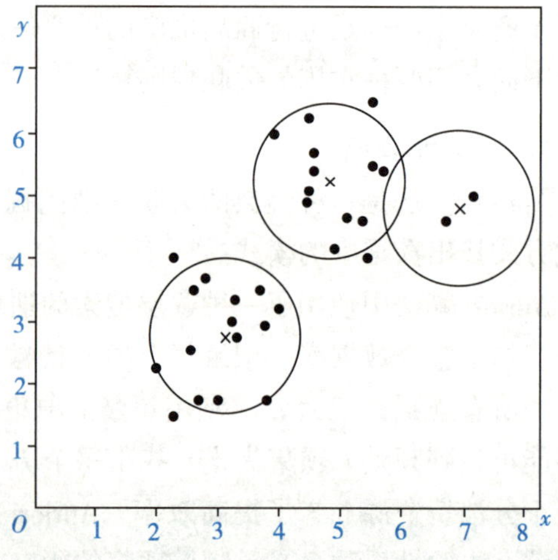

图 4-7　按照数据对象之间的距离进行聚类的示例

聚类分析在各个领域中具有广泛的应用。例如，在大数据预处理过程中，经常面对复杂结构的多维数据，通过聚类分析可以实现数据的聚合，从而简化预处理过程。此外，聚类分析还可以帮助发现数据项之间的依赖关系，通过识别和去除或合并有密切依赖关系的数据项，可以为某些大数据挖掘方法（如关联规则）提供重要的预处理功能。

在商业领域，聚类分析被广泛应用于市场细分，它可以帮助人们发现不同的客户群体，并对不同客户群的特征进行刻画，这对于研究消费者行为、寻找新的潜在市场非常有帮助。在生物学领域，聚类分析被用于对动植物和基因进行分类，通过对种群固有结构的研究，聚类分析可以提供对生物学现象的深入认识。在保险行业，聚类分析能够帮助保险公司识别不同风险等级的客户群体，比如通过分析汽车保险单持有者的驾驶习惯、车辆类型、历史索赔记录等数据将其分组，以便制定更合理的保费政策；在房产保险中，通过对住宅的特征（如类型、价值、位置）进行聚类，可以评估风险并合理定价。

下面介绍两种常用的聚类算法。

1. K-means 聚类

K-means 算法是一种基于距离的聚类算法，其核心思想是通过迭代的方式将数据分配到 K 个簇中，使得簇内的点尽可能接近于该簇的质心（centroid），同时簇间的点尽可能远离。

K-means 聚类算法的整个流程如下。

(1) 初始化。首先确定要划分的簇的数量 K，然后从数据集中随机选择 K 个对象作为初始的质心。选择质心的方式对最终结果有较大影响，因此实际操作中可能会采用多次随机初始化并选择最优结果的策略。

(2) 分配。对于数据集中的每一个对象，计算其与当前 K 个质心之间的距离（通常使用欧氏距离），并将该对象分配给距离最近的质心所代表的簇。

(3) 更新质心。对于每个簇，计算其所有成员点的均值（即坐标上的算术平均），并将这个均值点作为新的质心。这一步骤确保质心始终位于其对应簇的几何中心。

(4) 收敛判断。重复步骤(2)～(3)，直到质心不再发生显著变化，或者达到预设的最大迭代次数。

(5) 输出结果。算法终止后，每个数据点将属于某一个簇，每个簇都有一个代表性的质心。

需要注意的是，K-means 算法对初始质心的选择敏感，可能会陷入局部最优；并且假设簇是凸的、大小相似的，对于不规则形状的簇或者大小差异大的簇聚类效果可能不佳。此外，K 值的选择也需要事先确定，没有自动确定最佳 K 值的机制。

2. 密度聚类

密度聚类是一种基于数据点密度的聚类方法的统称，它与 K-means 聚类有所不同，该算法主要是依据数据点在空间中的分布密度来进行聚类。这类方法的核心思想是：

如果一个区域内的点密度超过了某个阈值，则认为这个区域内的点形成了一个簇。这样的方法特别适合于发现任意形状的簇，尤其是当数据集中存在噪声、异常值或者簇的密度不均匀时更为有效。

最著名的密度聚类算法之一是基于密度的聚类算法(density-based spatial clustering of applications with noise，DBSCAN)。DBSCAN 算法定义了两个核心参数：ε(Epsilon，即邻域半径)和 minPts(最小点数)。

在 DBSCAN 算法中，将数据点分为以下三类。

(1)核心点：如果一个对象在其半径 ε 内含有超过 minPts 数目的点，则该对象为核心点。

(2)边界点：如果一个对象在其半径 ε 内含有点的数量小于 minPts，但是该对象落在核心点的邻域内，则该对象为边界点。

(3)噪声点：如果一个对象既不是核心点也不是边界点，则该对象为噪声点。核心点对应稠密区域内部的点，边界点对应稠密区域边缘的点，而噪声点对应稀疏区域中的点。

在 DBSCAN 算法中，对簇的定义很简单，由密度可达关系导出的最大密度相连的样本集合，即为最终聚类的一个簇。在 DBSCAN 算法中，簇里面可以有一个或者多个核心点。如果只有一个核心点，则该簇内的所有其他非核心点(即边界点)都必须位于这个核心点的 ε 邻域内；如果簇内有多个核心点，这些核心点之间，以及它们与边界点之间通过密度可达性相互连接，即如果簇内有两个不同的核心点，那么从一个核心点的 ε 邻域出发，通过中间的样本(可以是核心点也可以是边界点)，总能找到一条路径到达另一个核心点的 ε 邻域内，即这些核心点之间是密度相连的。DBSCAN 聚类簇由通过密度可达性相连的所有样本(包括核心点和边界点)组成，而噪声点不属于任何簇。

DBSCAN 能够发现具有任意形状的高密度区域，同时识别并排除低密度区域的孤立点或噪声，因此对于复杂数据结构的聚类分析尤为适用。

任务评价

评价内容	评价标准	分值	自评	师评
大数据挖掘概念	能够准确阐述大数据挖掘的概念	20		
大数据挖掘技术	能够掌握大数据挖掘技术	20		
回归分析	能够掌握回归分析方法	20		
关联规则挖掘	能够掌握关联规则挖掘方法	20		
聚类分析	能够掌握聚类分析方法	20		
	总分	100		

项 目 小 结

本项目主要介绍了大数据分析与处理的基本概念和技术。首先介绍了大数据分析的类型和模式；其次介绍了大数据分析的步骤和大数据预测性分析；最后介绍了大数据挖掘技术。通过本项目的学习，读者能够了解大数据分析的核心技能，并能有效应用于解决实际问题，不断提高数据分析能力，为解决实际问题提供有力支持。

项 目 习 题

1. 简述大数据分析的概念。
2. 简述大数据分析的类型和模式。
3. 简述大数据分析的步骤。
4. 简述大数据分析的方法。
5. 简述大数据挖掘的概念和挖掘技术，并说明大数据挖掘技术的应用场景有哪些?

项目5 人工智能概述

项目导读

人工智能是一门新兴的技术科学，旨在研究、开发用于模拟、增强和扩展人类智能的理论、方法、技术和实践应用。掌握人工智能相关知识和技能对于构建未来的智能社会至关重要。本项目主要介绍人工智能的基本概念、基础知识以及应用等方面的内容。

学习目标

◆ 知识目标

- 了解人工智能的定义和发展。
- 熟悉人工智能的多个分支与应用。
- 了解人工智能的应用领域。

◆ 技能目标

- 能够准确阐述人工智能的定义和发展历程。
- 掌握人工智能的基础知识。
- 应用人工智能技术解决实际问题。

◆ 素质目标

- 引导读者关注人工智能领域的最新发展动态，激发创新灵感。
- 在面对人工智能相关问题时，培养读者能够运用所学知识进行分析和解决。
- 激发读者对人工智能的学习兴趣，培养自主学习的习惯。

◆ 思政目标

- 了解人工智能与大数据的关系，让读者感受科技融合的魅力，增强对跨学科知识学习的兴趣和对科技发展的认同感。
- 通过学习人工智能应用，引导读者关注人工智能对社会生活的积极影响，培养读者利用人工智能技术改善生活、推动社会进步的责任感和使命感。

任务1　人工智能概念

任务描述

本任务主要介绍人工智能的概述、发展历程，以及人工智能与大数据之间不可分割的紧密联系。

任务分析

人工智能作为一种模拟人类智能的技术，正在全球范围内掀起一场技术革命。通过本任务的学习，读者可以更好地理解和应用这一技术，推动其在实际应用中的进一步发展。

任务重点与实施

随着科技的发展，人工智能已经从科幻小说中的概念走入了人们的日常生活。从智能手机的语音助手到自动驾驶汽车，人工智能的应用越来越广泛。

5.1.1　人工智能的概述

人工智能(artificial intelligence，AI)是研究、开发用于模拟、延伸和扩展人的智能的理论、方法、技术及应用系统的一门新的技术科学。

人工智能是计算机科学的一个分支，它企图了解智能的实质，并生产出一种新的能以人类智能相似的方式做出反应的智能机器，该领域的研究包括机器人、语言识别、图像识别、自然语言处理和专家系统等。

人工智能从诞生以来，理论和技术日益成熟，应用领域不断扩大，可以设想，未来人工智能带来的科技产品，将会是人类智慧的“容器”。人工智能可以对人的意识、思维的信息过程的模拟。

人工智能具有自主性、自适应性、智能交互、大数据处理能力、学习能力、实时响应、高度集成、模式识别、错误容忍性、并行处理能力等主要特点，随着技术的不断创新和发展，AI系统的特点和能力将会进一步拓展和完善。

5.1.2　人工智能的发展

人工智能可分为以下五个阶段。

第一阶段：起步发展期(1943 年～20 世纪 60 年代)

人工智能概念提出后，发展出了符号主义、联结主义(神经网络)，相继取得了一批令人瞩目的研究成果，如机器定理证明、跳棋程序、人机对话等，掀起人工智能发展的第一个高潮。

第二阶段：反思发展期(20 世纪 70 年代)

人工智能发展初期的突破性进展大大提升了人们对人工智能的期望，人们开始尝试更具挑战性的任务，然而计算力及理论等匮乏因素，使得不切实际目标落空，人工智能的发展走入低谷。

第三阶段：应用发展期(20 世纪 80 年代)

专家系统模拟人类专家的知识和经验解决特定领域的问题，实现了人工智能从理论研究走向实际应用、从一般推理策略探讨转向运用专门知识的重大突破。而机器学习(特别是神经网络)探索不同的学习策略和各种学习方法，在大量的实际应用中也开始慢慢复苏。

第四阶段：平稳发展期(20 世纪 90 年代～2010 年)

由于互联网技术的迅速发展，加速了人工智能的创新研究，促使人工智能技术进一步走向实用化，人工智能相关的各个领域都取得了进步。在 2000 年代初，由于专家系统的项目都需要编码太多的显式规则，这降低了效率并增加了成本，人工智能研究的重心从基于知识系统转向了机器学习方向。

第五阶段：蓬勃发展期(2011 年至今)

随着大数据、云计算、互联网、物联网等信息技术的发展，在感知数据和图形处理器等计算平台推动下，以深度神经网络为代表的人工智能技术取得了飞速发展，大幅跨越了科学与应用之间的技术鸿沟，如图像分类、语音识别、知识问答、人机对弈、无人驾驶等人工智能技术实现了重大的技术突破，迎来爆发式增长的新高潮。

5.1.3 人工智能与大数据之间的关系

人工智能是一门致力于使计算机系统具备类似人类智能的技术与方法的学科。其发展目标是使计算机系统能够执行像人类一样的智能任务，例如，学习、推理、感知、理解和交互。而大数据则是指处理和分析规模庞大、多样化的数据集的技术和方法。它着眼于如何有效地采集、存储、处理和分析大规模数据，以获取有价值的信息和洞见。人工智能聚焦于智能行为的实现，而大数据注重于数据的处理和挖掘，两者在概念上存在着明显的差异。

在实际应用中，人工智能和大数据却紧密相连且相辅相成，如图 5-1 所示。大数据为人工智能提供了丰富的训练数据，从而有助于改善和优化人工智能模型的性能。人工智能模型的质量和准确性在很大程度上取决于所使用的数据质量和数量。通过大数据的支持，人工智能系统可以更好地理解和适应各种情境，从而提高其智能水平。

反过来，人工智能技术也可以应用于大数据分析中，帮助自动化和加速数据处理、挖掘和可视化过程。例如，机器学习和深度学习等人工智能技术可以用于大规模数据的模式识别和预测，从而帮助企业和研究机构更好地利用大数据资源。此外，人工智能技术还可以用于优化大数据处理和分析的算法，提高数据分析的效率和准确性。

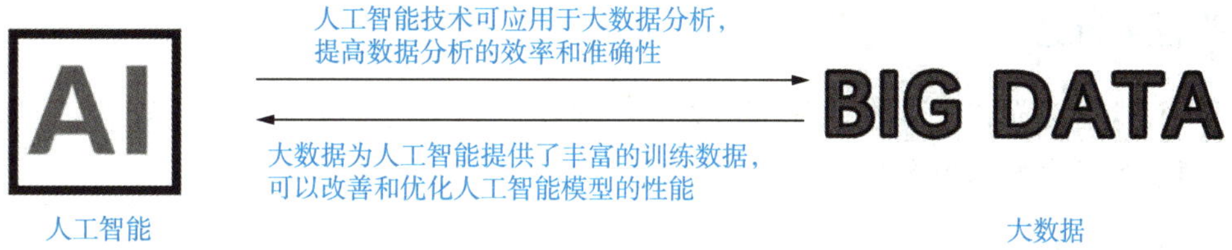

图5-1　人工智能与大数据之间的联系

除了相互促进外，人工智能和大数据在应用领域上也有着重要的交集。它们在诸多领域都有广泛的应用，如自然语言处理、图像识别、智能推荐系统等。例如，在自然语言处理领域，大数据可以提供海量的文本数据，而人工智能技术可以用于构建智能的语言模型和文本分析系统，从而实现文本理解和语义分析。在智能推荐系统中，大数据可以提供用户的行为数据和偏好信息，而人工智能技术可以利用这些数据来生成个性化的推荐结果，提高用户体验和服务质量。

人工智能和大数据的融合也催生了一系列新的技术和方法的发展，例如，深度学习在大数据中的应用。深度学习是一种基于人工神经网络的机器学习方法，它通过多层次的神经网络结构来学习数据的高级特征表示，实现对复杂数据模式的自动识别和学习。在大数据环境下，深度学习可以利用大规模数据来训练和优化神经网络模型，实现更准确和高效的数据分析和预测。

任务评价

评价内容	评价标准	分值	自评	师评
人工智能的概述	能够准确阐述人工智能	40		
人工智能的发展	能够简述人工智能的发展历程	30		
人工智能与大数据之间的关系	能够简述人工智能与大数据之间的关系	30		
总分		100		

任务2 人工智能技术基础

任务描述

本任务主要介绍人工智能技术的基础，包括机器学习、深度学习、计算机视觉、自然语言处理和知识图谱等内容。

任务分析

通过本任务的学习，为读者构建一个完整的人工智能知识体系框架，有助于读者系统地掌握人工智能领域的核心概念和技术，为进一步深入研究和探索奠定坚实的理论基础。

任务重点与实施

人工智能的核心目标是使机器能够执行通常需要人类智能才能完成的任务，如学习、理解语言、识别图像、解决问题等。人工智能的发展经历了多个阶段，从早期的规则引擎到现在的深度学习和机器学习算法，人工智能技术不断进步，其应用范围也在不断扩大。

5.2.1 机器学习

机器学习是人工智能的核心领域之一，它涉及让计算机模拟或实现人类的学习行为，以获取新知识和技能，并不断改善自身性能。

机器学习(machine learning)是一门涉及统计学、系统辨识、逼近理论、神经网络、优化理论、计算机科学、脑科学等诸多领域的交叉学科，研究计算机怎样模拟或实现人类的学习行为，以获取新的知识或技能。重新组织已有的知识结构使之不断改善自身的性能，是人工智能技术的核心。基于数据的机器学习是现代智能技术中的重要方法之一，研究从观测数据(样本)出发寻找规律，利用这些规律对未来数据或无法观测的数据进行预测。

机器学习强调三个关键词：算法、经验、性能，其处理过程如图5-2所示。在数据的基础上，通过算法构建出模型并对模型进行评估。评估的性能如果达到要求，就用该模型来测试其他的数据；如果达不到要求，就要调整算法来重新建立模型，再次进行评估。如此循环往复，最终获得满意的模型来处理其他数据。机器学习技术和方法已经被成功应用到多个领域，如个性推荐系统、金融反欺诈、语音识别、自然语言处理和机器翻译、模式识别、智能控制等。

5.2.2　深度学习

深度学习是机器学习领域的一个重要分支，其核心在于使用多层神经网络来模拟人脑处理信息的方式，从而能够自动从数据中提取和学习复杂的特征。

深度学习的基本原理是通过构建深层的、多级别的神经网络结构，使得机器能够从原始数据中自动发现、学习和组合特征，以实现对数据的高层次理解。这种学习方法在图像识别、语音识别、自然语言处理等领域取得了显著的成果，因为它能够处理大量的非结构化数据，如图像和声音等。

深度学习、机器学习和人工智能的关系如图5-3所示。深度学习的核心是神经网络模型，使用具有多层非线性处理单元的神经网络来对大量数据进行建模和学习。与传统机器学习算法相比，深度学习具有更强的表达能力和学习能力，可以更好地处理大规模和高维度数据，因此在计算机视觉、自然语言处理和语音识别等领域应用广泛。深度学习是机器学习的一种重要分支，也是人工智能技术发展的重要驱动力之一。

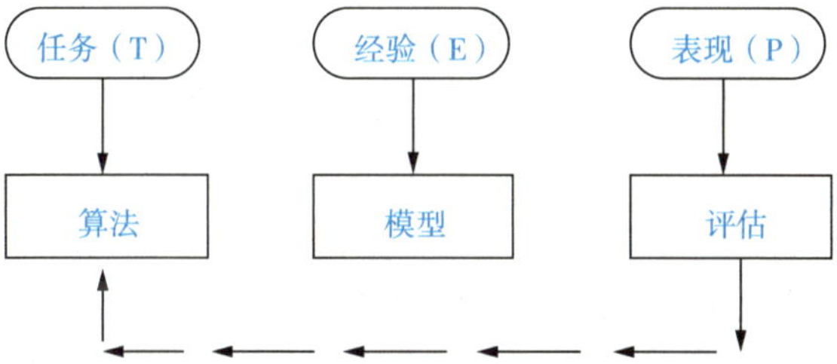

图5-2　机器学习处理过程

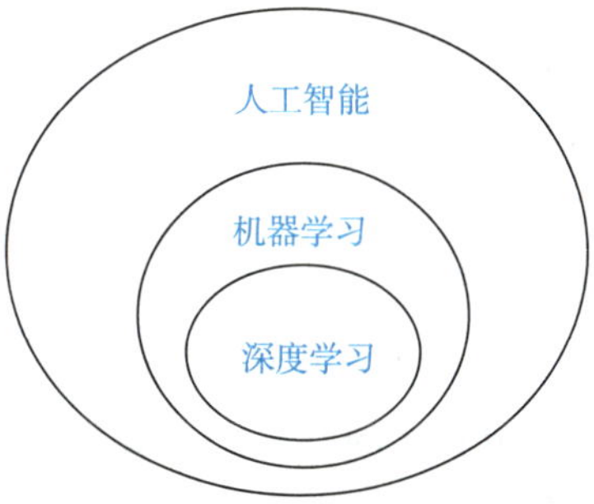

图5-3　深度学习、机器学习和人工智能的关系

5.2.3　计算机视觉

计算机视觉是人工智能领域的一个重要分支，它使机器能够解释和理解视觉世界。计算机视觉致力于使计算机能够像人类一样“看”，即通过摄像头、图像传感器等设备捕捉图像，并从中提取信息。

计算机视觉的发展经历了从简单的图像处理到复杂的图像理解的过程，目前深度学习技术对其发展产生了重大影响。计算机视觉涉及到的主要技术包括图像识别、图像分类、对象检测、场景重建等。其中，人脸识别、图像识别(包括静态和动态信息)是目前的主要应用方向。

计算机视觉广泛应用于多个领域，如自动驾驶、医疗图像分析、安防监控、工业自动化等。vivo公司在计算机视觉领域的创新包括AI拍照、屏下指纹识别、人脸识别等技术。

计算机视觉是实现机器认知世界的基础，是人工智能技术的重要组成部分。它与其他人工智能领域如自然语言处理、语音识别等相结合，可以实现更加智能化的系统和服务。

5.2.4 自然语言处理

自然语言处理是人工智能领域的一个重要分支，专注于使计算机能够理解和处理人类语言。自然语言处理技术是一门通过建立计算机模型、理解和处理自然语言的学科，是指用计算机对自然语言的形、音、义等信息进行处理并识别的应用，大致包括机器翻译、自动提取文本摘要、文本分类、语音合成、情感分析等。

自然语言处理的应用包罗万象，如机器翻译、手写体和印刷体字符识别、语音识别、信息检索、信息抽取与过滤、文本分类与聚类、舆情分析和观点挖掘等，它涉及与语言处理相关的数据挖掘、机器学习、知识获取、知识工程、人工智能研究和与语言计算相关的语言学研究等。

5.2.5 知识图谱

知识图谱本质上是结构化的语义知识库，是一种由节点和边组成的图数据结构，以符号形式描述物理世界中的概念及其相互关系，其基本组成单位是"实体—关系—实体"三元组，以及实体及其相关"属性—值"对不同实体之间通过关系相互联结，构成网状的知识结构。

知识图谱可用于反欺诈、不一致性验证、组团欺诈等公共安全保障领域，需要用到异常分析、静态分析、动态分析等数据挖掘方法。知识图谱在搜索引擎、可视化展示和精准营销方面有很大的优势，已成为业界的热门工具。但是，知识图谱的发展还有很大的挑战，如数据的噪声问题，即数据本身有错误或者数据存在冗余。随着知识图谱应用的不断深入，还有一系列关键技术需要突破。

任务评价

评价内容	评价标准	分值	自评	师评
机器学习	能够简述机器学习的处理过程	20		
深度学习	能够简述深度学习和机器学习、人工智能的关系	20		
计算机视觉	能够简述计算机视觉涉及到的技术	20		
自然语言处理	能够准确阐述自然语言处理	20		
知识图谱	能够准确阐述知识图谱	20		
总分		100		

任务 3 人工智能应用

任务描述

本任务主要介绍人工智能在各领域的应用。

任务分析

人工智能技术不仅仅局限于某一特定领域，而是在多个不同领域都有广泛且深入的应用。

任务重点与实施

人工智能与行业领域的深度融合将改变甚至重新塑造传统行业。人工智能已经被广泛应用于金融、家居、交通、医疗、教育等各个领域，对人类社会的生产和生活产生了深远的影响。

1. 金融

人工智能在金融领域有着广泛的应用，包括风险控制、交易分析和客户服务等方面。首先，AI 可以通过分析大量的金融数据，帮助金融机构识别和评估风险。其次，人工智能在股票交易(图 5-4)和外汇交易等方面也可以提供精准的分析和预测，帮助投资者做出更明智的决策。最后，AI 还可以应用于金融客户服务领域，通过自然语言处理和智能机器人等技术，实现智能客服和自助银行等服务。

2. 家居

智能家居是在互联网影响之下物联化的体现。智能家居通过物联网技术(手机+APP)将家中的各种设备(如音视频设备、照明系统、窗帘控制、空调控制、安防系统、数字影院系统、影音服务器、影柜系统、网络家电等)连接到一起，提供家电控制、照明控制、电话远程控制、室内外遥控、防盗报警、环境监测、暖通控制、红外转发，以及可编程定时控制等多种功能和手段，如图 5-5 所示。与普通家居相比，智能家居不仅具有传统的居住功能，兼备建筑、网络通信、信息家电、设备自动化，提供全方位的信息交互功能，还为各种能源费用节约资金。

图 5-4　人工智能股票交易

图 5-5　手机+APP 控制

3. 交通

自动驾驶技术一直是 AI 技术的重要领域。在现代交通中，无人驾驶车辆已经成为未来交通的主要方式。无人驾驶车辆能够通过感知环境、识别交通信号、解决复杂的交通情况等，从而可以更加高效地完成驾驶，如图 5-6 所示。无人驾驶技术不仅可以节约旅行的时间和金钱，还可以大大减少交通事故的数量。

4. 医疗

随着医疗技术的不断进步，人工智能在医疗领域的应用正发挥着重要的作用。首先，AI 可以用于医学影像诊断。通过深度学习算法，医生可以更准确地诊断肿瘤、心脏病等疾病。其次，人工智能还可以用于疾病预测和风险评估。通过分析大量的病例数据，AI 可以帮助医生发现患者可能存在的风险，并采取相应的预防措施。最后，AI 在药物研发、手术机器人(图 5-7)和远程医疗等方面也都有着广泛的应用。

图 5-6　无人驾驶

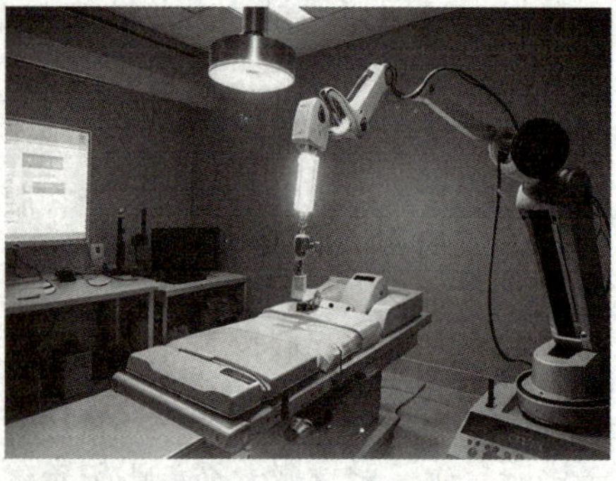

图 5-7　手术机器人

5. 教育

人工智能在教育领域中也有着广泛的应用。例如，人工智能可以通过分析读者的学习行为和知识点掌握情况，制定个性化的学习计划。这种计划可以基于读者的知识储备和学习进度，帮助读者更快地掌握知识点，提高学习效率。同时，人工智能还可以协助教师开展定制化的教学课程设计。例如，人工智能可以帮助教师分析读者的学习素质和需求，从而设计更为贴近读者需求的教学课程。此外，人工智能还可以辅助教师进行教学评估和读者成绩预测，为教师提供更为全面的教学支持。

随着技术的不断进步，AI 的应用将会更加广泛和深入，不仅会提高生产效率，还会创造出新的商业模式和就业机会。同时，AI 的发展也带来了伦理、隐私和安全等方面的挑战，需要全社会共同努力解决。

任务评价

评价内容	评价标准	分值	自评	师评
人工智能的应用	能够简述人工智能在金融方面的应用	20		
	能够简述人工智能在家居方面的应用	20		
	能够简述人工智能在交通方面的应用	20		
	能够简述人工智能在医疗方面的应用	20		
	能够简述人工智能在教育方面的应用	20		
总分		100		

项目小结

本项目主要介绍了人工智能的基本知识。首先介绍了人工智能的概述和发展；其次介绍了机器学习、深度学习和计算机视觉；最后介绍了人工智能在各个领域的应用。通过本项目的学习，读者能够深入了解人工智能在构建未来智能社会中的关键作用，为后续的学习提供了坚实的理论基础和实践指导。

项目习题

1. 简述人工智能。
2. 简述人工智能的发展历程。
3. 简述人工智能与大数据之间的关系。
4. 简述人工智能技术基础。
5. 简述人工智能在各领域的应用。

项目6 人工智能算法

项目导读

人工智能算法是一系列用于模拟、延伸和扩展人类智能处理能力的计算方法。能够从数据中学习模式和规律，并利用这些学到的知识做出决策或预测。本项目主要介绍神经网络、机器学习、深度学习算法，以及这些算法的核心概念和技术，并能够将这些知识应用于实际问题的解决中。

学习目标

◆ 知识目标

- 了解神经网络算法。
- 掌握常用的机器学习算法。
- 了解深度学习算法。

◆ 技能目标

- 掌握神经网络、机器学习和深度学习的基本概念。
- 熟悉神经网络的发展、基本结构和训练过程。
- 掌握常用的机器学习算法和深度学习算法。

◆ 素质目标

• 鼓励读者在学习和应用神经网络、机器学习和深度学习算法的过程中，提出新的想法和解决方案。

• 由于神经网络、机器学习和深度学习领域发展迅速，要求读者具备自主学习和持续学习的能力。

◆ 思政目标

• 通过学习不同类型的算法，引导读者认识到算法在推动人工智能发展中的重要作用，培养读者对技术的敬畏之心和对科学的热爱之情。

• 培养读者的社会责任感，引导读者思考如何运用人工智能算法为社会发展和人类福祉服务，如在医疗、环保、教育等领域的应用。

任务1 神经网络算法

任务描述

本任务主要介绍神经网络的发展历程、基本结构、多样化类型，以及反向传播算法与随机梯度下降算法。

任务分析

神经网络也称为人工神经网络或模拟神经网络，是机器学习的子集，也是深度学习算法的支柱。通过本任务的学习，读者能够更好地理解神经网络的工作原理和应用场景，并为进一步的研究和应用打下坚实的基础。

任务重点与实施

人工智能中的神经网络算法是模拟人脑神经元结构和学习机制的一种数学方法，神经网络算法不仅是一种模拟人脑的数学模型，更是一种开启智能时代的关键技术。神经网络依靠系统的复杂程度，通过调整内部大量节点之间相互连接的关系，从而达到处理信息的目的。

6.1.1 神经网络发展

神经网络是一种受人脑启发的机器学习算法，它是一个由互连节点或人工神经元组成的网络，可以学习识别数据中的模式。

人工神经网络的研究工作始于20世纪40年代。人工神经网络的发展历程是一段充满波折而又极富创新的历史，它不仅见证了科技的进步，也反映了人类对智能本质探索的不懈追求。下面介绍人工神经网络的发展历史。

1. 早期研究与M-P模型

1943年，心理学家W. S. McCulloch和数理逻辑学家W. Pitts提出了第一个人工神经网络模型，即M-P模型。这一模型通过简化的神经元和突触连接方式，展示了网络可以进行基本的逻辑运算，开启了人工神经网络研究的序幕。

M-P模型的重要性在于，它首次提出了用数学和算法描述大脑神经元活动的可能性，为后续的神经网络研究奠定了理论基础。

2. 感知器与第一次人工神经网络潮

1958 年，Frank Rosenblatt 提出了感知器模型。感知器是一种简单的线性分类器，能够通过调整权重来学习进行模式识别任务。

感知器的提出引发了第一次人工神经网络的研究热潮。人们开始梦想着通过增加网络的复杂性来实现真正的人工智能。

3. 低谷期与理论积累

1969 年，Marvin Minsky 和 Seymour Papert 出版了《Perceptrons》一书，书中指出了简单感知器在处理复杂问题时的局限性，如无法解决异或问题等。

尽管这一时期人工神经网络的研究受到了质疑和冷遇，但还是有一些研究者在这个领域坚持了下来。例如，Stephen Grossberg 提出了自适应共振理论，Teuvo Kohonen 发展了自组织映射网络，这些理论和模型的提出，为神经网络的复苏积累了宝贵的理论知识和技术储备。

4. Hopfield 网络与复兴

1982 年，John Hopfield 提出了 Hopfield 网络模型。这种递归网络通过引入"能量"函数和反馈环路，使得网络能够在模式识别和优化计算方面展现出优异的性能。

Hopfield 网络的成功应用标志着人工神经网络研究领域的复兴。它不仅解决了一些实际问题，更重要的是重新点燃了学术界对于神经网络研究的热情。

5. 深度学习与现代人工神经网络

1986 年，David Rumelhart、Geoffrey Hinton 和 Ronald Williams 提出了著名的反向传播(backpropagation，BP)。这一算法有效地解决了多层神经网络中权重调整的问题，极大地推动了神经网络研究的发展。

随着计算机算力的增强和大数据时代的到来，基于深度神经网络的深度学习技术迅速发展，并在图像识别、语音识别、自然语言处理等领域取得了突破性的进展。

人工神经网络从最初的 M-P 模型到现代深度学习的繁荣，经历了一个漫长而曲折的过程。每一步的进展都离不开前人的理论基础和技术创新。未来，随着技术的不断进步和研究的深入，人工神经网络必将在智能化社会中发挥更加重要的作用。

6.1.2 神经网络基本结构

神经网络是一种受人脑神经元工作方式启发而设计的算法，旨在模拟人类大脑解决复杂问题的能力。神经网络的基本结构是由多个层次的神经元通过连接组成的复杂系统，用于模拟人脑处理和学习信息的方式。

1. 神经元模型

神经网络的最基础单元是神经元模型，它模拟了生物神经元的结构。每个神经元有多个输入(树突)，但只有一个输出(轴突)，如图 6-1 所示。这些连接点称为突触，负责传递信号。

图 6-1 中神经元左边接收多个输入(x_1, x_2, …, x_n | $x_i \in R$)，每个输入上有一个权值 $w_i \in R$，神经元右边的箭头表示它仅有一个输出。此外，有些情况下还有一个偏置项 $b \in R$。

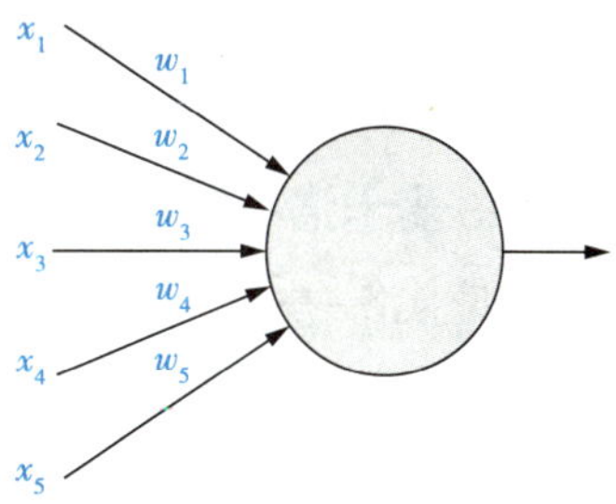

图 6-1　神经元模型

人工神经元将输入值与相应的权重相乘，然后将所有加权输入相加，最后应用一个激活函数来决定是否及如何向其他神经元发送信号。输出由下面这个公式来计算

$$y=f(w \cdot x+b)$$

激活函数是神经网络中不可或缺的一部分，它被应用于每个神经元的输出上。激活函数的目的是引入非线性因素，使得神经网络能够学习和模拟更加复杂的数据模式。常见的激活函数包括 Sigmoid、Tanh 和 ReLU 等。如可以选择下面这个阶跃函数 f 作为激活函数

$$f(z)=\begin{cases}1 & z>0 \\ 0 & \text{otherwise}\end{cases}$$

2. 多层网络结构

深度学习中的神经网络通常具有多个隐藏层。这种多层结构允许网络捕捉到数据的深层次特征，从而在诸如图像识别、语音识别等领域实现更高的准确率。每一层都学习输入数据的不同方面的表示，随着层次的加深，网络能够学习到更加抽象的特征表示。

最简单的神经网络模型结构，包括输入层与输出层两层，如图 6-2 所示。需要注意的是，网络的深度即层数，每层的宽度即每层的神经元数量。

多层网络结构有如下组成部分。

(1)输入层与输出层：神经网络至少包含一个输入层和一个输出层。输入层负责接收数据，输出层则产生网络的最终响应。

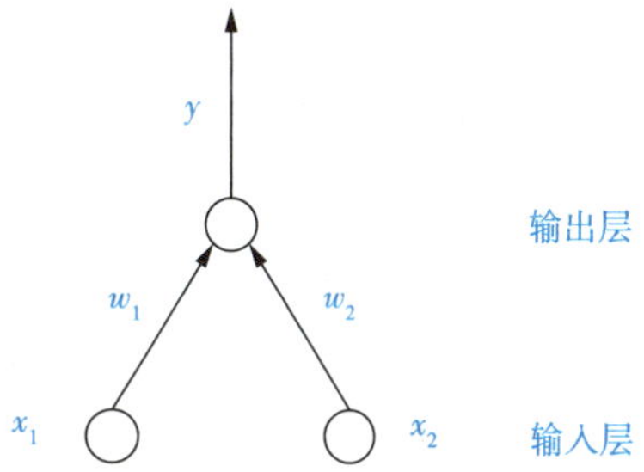

图 6-2　多层网络结构

(2)隐藏层：位于输入层和输出层之间的是一层或多层隐藏层。这些层不能直接从外部环境接收输入，也不直接产生网络输出，但可以对输入数据进行加工处理，帮助网络学习更复杂的特征。

综上所述，神经网络是由多个互相连接的神经元组成的，通过这些神经元的相互作用来处理和学习数据。其核心在于能够通过学习数据中的模式来做出预测或决策，这依赖于网络结构的复杂性和灵活性。

6.1.3 神经网络类型

神经网络已经彻底改变了机器学习领域，并成为人工智能的基石，它的设计目的是模仿人类大脑的结构和功能，使计算机能够学习并做出类似人类思维的决策。

1. 麦卡洛-皮茨神经元

麦卡洛-皮茨神经元是第一个数学神经元模型，它由 Warren McCulloch 和 Walter Pitts 在 1943 年提出。该模型是神经科学和数学的结合体，旨在通过数学和逻辑来解释神经元的行为，并为后来的人工智能和神经网络研究奠定了基础。

麦卡洛-皮茨神经元采用二进制输出方式，这意味着其输出非 0 即 1，也就是说，神经元要么完全激活，要么完全不激活。这种设计灵感来源于生物神经元的“全或无”放电特性。它是早期尝试用简化模型理解神经元行为的一种方式。从数学上讲，可以将这个神经元写成如下形式

$$y=\begin{cases}1, & \text{if}\sum_{i=1}^{n}x_i \geqslant b\\0, & \text{otherwise}\end{cases}$$

麦卡洛克-皮茨模型(M-P 模型)是一个二元线性阈值模型，其基本思想是模拟神经元的兴奋和抑制两种状态。在 M-P 模型中，每个神经元都接受多个输入信号，这些输入信号通过突触传递给神经元。M-P 模型具有多输入单输出的特点，每个神经元可以接收多个输入信号，但只输出一个信号，如图 6-3 所示。

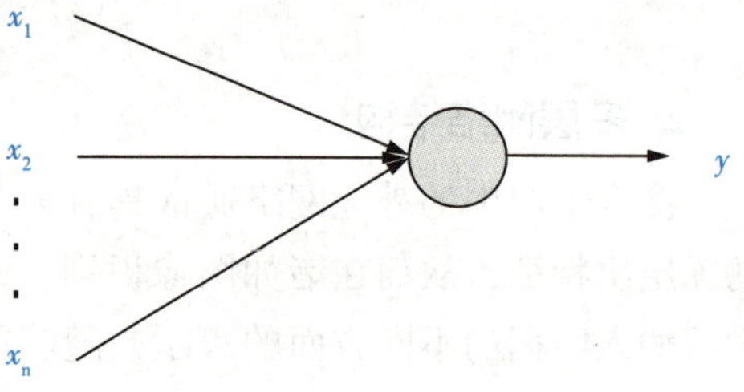

图 6-3 M-P 模型

这与生物神经元的多输入单输出特性相符合。此外，M-P 模型能够模拟神经元的兴奋和抑制两种状态，通过设置不同的阈值来实现。输入信号的权重和阈值是 M-P 模型的参数，通过调整这些参数可以模拟不同的神经元行为。M-P 模型的输入信号是线性组合的，这意味着每个输入信号对输出的影响是独立的。

虽然 M-P 模型存在一些局限性，例如，不能实现异或(XOR)运算，因为它过于简化，不能完全模拟生物神经元的复杂行为，但它仍然是一个非常重要的神经网络模型。通过了解 M-P 模型的基本原理和特点，可以更好地理解神经网络的工作机制，并探索更复杂的神经网络模型。

麦卡洛-皮茨神经元作为第一个数学神经元模型，不仅为理解生物神经元的工作提供了新的视角，而且为人工神经网络的发展奠定了坚实的基础。尽管有其局限性，但它的贡献在人工智能领域仍具有里程碑意义。

2. 感知机

感知机模型是神经网络的基本单元之一，它通过执行计算任务来识别输入数据的

特征。感知机接受实数值作为输入，每个输入都与一个权重相乘，如果加权输入的总和大于阈值，则神经元输出 1，否则输出 0。从数学上讲，可以将这个神经元写成如下形式

$$y=\begin{cases}1, & \text{if} \sum_{i=1}^{n} x_i \omega_i \geqslant b \\ 0, & \text{otherwise}\end{cases}$$

感知机模型的工作原理相对简单，它接收多个输入信号，这些信号可以想象成具备“流动性”的东西，如电流或水流。每个输入信号都会被乘以一个固定的权重，这些权重控制着各个信号的重要性。权重越大，对应的信号重要性越高，如图 6-4 所示。神经元会计算传送过来的信号的总和，只有当这个总和超过了某个界限值(即阈值)时，才会输出 1，这也称为“神经元被激活”。如果总和未超过阈值，则输出 0。

感知机的参数学习过程是通过迭代进行的。在这个过程中，权重和阈值是根据输入数据和期望输出来调整的。如果感知机的输出与期望输出不一致，就会根据误差的大小来调整权重。这个过程会反复进行，直到感知机的输出能够较好地匹配期望输出为止。这种学习过程是自动进行的，是机器学习的一个典型例子。

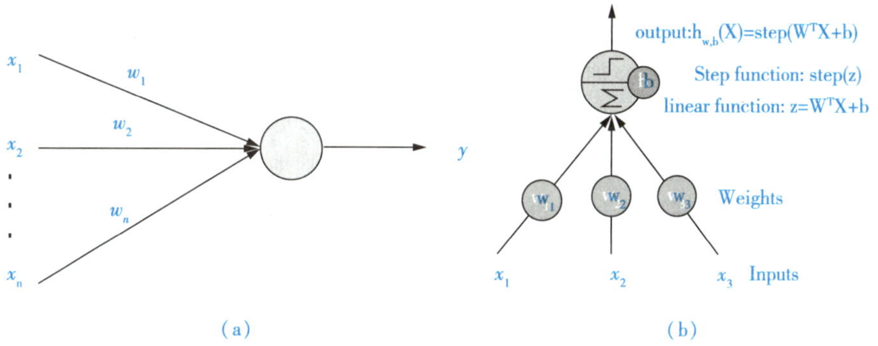

图 6-4 感知机模型

3. 前馈神经网络

前馈神经网络(feedforward neural network，FNN)是一种基础且广泛应用的人工神经网络结构，其特点是信息单向流动，从输入层经过若干隐藏层到达输出层，不存在任何反馈连接。前馈神经网络是实际应用中最常见的神经网络类型。

前馈神经网络通常由三部分组成：输入层、隐藏层(可以有一层或多层)、输出层。第一层是输入 X，最后一层是输出 y。如果前馈神经网络有多个隐藏层，称之为“深度”神经网络，如图 6-5 所示。输入层接收原始数据，隐藏层对数据进行特征提取和转换，输出层产生最终的网络输出。

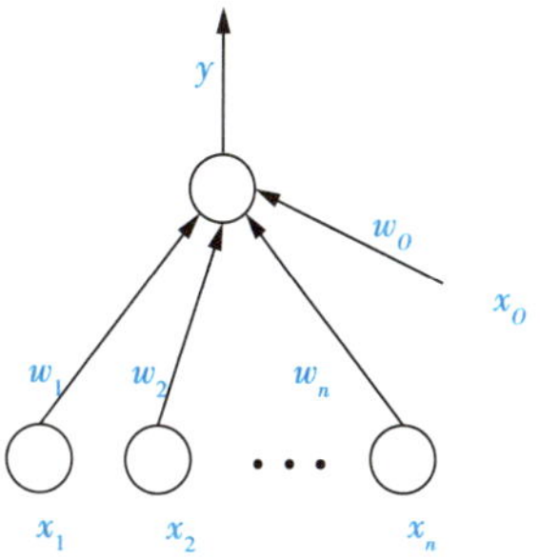

图 6-5 前馈神经网络

在前馈神经网络中，信息从输入层开始，逐层向前传递至输出层，没有反向或循

环的信息流。这种单向的信息流动简化了网络的学习过程。

前馈神经网络通过计算输出误差和每一层的梯度，对网络中的权重和偏置进行更新。这是通过损失函数来衡量网络预测与实际目标之间的差异来完成的。

4. 人工神经网络

人工神经网络的架构受到人类大脑生物神经网络的启发，由相互连接的层组成，包括输入层、隐藏层和输出层；每一层包含多个神经元，这些神经元与相邻层中的每个神经元相连，如图 6-6 所示。

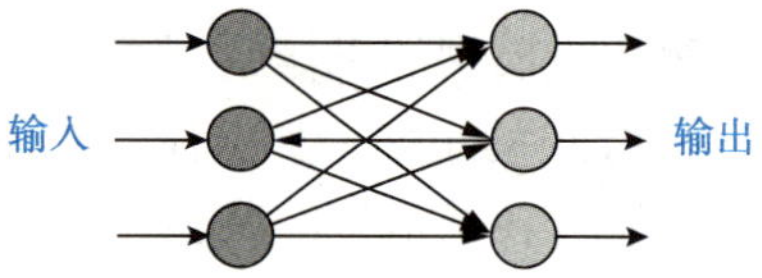

图 6-6　人工神经网络

当数据在网络中传输时，每个连接都会应用一个权重，每个神经元都会应用一个激活函数，如 ReLU，Sigmoid 或 Tanh；这些函数引入了非线性，使得网络能够从错误中学习并做出复杂的决策。

在训练过程中，使用一种称为反向传播的技术来调整这些权重，这种技术使用梯度下降来最小化预定义的损失函数，旨在使网络的预测尽可能准确。

5. 生成对抗网络

生成对抗网络是由两个神经网络构成的系统，包括一个生成器和一个鉴别器。这两个网络在一种竞争式的训练环境中相互对抗；生成器的任务是创造出难以与真实数据区分的数据，而鉴别器的任务则是尽可能准确地识别出哪些是真实数据，哪些是生成器产生的数据。生成对抗网络广泛应用于图像生成、风格转换和数据增强等领域。

6. 自编码器

自编码器主要应用于无监督学习和特征提取；它由编码器和解码器组成；编码器负责将输入数据转换为低维的潜在表示，而解码器则从这种潜在表示中重构出原始数据。自编码器广泛用于降维，异常检测等多种任务。

7. 自组织映射

自组织映射是一种用于处理高维数据的技术，它可以将这些数据在低维空间中进行聚类和可视化；这种方法属于无监督学习，通过将输入数据映射到一个低维的网格上，能够有效地保持数据点之间的相对位置和连通性，即保留了它们的拓扑结构。

8. 径向基函数网络

径向基函数网络是一种常用于模式识别和函数逼近的神经网络；这种网络的隐藏层神经元使用径向基函数作为激活函数；当输入与输出之间的关系呈非线性时，径向基函数网络尤其有效。

9. Transformer 神经网络

Transformer 神经网络采用了一种全新的方法，摒弃了递归结构，完全依赖注意力机制来学习序列元素之间的关系，这些关系是基于元素的整体重要性来确定的。

10. 图神经网络

许多神经网络主要处理的是像图像或文本这样的欧几里得数据，而图神经网络则是为了处理图数据而特别设计的，这种数据包含了复杂的元素间关系；图神经网络扩展了传统卷积网络的技术，比如将滤波方法应用于图结构数据，并能够根据图的结构和节点的特性来学习节点的表示。

图神经网络在链接预测，节点分类和社区检测等多种网络任务中表现出了极高的准确性；这些网络在处理密切相关数据的应用场景中展现了巨大的潜力。

11. 深度 Q 网络

深度 Q 网络（DQNs）在深度强化学习领域，尤其是在掌握复杂游戏方面，取得了重大突破；DQNs 通过使用神经网络来近似函数，估算出决定最优行动的 Q 函数的价值，从而最大化预期的奖励；Nvidia 的研究团队将卷积神经网络（CNNs）与 Q 学习相结合，应用于 DQNs；DeepMind 利用 DQNs 在 3D 游戏中超越了人类的表现，并且还精通了围棋；在深度强化学习领域，DQNs 的应用仍然非常广泛。

12. 高斯过程

大多数深度学习方法通过判别学习来建立输入与输出之间的条件概率模型，而高斯过程则通过概率回归来直接预测连续变量；这种方法依据一组观测数据来建模函数的分布，并能提供对预测结果不确定性的估计。高斯过程在黑箱优化和模型不确定性可视化方面展现出了极高的灵活性；当高斯过程与神经网络结合使用时，可以显著提升预测的准确性。

6.1.4　神经网络的训练过程

神经网络的训练过程是一个迭代的优化过程，目的是通过最小化损失函数来调整网络中的权重，使得网络的预测尽可能接近实际目标。神经网络的训练过程主要包括初始化，前向传播（forward propagation），损失计算（loss calculation），反向传播（back-propagation），参数更新（parameter update），迭代重复和关键因素，如图 6-7 所示。

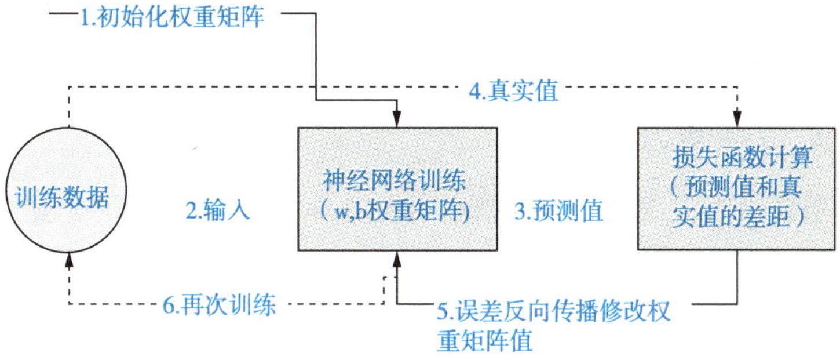

图 6-7　神经网络的训练过程

1. 初始化

在训练开始之前，所有的权重和偏置会被初始化。这些初始值对最终模型的性能有重要影响，通常初始化是随机进行的，以避免任何形式的偏差。

2. 前向传播

在前向传播阶段，输入数据通过网络逐层传递，每个神经元都将输入数据加权求和后应用激活函数来计算输出。这一过程从输入层开始，经过隐藏层，最后到达输出层，生成网络对输入数据的预测结果。

3. 损失计算

网络的输出会与真实的标签进行比较，通过损失函数(如均方误差、交叉熵等)计算两者之间的差距。这个差距称为损失，是网络当前性能的量化表示。

4. 反向传播

反向传播是神经网络训练中最核心的部分。在这一步，损失函数的梯度将被计算并通过网络反向传播，以便计算每个权重对损失的贡献度。这一过程依赖于链式法则，确保了即使网络很深也能有效地传递梯度信息。

5. 参数更新

根据反向传播计算出的梯度，使用特定的优化算法(如梯度下降、Adam 等)来更新网络中的权重和偏置。这一步的目的是减少损失，即使得网络的预测更加准确。

6. 迭代重复

以上步骤会在多个训练周期(epochs)中反复进行，直到网络的性能达到满意的水平或不再有明显的提升。

7. 关键因素

在整个训练过程中，还需要考虑以下关键因素。

(1)学习率：控制权重更新的步伐，太大可能导致学习过程不稳定，太小则学习过慢。

(2)批量大小：每次更新时使用的样本数量，影响内存使用和训练稳定性。

(3)正则化技术：如 Dropout、L1/L2 正则化，用于防止过拟合，提高模型的泛化能力。

6.1.5 反向传播算法

反向传播算法(BP)，适合于多层神经元网络的一种学习算法，它建立在梯度下降法的基础上。

BP 网络的输入和输出关系实质上是一种映射关系：一个 n 输入 m 输出的 BP 神经网络所完成的功能是从 n 维欧氏空间向 m 维欧氏空间中一有限域的连续映射，这一映射具有高度非线性。它的信息处理能力来源于简单非线性函数的多次复合，因此具有很强的函数复现能力，如图 6-8 所示。

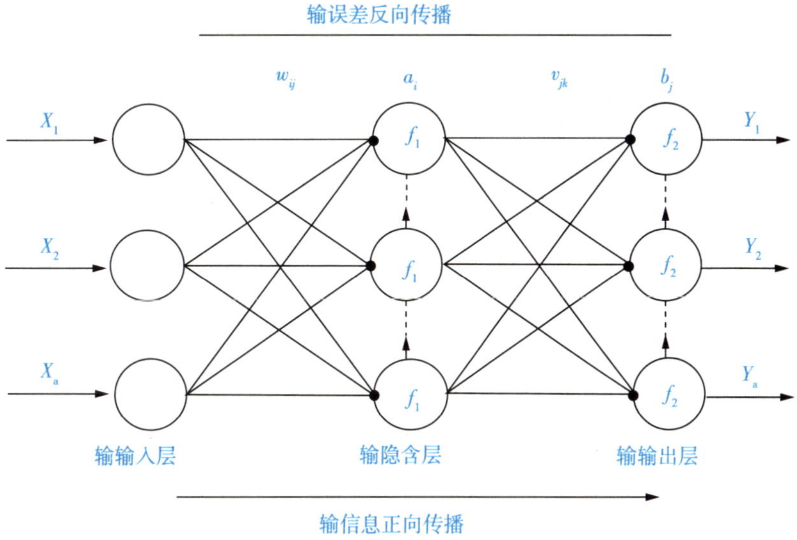

图 6-8 BP 神经网络映射关系

1. 反向传播的训练流程

(1)初始化神经网络，对每个神经元的 w 和 b 赋予随机值。

(2)输入训练样本集合，对于每个样本，将输入给到神经网络的输入层，进行一次正向传播得到输出层各个神经元的输出值。

(3)求出输出层的误差，再通过反向传播算法，向后求出每一层(的每个神经元)的误差。

(4)通过误差可以得出每个神经元的$\partial C/\partial w$、$\partial C/\partial b$，再乘上负的学习率($-\eta$)，就得到了 Δw、Δb，将每个神经元的 w 和 b 更新为 $w+\Delta w$、$b+\Delta b$。

完成训练之后，一般情况下可以得到一个损失比较小的神经网络。

2. 反向传播算法主要环节

反向传播算法主要由两个环节(激励传播、权重更新)反复循环迭代，直到网络对输入的响应达到预定的目标范围为止。其中，BP 算法的学习过程由正向传播过程和反向传播过程组成的。

(1)激励传播：每次迭代中的传播环节包含以下两个步骤。

① (前向传播阶段)将训练输入送入网络以获得激励响应。

② (反向传播阶段)将激励响应同训练输入对应的目标输出求差，从而获得隐层和输出层的响应误差。

(2)权重更新：对于每个突触上的权重，按照以下步骤进行更新。

① 将输入激励和响应误差相乘，从而获得权重的梯度。

② 将这个梯度乘上一个比例并取反后加到权重上。

③ 这个比例将会影响到训练过程的速度和效果，因此称为“训练因子”。梯度的方

向指明了误差扩大的方向，因此在更新权重的时候需要对其取反，从而减小权重引起的误差。

6.1.6 随机梯度下降算法

随机梯度下降算法是最常用也是最有效的神经网络的优化办法，完全可以满足不同类型的需求。随机梯度下降(stochastic gradient descent，SGD)是一种简单但非常有效的方法，多用于支持向量机，逻辑回归(logistic regression，LR)等凸损失函数下的线性分类器的学习。并且 SGD 已成功应用于文本分类和自然语言处理中经常遇到的大规模和稀疏机器学习问题。SGD 既可以用于分类计算，也可以用于回归计算。

1. 算法原理

随机梯度下降法是一种迭代方法，用于找到使损失函数最小化的模型参数。假设一个损失函数为

$$J(\theta)=\frac{1}{2}\sum_{i=1}^{m}(h_\theta(x)-y)^2$$

其中 $h_\theta(x)=\theta_0+\theta_1x_1+\theta_2x_2+\cdots+\theta_nx_n$，要使得损失函数最小化。

与传统的梯度下降法不同，SGD 在每次迭代时仅使用一个数据样本来计算梯度，这使得计算速度大大加快。

2. 算法步骤

(1)从训练数据中随机选择一个样本。

(2)计算损失函数相对于模型参数的梯度。

(3)更新参数，通过减去学习率乘以梯度来实现。

(4)重复以上步骤直到满足停止条件，如达到预设的迭代次数或损失函数的变化小于某个阈值。

3. 应用方式

随机梯度下降算法通常还有三种不同的应用方式，它们分别是随机梯度下降(SGD)、批量随机梯度下降(Batch-SGD)、小批量随机梯度下降(Mini-SGD)。

(1)随机梯度下降，是指每次参数更新只使用一个样本，这样可能导致更新较慢。

(2)批量随机梯度下降，是指每次参数更新使用所有样本，即把所有样本都代入计算一遍，然后取它们的参数更新均值，对参数进行一次性更新，这种更新方式较为粗糙。

(3)小批量随机梯度下降，是指每次参数更新使用一小批样本，这批样本的数量通常可以采用 trial-and-error 的方法来确定，这种方法被证明可以有效加快训练速度。

任务评价

评价内容	评价标准	分值	自评	师评
神经网络的发展	能够简述神经网络的发展	15		
神经网络基本结构	能够简述神经网络的基本结构	15		
神经网络类型	能够简述神经网络类型	15		
神经网络的训练过程	能够简述神经网络的训练过程	15		
反向传播算法	能够理解反向传播算法	20		
随机梯度下降算法	能够理解随机梯度下降算法	20		
总分		100		

任务2 机 器 学 习

任务描述

本任务主要介绍机器学习算法的分类，包括机器算法中的回归算法、正则化算法、聚类算法和降维算法。

任务分析

机器学习是人工智能中最具智能特征，最前沿的研究领域之一。通过本任务的学习，可以帮助读者深入理解机器学习的基本原理和应用场景，更好地掌握这些算法的实现方法和优缺点，为后续的研究和应用提供坚实的理论基础和实践指导。

任务重点与实施

机器学习是一门专门研究计算机怎样模拟或实现人类的学习行为课程，以获取新的知识或技能，重新组织已有的知识结构使之不断改善自身的性能的学科。

自20世纪80年代以来，机器学习作为实现人工智能的途径，在人工智能界引起了广泛的兴趣，特别是近10年来，机器学习领域的研究工作发展很快，已成为人工智能的重要课题之一。

6.2.1 机器学习算法分类

机器学习的研究主要分为两类研究方向：第一类是传统机器学习的研究，该类研究主要是研究学习机制，注重探索模拟人的学习机制；第二类是大数据环境下机器学习的研究，该类研究主要是研究如何有效利用信息，注重从巨量数据中获取隐藏的、有效的、可理解的知识。

传统机器学习的研究方向主要包括决策树、随机森林、人工神经网络、贝叶斯学习等方面的研究。人工智能常用的机器学习算法主要包括监督学习、无监督学习、半监督学习、迁移学习、强化学习。

1. 监督学习

监督学习是一种常见的机器学习类型，通过已知的输入和输出数据来训练模型，并将输入映射到输出。

(1)分类：在监督学习中，分类任务的目标是预测离散的类别标签。例如，预测是否会下雨的结果只能是下雨或不下雨这两种情况之一。分类任务的目的是根据历史数据来预测新样本所属的类别，其中只有两个类别的任务称为二分类任务；如果有超过两个类别，则称为多分类任务。常见的算法包括决策树、随机森林、*K*-最近邻算法、逻辑回归、支持向量机和人工神经网络。

(2)回归：在监督学习中，回归任务的目标是预测连续的目标值。一个典型的例子是预测某个楼盘的价格趋势。回归任务通常使用的算法包括线性回归和自适应提升算法等。

2. 无监督学习

无监督学习是一种机器学习方法，不依靠标记数据进行训练，而是通过识别和利用数据中的隐含模式和结构来进行学习。这种方法通常用于聚类、降维以及关联规则的挖掘等任务。

无监督学习在市场细分、社交网络分析、推荐系统等方面有广泛的应用。无监督学习的优点在于其不需要依赖标记数据，这大大降低了数据准备的成本和时间。然而，这种方法也存在一些局限性，例如，预测的准确性可能不如监督学习方法高，且结果验证和解释也可能更加困难。

3. 半监督学习

半监督学习是一种结合了监督学习和无监督学习方法的学习方式。它利用大量的未标记数据和少量的标记数据来进行模式识别。这种方法适用于有少量标签样本和大量无标签样本的情况，可以实现较高的准确性预测。

4. 迁移学习

迁移学习是一种将预训练模型应用于新学习任务的方法。其中，源域表示已有的知识，目标域表示待学习的新知识。通过迁移学习，可以将在一个领域学到的知识应用到另一个领域，从而提高学习效率和准确性。

5. 强化学习

强化学习是一种机器学习范式和方法论。目标是让智能设备能够像人类一样，通过不断学习和尝试，在不同环境下做出最理想的处理方案。强化学习是一个连续决策的过程，通过不断尝试来发现最佳方式。

6.2.2 回归算法

回归算法是一种机器学习算法，用于根据输入数据预测数值。回归算法试图通过对数据拟合数学模型来找到输入变量和输出变量之间的关系。回归的目标是找到输入特征和目标变量之间的数学关系，可用于对新的、看不见的数据进行准确预测。

1. 线性回归算法

线性回归是目前机器学习算法中最流行的一种，线性回归算法是找一条直线，且让这条直线尽可能地拟合散点图中的数据点。它试图通过将直线方程与该数据拟合来表示自变量(x)和数值结果(y)。然后就可以用这条直线来预测未来的值，如图6-9所示。

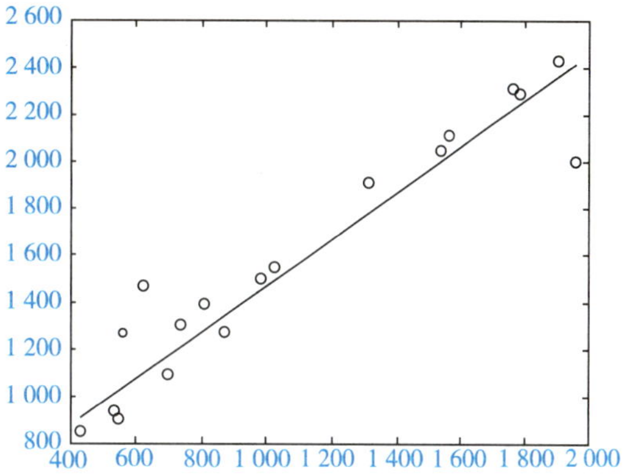

图6-9 线性回归

线性回归算法最常用的技术是最小二乘法。这个方法计算出最佳拟合线，以使得与直线上的每个数据点垂直距离最小。总距离是所有数据点的垂直距离(绿线)的平方和。其思想是通过最小化这个平方误差或距离来拟合模型。

2. 逻辑回归算法

逻辑回归与线性回归类似，但逻辑回归是用于输出为二进制的情况(即当结果只能有两个可能的值)。对最终输出的与预测是一个非线性的S型函数，称为logistic function，g()。逻辑函数将中间结果映射到结果变量Y，其值范围是[0，1]之间。然后，这些值可以解释为Y出现的概率。S型逻辑函数的性质使得逻辑回归更适合用于分类任务。

3. 多项式回归算法

多项式回归是线性回归的延伸，其中变量之间的关系使用多项式方程建模。这允许在捕捉输入特征和目标变量之间的非线性关系方面具有更大的灵活性。它包括在线性方程中添加多项式项，如x^2或x^3。当数据呈现曲线模式时，多使用多项式回归是有用的。例如，根据温度、湿度和降雨量等因素预测作物产量。

回归算法在数据分析和预测中的应用非常广泛，从简单的线性回归到复杂的集成学习方法，每种算法都有其独特的优势和局限性。了解和掌握这些算法的原理和使用方法，对于解决实际问题具有重要意义。在选择具体的回归算法时，需要综合考虑数据的特点、问题的复杂性，以及计算资源等因素。

6.2.3 正则化方法

正则化方法是一类用于防止模型过拟合，提高模型泛化性能的技术。在机器学习和深度学习领域，当训练数据不足或者存在过度训练的情况时，模型往往容易过拟合，即模型在训练集上表现良好但在未见数据上的表现较差。正则化方法通过引入额外的信息或限制条件，帮助模型在保持对训练数据拟合的同时，也具有良好的泛化能力。

常见的正则化算法：L1 正则化、L2 正则化、岭回归、拉索回归，以及弹性网回归等。

1. L1 正则化

L1 正则化添加了模型参数的绝对值之和作为正则项。它倾向于使一些参数变为零，从而达到特征选择的效果。所以，L1 正则化可以用于自动选择最重要的特征，并减少模型复杂度。

2. L2 正则化

L2 正则化添加了模型参数的平方和作为正则项。它倾向于使所有参数都较小，但没有明确地将某些参数设置为零。L2 正则化对异常值更加鲁棒，并且可以减少模型的过度依赖单个特征的情况。

3. 岭回归算法

岭回归是一种正则化技术，用于解决线性回归中的过拟合问题。它在线性回归方程中添加了一个惩罚项，以控制模型的复杂性。这个惩罚项有助于防止系数变得太大，从而降低模型对训练数据的敏感性。当处理高维数据或当输入特征之间存在多重共线性(高相关性)时，岭回归特别有用。例如，根据每股收益和市盈率等财务指标预测股票价格。

4. 拉索回归算法

拉索回归类似于岭回归，是一种用于对抗过拟合的正则化技术。它在线性回归方程中添加了一个惩罚项，但在这种情况下，它使用系数的 L1 范数作为惩罚。拉索回归具有特征选择特性，可以将一些系数驱动为零，有效地执行自动特征选择。这使得它在处理具有许多特征的数据集或寻找最具影响力的变量时非常有用。例如，根据客户在网站上的浏览和购买历史来预测他们购买产品的可能性。

5. 弹性网回归算法

弹性网回归结合了脊和套索正则化技术。它添加了一个惩罚项，该惩罚项是系数的 L1 和 L2 范数的线性组合。这种混合方法允许特征选择，同时还提供稳定性并减少多重共线性的影响。当存在许多相关特征时，弹性网回归是有用的，其目标是选择相关特征并减轻多重共线性。

正则化方法在机器学习和深度学习中扮演着至关重要的角色，它们通过引入额外的信息或限制条件，有效地防止了模型的过拟合问题，提高了模型的泛化能力。在实际的应用中，根据具体的任务和数据特点选择合适的正则化策略，是获得高性能模型的关键之一。

6.2.4 聚类算法

聚类是将相似的对象分组到一起的过程，目的是使得同一组内的对象相似度较高，而不同组之间的相似度较低。常见的聚类算法包括 K-means 算法以及期望最大化算法(expectation maximization，EM)。

1. K-means

K-means 算法是一种广泛使用的聚类分析方法，通过最小化簇内平方误差和来划分数据点。该算法需要预先指定簇的数量 k，并通过迭代优化找到最佳的簇划分。

K-means 算法过程如图 6-10 所示，首先随机选择 k 个数据点作为初始质心。然后，每个数据点被分配到最近的质心所代表的簇中。最后，根据分配到每个簇的所有点，重新计算这些簇的质心。这两个步骤(分配和更新质心)将重复进行，直到质心不再显著变化或者达到预设的最大迭代次数为止。

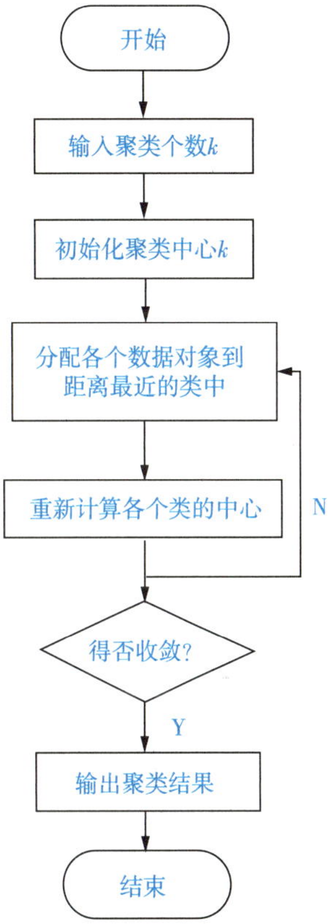

图 6-10 K-means 算法过程

2. 综合层次聚类算法

综合层次聚类算法(balanced iterative reducing and clustering using hierarchies，BIRCH)是一种适用于大规模数据集的综合层次聚类算法，它通过构建聚类特征树来逐步细化聚类结果。

Birch 算法主要分为以下两个阶段。

(1)扫描数据库，动态的建立一棵存放在内存的 CF 树。若内存不够，则增大阈值，在原树基础上构造一棵较小的树。

(2)对叶节点进一步利用一个全局性的聚类算法，改进聚类质量。由于 CF 树的叶节点代表的聚类可能不是自然的聚类结果，原因是给定的阈值限制了簇的大小，并且数据的输入顺序也会影响到聚类结果。因此，需要对叶节点进一步利用一个全局性的聚类算法，改进聚类质量。

3. 基于密度的聚类算法

基于密度的聚类算法((density-based spatial clustering of applications with noise，DBSCAN)是一种通过识别数据点密度分布来划分聚类的算法，一种基于密度的聚类算法，能够发现任意形状的簇，并标识出噪声点。DBSCAN 不需要预先指定簇的数量，而是根据设置的密度阈值来形成簇。

DBSCAN 算法具体描述如下。

(1)检测数据库中尚未检查过的对象 p，如果 p 未被处理(未被归为某个簇或者标记为噪声)，则检查其邻域，若包含的对象数不小于 minPts，建立新簇 C，并将其中的所有点加入候选集 N。

(2)对候选集 N 中所有尚未被处理的对象 q，检查其邻域，若至少包含 minPts 个对象，则将这些对象加入 N；如果 q 未归入任何一个簇，则将 q 加入 C。

(3)重复步骤(2)，继续检查 N 中未处理的对象，当前候选集 N 为空。

(4)重复步骤(1)～(3)，直到所有对象都归入了某个簇或标记为噪声。

6.2.5 降维算法

高维数据通常包含冗余和无关特征，这会增加模型的复杂性并降低学习效率。降维通过减少特征数量，帮助模型更好地泛化，并减少计算资源的消耗。

目前已经存在大量的数据降维算法，可以从不同的维度对它们进行分类。按照是否有使用样本的标签值，可以将降维算法分为有监督降维和无监督降维。按照降维算法使用的映射函数，可以将算法分为线性降维与非线性降维。无监督降维算法不使用样本标签值，因此是一种无监督学习算法，其典型代表是主成分分析；有监督的降维算法则使用了样本标签值，是一种有监督学习算法，其典型代表是线性判别分析。

1. 主成分分析

主成分分析(principal component analysis，PCA)是一种统计方法，通过正交变换将一组可能相关的变量转换为一组线性不相关的变量，这些变量称为主成分。PCA 的应用极为广泛，包括特征降维、数据压缩、噪声过滤、特征提取等多个方面。

PCA 的工作原理可以概括为两个基本步骤：首先是通过计算数据的协方差矩阵来识别数据中的主要成分方向；其次是将这些成分按照重要性(即解释的数据方差大小)进行排序，并选择最重要的成分作为新的特征轴。

PCA 算法流程如下：首先对数据集的每个维度求平均值；其次将数据集中每个点的值减去该维度的平均值，这一过程称为数据中心化；再次计算协方差矩阵的特征值和特征向量，每个特征值代表一个主成分方向的重要性，而对应的特征向量则定义了该方向；最后根据需要保留的主成分数，将数据投影到这些主成分上形成新的低维空间。

在图像处理中，PCA 被用来降低图像数据的维度，以便于更高效的存储和处理。在基因数据分析中，PCA 帮助研究人员从数千或数百万的特征中提取出关键信息，从而理解不同基因之间如何相互作用。在金融领域，PCA 用于风险管理模型中，通过降低风险因子的维度来简化投资组合的分析过程。

2. 线性判别分析

线性判别分析(linear discriminant analysis，LDA)是一种监督学习的降维技术，它通过寻找一个(或多个)超平面来最大化类别之间的间隔，同时最小化类别内部的间隔。这种方法由 Ronald Fisher 在 1936 年提出，也被称为 Fisher 线性判别。

LDA 的目标是找到一个投影方向，使得数据点在这个方向上的投影能够最好地区分不同的类别。具体来说，LDA 试图最大化不同类别之间的均值差异，同时最小化同一类别内的方差。

对于二分类问题，假设有两类数据 C_1 和 C_2，LDA 寻找一个投影向量 w，使得在这方向上，类间散度最大而类内散度最小。类间散度是指各类别均值之间距离的度量，而类内散度是指类别内部各点与其类别均值之间距离的度量。相关概念如下。

(1)类间散度矩阵 S_B：衡量的是不同类别均值之间的分散程度。

(2)类内散度矩阵 S_W：衡量的是类别内部各数据点关于其类别均值的分散程度。

(3)最优的投影方向 w：最大化类间散度与类内散度比值的方向。通过最大化以下 Fisher 准则函数得到的，即：$J(w)=\frac{w^T S_B W}{w^T S_W W}$。其中，$w$ 是投影向量。

LDA 广泛应用于人脸识别、生物信息学、金融市场分析等领域。例如，在人脸识别中，LDA 可以用于降低图像数据的维度，同时保持足够的判别信息以区分不同的人脸。

尽管 LDA 在许多情况下效果显著，但它的一些局限性也需要注意。例如，LDA 假设数据服从多元正态分布，这在实际应用中可能不总是成立。另外，当类别数很大时，LDA 可能不是最优的选择，因为需要计算的类内散度矩阵可能会变得过于复杂和庞大。

任务评价

评价内容	评价标准	分值	自评	师评
机器学习算法分类	能够简述机器学习算法分类	20		
回归算法	能够掌握回归算法	20		
正则化算法	能够掌握正则化算法	20		
聚类算法	能够掌握聚类算法	20		
降维算法	能够掌握降维算法	20		
总分		100		

任务3 深度学习

任务描述

本任务主要介绍卷积神经网络(convolutional neural network，CNN)、循环神经网络(recurrent neural network，RNN)和深度信念网络(deep belief network，DBN)。

任务分析

深度学习作为机器学习的一个重要分支，近年来在图像识别、语音识别、自然语言处理等领域取得了显著的进展。通过本任务的学习，可以帮助读者理解算法的基本原理、应用场景，以及它们在现代人工智能中的重要作用。

任务重点与实施

深度学习是人工智能领域中专注于模式分析和学习的一类算法，它通过构建多层的神经网络来模拟人类大脑的处理和学习机制。深度学习算法的核心在于其能够自动地从大量数据中学习和提取特征，进而实现对数据的高效处理和分析。深度学习的核心算法主要包括卷积神经网络(CNN)、循环神经网络(RNN)和深度信念网络(DBN)。

6.3.1 卷积神经网络

CNN 算法是一种深度学习模型，特别适用于图像和视频数据处理，通过卷积操作来捕捉局部特征，广泛应用于图像识别、物体检测等领域。

CNN 是在人工神经网络结构中至少一层采用了一种称为卷积的数学运算，代替了传统人工神经网络的矩阵乘法。CNN 由输入层、卷积层、激活函数、池化层、全连接层组成，即 INPUT-CONV-RELU-POOL-FC，如图 6-11 所示。

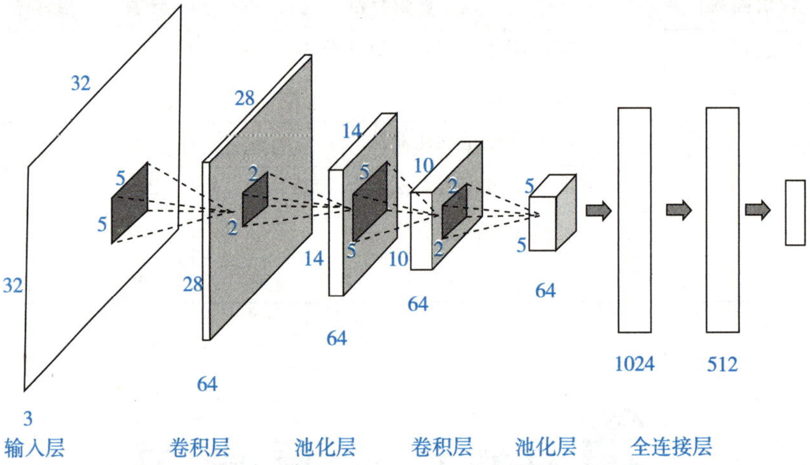

图 6-11　卷积神经网络结构

1. 卷积层

卷积层是 CNN 的核心组成部分，负责提取图像的局部特征。每个卷积层由多个卷积核组成，如图 6-12 所示。卷积核在图像上滑动以捕获特定特征，如边缘、纹理等。

$g(x, y)$即为卷积核(kernel)，每个小方格上都有一个标量代表权重 w。$f(x, y)$为输入图像的像素矩阵，每个小方格上都有一个标量代表该图片在该点上的像素值。图 6-12 中卷积操作定义为核中的元素 w 与输入数据 $f(x, y)$的对应元素进行相乘求和。

卷积层参数包括卷积核大小、步长和填充，三者共同决定了卷积层输出特征图的尺寸，是卷积神经网络的超参数[1]。其中卷积核大小可以指定为小于输入图像尺寸的任意直，卷积核越大，可提取的输入特征越复杂。

通过图 6-12 可以发现，由于卷积核的尺寸一般都远远小于图像的像素矩阵尺寸，因此，只对图像进行一次卷积操作只能处理图像中的一小部分信息。所以，使用卷积处理图像还应存在多个滑动遍历的过程。具体来说，卷积核会从图像的起始位置(左上角)开始，以一定的顺序(从左到右，从上到下)遍历整张图像，每滑动一次就与对应的位置做一次卷积操作直到遍历到最终位置(右下角)，这个过程叫作卷积对图像的一次处理。

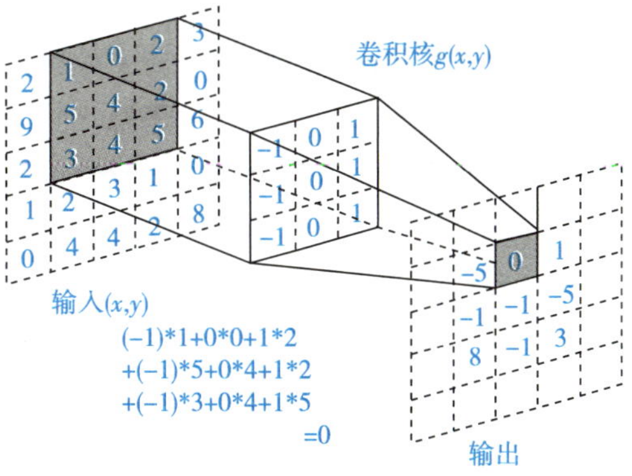

图 6-12　卷积核

2. 池化层

在卷积层进行特征提取后，输出的特征图会被传递至池化层进行特征选择和信息过滤。在实际的网络中，如果原始图像的特征较多，就需要限制特征的个数。限制特征个数最简单的办法就是降采样，也就是在经过卷积层提取完特征以后，按照某种策略只提取图像中某个矩形范围内的一个像素。上面降采样过程叫作池化，由于减少了像素，所以就忽略了部分特征，这样就减少了过拟合的现象的发生。

根据降采样策略不同，池化可分为最大池化(max pooling)、随机池化(stochastic pooling)、平均池化(mean pooling)等，如图 6-13 所示。

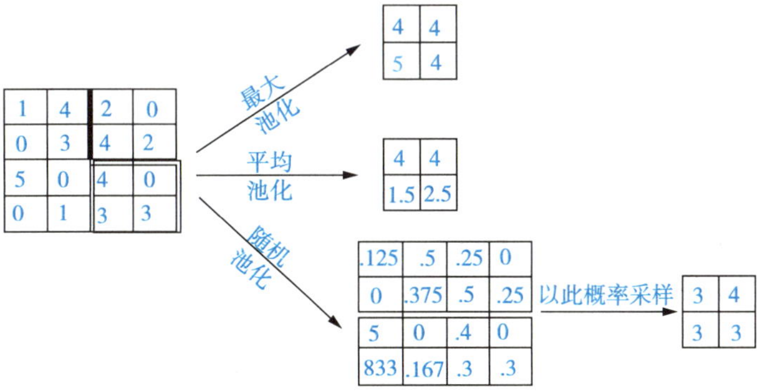

图 6-13　池化策略

3. 全连接层

全连接层在 CNN 中扮演着与传统前馈神经网络中的隐藏层相似的角色。这些层通常位于 CNN 的末端，接收来自前面各层(如卷积层和池化层)的特征信号，并将其转换为一维向量形式，以供后续处理。在这个过程中，特征图的空间结构被忽略，仅保留特征的强度信息。

从表征学习的角度来看，CNN 中的卷积层负责提取局部特征，而池化层则用于降低特征维度并增加模型的不变性。全连接层的作用则是将这些提取到的高维特征进行非线性变换，以便更好地完成分类或回归等任务。全连接层的神经元通过权重与前一层的所有激活相连，这使得它们能够整合整个输入数据的信息。

在某些情况下，全局均值池化(global average pooling，GAP)可以替代全连接层的功能。GAP 通过对每个通道的特征图进行平均，将每个通道降维到一个单一的数值，从而将整个特征图简化为一个低维向量。例如，对于一个 7×7×256 的特征图，GAP 会输出一个 256 维的向量，其中每个元素是对应通道 7×7 区域所有值的平均。这种方法不仅减少了模型的参数数量，还有助于防止过拟合，因为它减少了需要训练的权重数量。

综上所述，全连接层在 CNN 中起到了整合和转换特征信息的关键作用，为最终的分类或回归决策提供了必要的非线性组合能力。而全局均值池化提供了一种更为简洁且有效的替代方案，特别是在需要减少模型复杂度和提高泛化性能时。

6.3.2 循环神经网络

循环神经网络(RNN)是一种专为处理序列数据设计的神经网络结构，它能够捕捉序列中的时序依赖关系。与传统的神经网络不同，RNN 通过其内部的循环连接结构，使得信息能够在时间上传递，从而特别适合处理如文本、语音等时间序列数据。

RNN 的核心在于其隐藏层的循环结构，这使得网络能够记住之前的输入信息，并将其用于当前输入的处理。在每个时间步，RNN 接收一个新的输入，并结合前一时刻的隐藏状态来计算当前的隐藏状态和输出，如图 6-14 所示。这种结构使得 RNN 能够处理任意长度的序列，并且理论上可以捕捉到长期依赖关系。

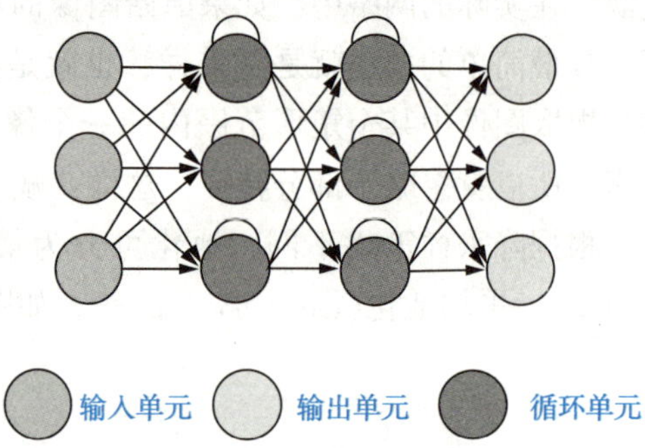

图 6-14　循环神经网络

随着序列长度的增加，RNN 在训练过程中可能会遇到梯度消失或梯度爆炸的问题，这会导致模型难以学习长距离的依赖关系。

RNN 在自然语言处理，例如，语音识别、语言建模、机器翻译等领域有应用，也被用于各类时间序列预报。引入了 CNN 构筑的循环神经网络可以处理包含序列输入的计算机视觉问题。

6.3.3 深度信念网络

DBN 是神经网络的一种，既可以用于非监督学习，类似于一个自编码机；也可以用于监督学习，作为分类器来使用。

DBN 由若干层神经元构成，组成元件是受限玻尔兹曼机(restricted Boltzmann machine，RBM)，如图 6-15 所示。RBM 是由可见层和隐藏层组成。可见层对应于输入数据，而隐藏层则学习到输入数据的隐含特征表示。RBM 通过能量函数建模可见层和隐藏层之间的相互作用，并利用对比散度算法进行无监督训练。

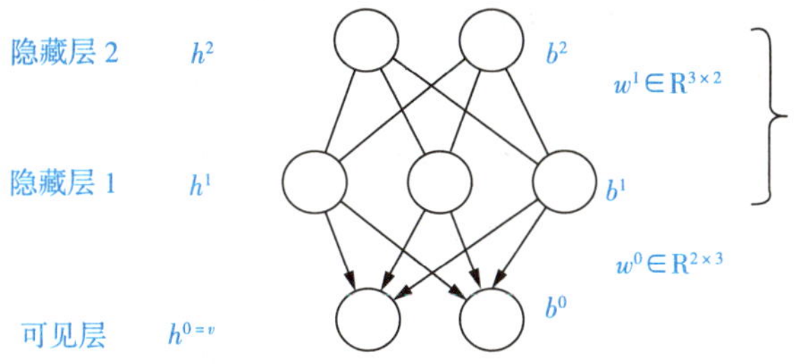

图 6-15　DBN 组成

RBM 的训练目标是最大化数据的似然函数，通常使用对比散度(contrastive divergence，CD)算法进行训练。CD 算法通过多次吉布斯采样来近似梯度，从而优化能量函数。

在 CD 算法中，首先将可见单元的状态设置为训练样本的一个实例。其次根据当前参数和可见层的输入计算隐藏层单元的状态概率，据此采样得到隐藏层的二值状态。在隐藏层状态确定后，再次使用相同的转换公式计算可见层的神经元状态概率，并据此重构可见层的状态。这一重构误差被用来调整 RBM 的参数，以最小化原始输入和重构之间的差异。

1. DBN 的训练分类

DBN 的训练分为两个阶段：预训练和微调。

(1)预训练阶段：逐层训练每个 RBM，以学习数据的层次化表示。

(2)微调阶段：使用标准的反向传播算法对整个网络进行有监督的细化调整。微调过程中，可以在 DBN 的顶部添加一个或多个全连接层，用于执行特定的任务，如分类或回归。这一阶段允许网络调整在预训练阶段学到的特征，以更好地适应目标任务。

2. DBN 的研究方向和应用潜力

DBN 通过其独特的多层结构和无监督预训练策略，为深度学习领域带来了新的研究方向和应用潜力。

(1)DBN 在图像分类、物体检测和人脸识别等任务中显示出了强大的性能。它们能够捕捉到图像中的复杂特征，如纹理、形状和颜色，这对于图像理解和分析至关重要。

(2)在语音识别领域，DBN 可以用于提取声音信号的特征，并结合其他模型如隐马尔可夫模型进行语音识别。DBN 在处理复杂声音环境下的数据时表现出色。

(3)DBN 可以处理文本分类、情感分析和机器翻译等任务。其生成模型特性也使其在推荐系统中有广泛应用，能够生成个性化的推荐列表，提高推荐的准确性和用户满意度。

任务评价

评价内容	评价标准	分值	自评	师评
深度学习	能够准确阐述深度学习的概念	25		
卷积神经网络	能够简述卷积神经网络的组成	25		
循环神经网络	能够简述循环神经网络的核心	25		
深度信念网络	能够简述深度信念网络的组成	25		
总分		100		

项目小结

本项目主要介绍了人工智能算法。首先介绍了神经网络发展和基本结构；其次介绍了随机梯度下降算法和回归算法；最后介绍了卷积神经网络、循环神经网络和深度信念网络。通过本项目的学习，读者能掌握人工智能算法的核心概念和技术，利用所学知识解决实际问题。

项目习题

1. 简述神经网络的发展、基本结构和类型。
2. 简述神经网络的训练过程。
3. 简述反向传播算法和随机梯度下降算法。
4. 简述机器学习算法分类。
5. 简述回归算法、正则化算法、聚类算法和降维算法。
6. 简述卷积神经网络的组成部分。
7. 简述循环神经网络的核心内容。
8. 简述深度信念网络的训练阶段。

项目 7 Python 概述

项目导读

Python 是一种高级编程语言，以其清晰的语法、强大的库支持和广泛的应用场景受到全球开发者的青睐。无论是数据分析、人工智能、网络开发还是自动化脚本，Python 都提供了有效的解决方案，使得从初学者到专家都能快速上手并实现想法。本项目主要介绍 Python 这一强大而灵活的编程语言，从它的历史渊源到现代应用，再从基础语法到数据类型，为读者构建一个坚实的学习框架。

学习目标

◆ 知识目标

- 了解 Python 的发展历史。
- 了解 Python 的基本语法。
- 了解 Python 的数据类型。

◆ 技能目标

- 成功配置 Python 开发环境并熟悉基本操作。
- 熟悉 Python 的基本语法。
- 掌握字符串、列表、区间、元组、字典、和集合的定义和操作函数。

◆ 素质目标

- 了解 Python 的发展历史可以看到其不断创新的过程，从而启发读者在使用 Python 进行开发时，勇于尝试新的方法和技术，提出创新性的解决方案。
- 通过实际动手设置开发环境，将理论知识转化为实际操作能力，不断积累实践经验，为今后的项目开发打下坚实的基础。
- 通过编写 Python 程序，锻炼读者分析问题和解决问题的能力。

◆ 思政目标

- 了解 Python 发展历程，让读者感受编程语言不断演进的魅力，培养读者对技术变革的适应能力和积极探索新事物的精神，增强对编程学习的信心。
- 培养读者的社会责任感，引导读者思考如何运用 Python 编程技能为社会服务，如开发公益程序、助力数据分析推动社会发展等。

任务1 Python发展历史和开发环境设置

任务描述

本任务主要介绍Python的发展历史和开发环境的设置。

任务分析

对于初学者来说，了解Python的发展历史可以激发学习兴趣，了解其在不同领域的应用前景。通过本任务的学习，帮助读者掌握开发环境的设置是开始编程的第一步，让读者快速上手，减少在环境配置上的困惑和时间浪费。

任务重点与实施

Python是一门解释性脚本语言，要运行编写的代码，需要先安装Python解释器。

7.1.1 Python发展历史

Python是一种高级编程语言，其诞生可以追溯到1989年，由荷兰程序员Guido van Rossum创立。下面介绍Python语言的主要发展历程。

1989年，荷兰数学和计算机科学研究学会(CWI)的吉多·范罗苏姆(Guido van Rossum)为了克服ABC语言非开放的缺点，受Modula-3的影响，结合了Unix shell和C语言的习惯，使用C语言开发了一个新的脚本解释程序，命名为Python。

1991年发布Python的第一个版本。此时Python已经具有了类，函数，异常处理，包含表和词典在内的核心数据类型，以及模块为基础的拓展系统。

1991—1994年，Python增加了lambda，map，filter和reduce。1995年，Guido van Rossum在弗吉尼亚州的国家创新研究公司(CNRI)继续在Python上的工作，发布了该软件的多个版本。1999年，Python的web框架之祖—Zope 1发布。

2000年5月，Guido van Rossum和Python核心开发团队转到BeOpen.com，并组建了BeOpen PythonLabs团队。同年10月，BeOpen PythonLabs团队转到Digital Creations(现为Zope Corporation)，发布了Python 2，加入了内存回收机制，构成了现在Python语言框架的基础，该系列稳定版本是Python 2.7。

2001年，Python软件基金会(PSF)成立，这是一个专为拥有Python相关知识产权而创建的非营利性组织。2004年，web框架Django诞生，自此以后，Python的使用率呈线性增长。

2008 年 12 月 3 日，Python 发布了 Python 3，该版本不完全兼容 Python 2。2011 年 1 月，Python 3 被 TIOBE 编程语言排行榜评为 2010 年度语言。

2021 年 10 月 4 日，Python 正式发布了 3.10 版本。2022 年 10 月 24 日发布 3.11 版本。

2023 年 10 月，Python 发布 Python 3.12.0，2023 年 12 月 3 日发布了 Python 3.12.1，2024 年 2 月 6 日，正式发布了 Python 3.12.2 版本。

7.1.2　Python 开发环境设置

1. 下载 Python

打开 Python 官方下载页面 https://www.python.org/downloads/，如图 7-1 所示，在“Active Python Releases”选项组下显示不同版本的 Python（从 Python 3.8～Python 3.13）。其中，Python 3.13 是已发布的版本。

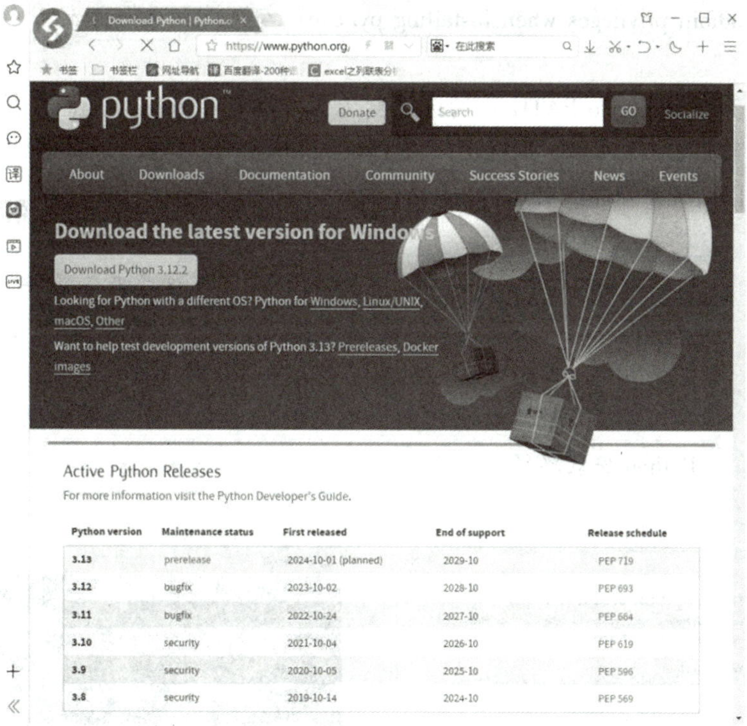

图 7-1　Python 版本列表

若需要下载最新版本 3.12.2，在官网最上端单击“Download Python 3.12.2”按钮，下载 Python 3.12.2 的安装程序 python-3.12.2-amd64.exe（64 位的完整的离线安装包）。

> **提示**
>
> 每个版本的 Python 根据不同的计算机安装系统，分为不同的安装软件。计算机安装系统包括 Windows、Linux/UNIX、macOS、Other。一般用户都使用 windows 系统，因此这里只介绍 64 位 Windows 环境下的 Python 3.12.2 下载及安装过程。本书中介绍的程序也是在该系统下进行演示的。

2. 安装 Python

安装 Python 步骤如下。

步骤 01 双击安装文件 python-3.12.2-amd64.exe，弹出“Python 3.12.2(64-bit) Setup”对话框中的安装界面“Install Python 3.12.2(64-bit)”，下面介绍该界面中的选项。

① Install Now：默认安装且默认安装路径不能更改(一般默认安装在 C 盘)。

② Customize installation：自定义安装。

③ Use admin privileges when installing py.exe：勾选该复选框，安装 py.exe 时使用管理员权限。

④ Add Python.exe to PATH：勾选该复选框，将 Python 自动加到环境变量中，勾选该复选框，如图 7-2 所示。这样可以将 Python 命令工具所在目录添加到系统 Path 环境变量中，以后开发程序或者运行 Python 命令会非常方便。

> **提示**
>
> 勾选“Add python.exe to PATH”复选框这步非常重要，若不勾选该选项，软件安装完成，进行检查时，命令行提示符显示“‘python’不是内部或外部命令，也不是可运行的程序或批处理文件”，如图 7-3 所示。若要解决这种问题，还需要手动在计算机的环境变量中添加 Python 安装路径。

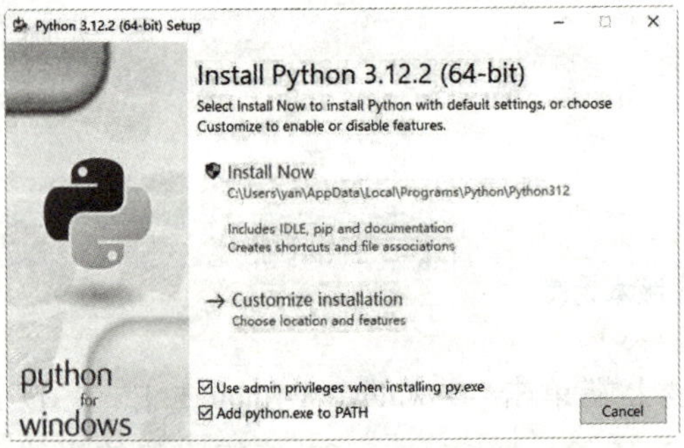

图 7-2　安装界面

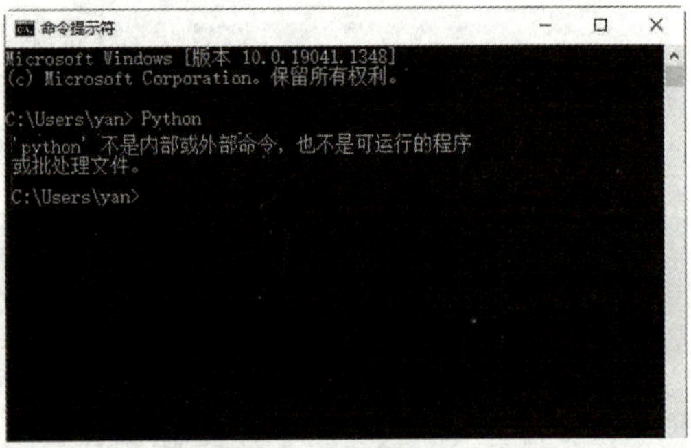

图 7-3　安装错误信息

步骤 02 单击“Customize installation(自定义安装)”按钮，弹出“Python 3.12.2(64-bit) Setup”对话框中的选项设置界面“Optional Features”，选择默认参数设置如图 7-4 所示。

① Documentation：勾选该复选框，安装 Python 帮助文档。

② pip：勾选该复选框，安装下载 Python 的工具 pip，pip 是现代通用的 Python 包管理工具，英文全称是 Python install packages。

③ td/tk and IDLE：安装开发环境 tkinter 和 IDLE。

④ Python test suite：安装标准库测试套件。

⑤ py launcher：安装 Python 的启动器。

⑥ for all users(requires admin privileges)：适用所有用户。

步骤 03 单击“Next(下一步)”按钮，进入下一个高级设置画面“Advanced Options”，在“Customize install location”文本框更改安装地址(选择的路径应具有写入权限，不建议安装 C 盘)，其余选择默认设置，设置完毕后如图 7-5 所示。

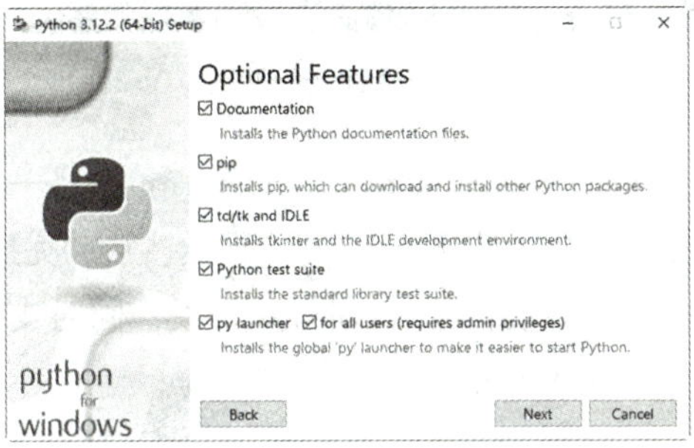

图 7-4　选项设置对话框

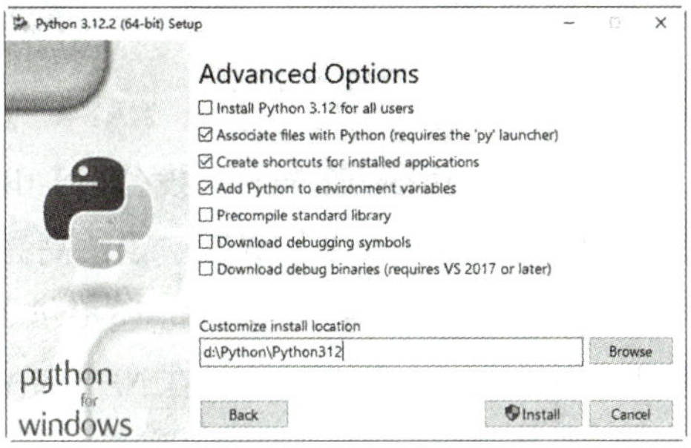

图 7-5　高级设置

步骤 04 确定好安装路径后，单击“Install(安装)”按钮，此时对话框内会显示安装进度，如图 7-6 所示。由于系统需要复制大量文件，所以需要等待几分钟。在安装过程中，可以随时单击“Cancel(取消)”按钮来终止安装过程。

步骤 05 安装结束后，会出现一个“Setup was successful(安装成功)”对话框，如图 7-7 所示。单击“Close(关闭)”按钮，即可完成 Python 3.12.2 的安装工作。

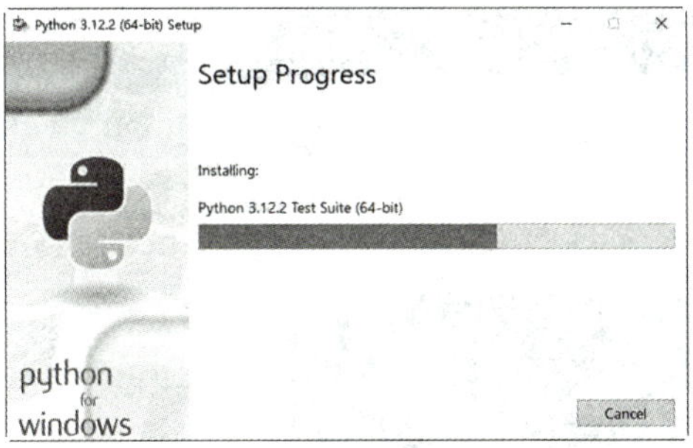

图 7-6　安装进度对话框

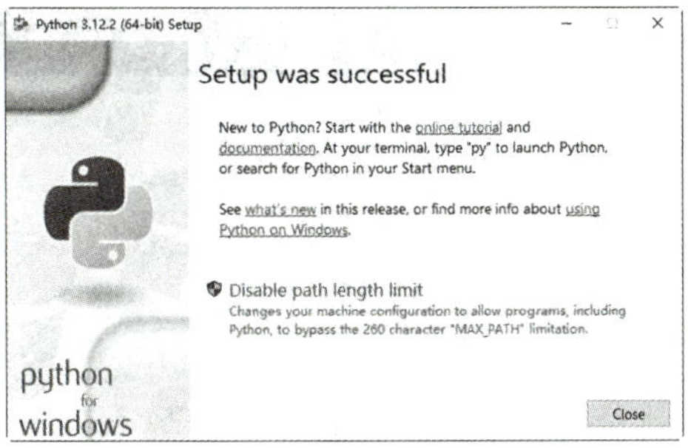

图 7-7　“Setup was successful(安装成功)”界面

3. 检查安装是否成功

Python 安装结束后，还需要检查安装是否成功。

步骤 01 安装结束后，单击桌面左下角的“开始”按钮，在弹出的程序列表中选择

“Windows 系统”→“运行”命令，打开“运行”对话框。

步骤 02 在“运行”对话框中输入“cmd”命令，如图 7-8 所示。单击“确定”按钮，打开命令提示符窗口。

步骤 03 在命令提示符后输入“Python”，单击回车键，出现如图 7-9 所示的运行结果，表示 Python 安装成功。

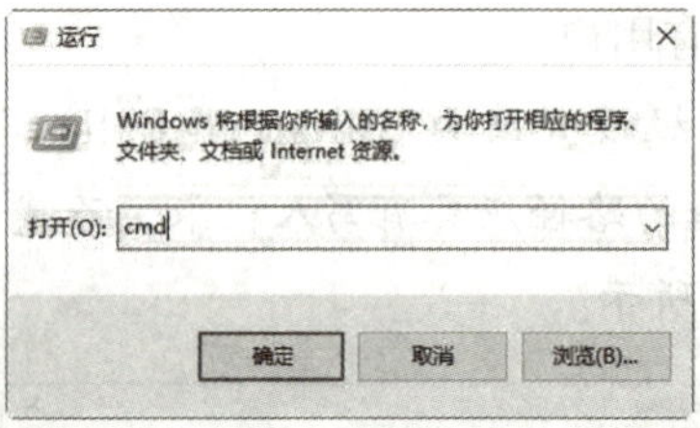

图 7-8 “运行”对话框

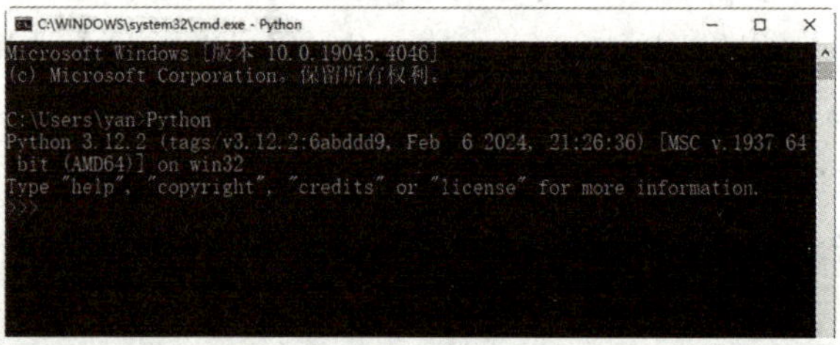

图 7-9 安装检查

PyCharm 是由捷克的软件开发公司 JetBrains 打造的一款 Python IDE。PyCharm 具备一般 Python IDE 的功能，例如，调试、语法高亮、项目管理、代码跳转、智能提示、自动完成、单元测试、版本控制等。PyCharm 还提供了一些很好的功能用于 Django 开发，同时支持 Google App Engine，同时还支持在 NET 和 Mono 上实现的 Python 语言 IronPython。

4. 下载安装 PyCharm

PyCharm 是一个非常适合 Python 开发者的 IDE，无论是学习还是工作中，都能极大地提高开发效率和体验。一般对于初学者来说，下载免费社区版即可。

步骤 01 登录 Pycharm 的官网下载地址：https：//www. jetbrains. com/pycharm/download/#section = windows，可以看到有两个版本：Professional（专业版，收费）和 Community（社区版，免费）可供选择，如图 7-10 所示。

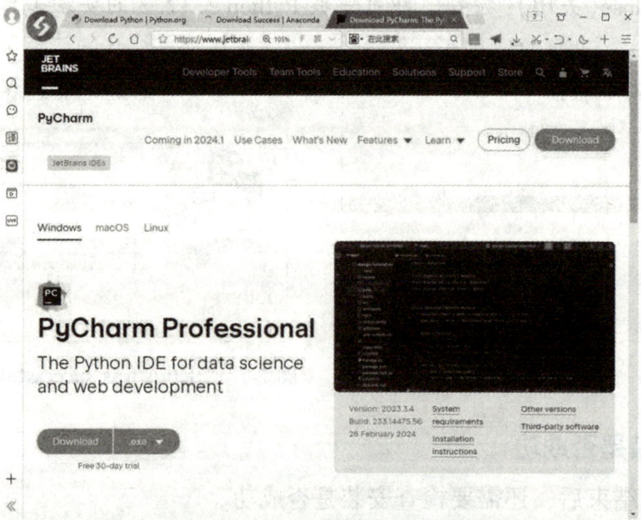

图 7-10 Pycharm 官网下载页面

步骤 02 在 Community 版本下方的“Download(下载)”按钮右侧的下拉列表中根据计算机操作系统的 CPU 构架选择对应的下载程序 Windows(.exe)或 Windows ARM64(.exe)。然后单击“Download(下载)”按钮，下载 Pycharm 2023.3.4 版本 pycharm-community-2023.3.4.exe 文件。

步骤 03 双击下载的 pycharm-community-2023.3.4.exe 文件，弹出 pycharm 的安装界面，如图 7-11 所示。

步骤 04 单击 Next(下一步)按钮，在打开的对话框中设置 PyCharm 的安装路径。默认安装在系统盘下，可以单击“Browse...(搜索)”按钮，自定义安装路径，如图 7-12 所示。

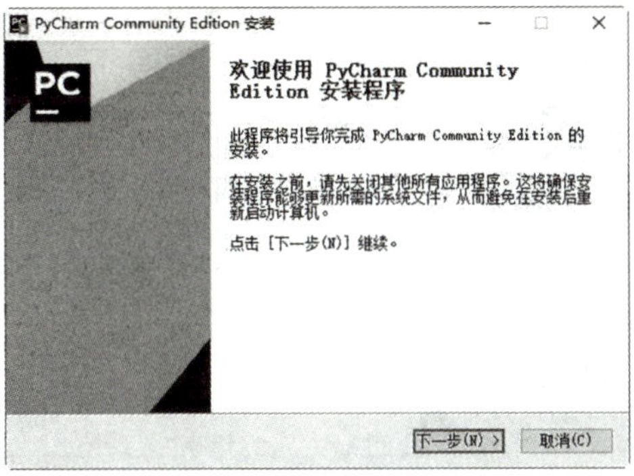

图 7-11　安装界面

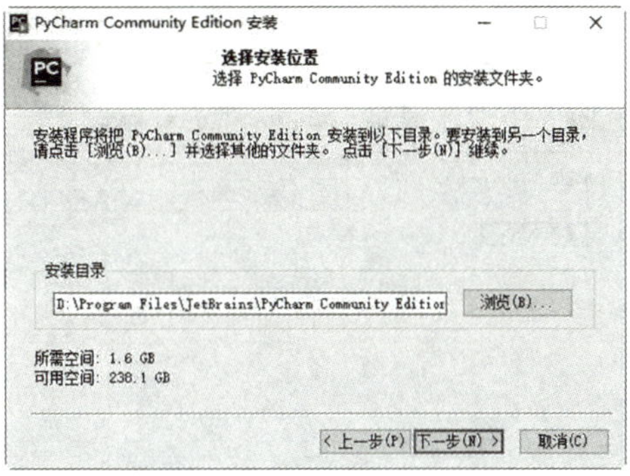

图 7-12　安装路径对话框

步骤 05 单击“Next(下一步)”按钮，在如图 7-13 所示的对话框中设置安装选项。

① PyCharm Community Edition：勾选该复选框，为 PyCharm 创建桌面快捷方式。

② Add "bin" folder to the PATH：勾选该复选框，将 PyCharm 的启动目录添加到环境变量，执行该操作过后，需要重启计算机。

③ Add "Open Folder as Project"：勾选该复选框，添加鼠标右键菜单，使用打开项目的方式打开选中的文件夹。

④ .py：勾选该复选框，将 .py 文件与 PyCharm 关联起来，默认用 PyCharm 打开 .py 文件。勾选该选项后，Pycharm 每次打开的速度会比较慢。

步骤 06 单击“Next(下一步)”按钮，设置 PyCharm 快捷方式所在的开始菜单项，默认选择 JetBrains，如图 7-14 所示。单击“Install(安装)”按钮，此时对话框内会显示安装进度，如图 7-15 所示，然后等待安装完毕。

步骤 07 安装结束后出现一个对话框，提示用户必须重启计算机以完成 PyCharm 的安装，如图 7-16 所示。用户可以选中“Reboot now(立即重启)”按钮即刻自动重启计算机，也可以选中“I want to manually reboot later”按钮稍后手动重启计算机。

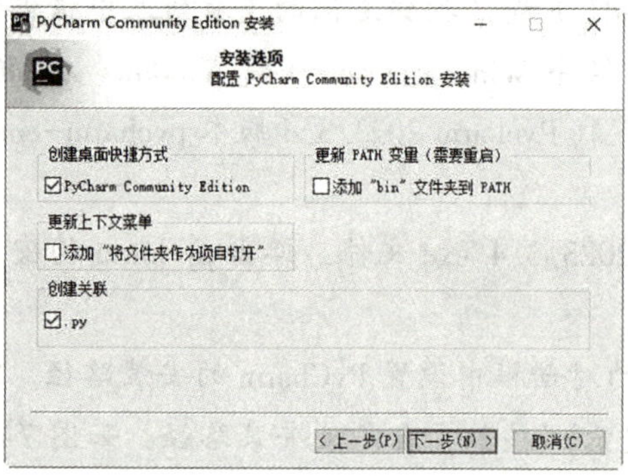

图 7-13　安装选项设置对话框

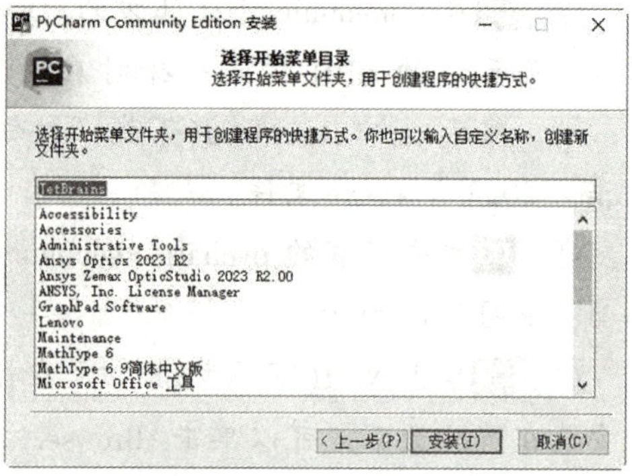

图 7-14　选择安装菜单文件

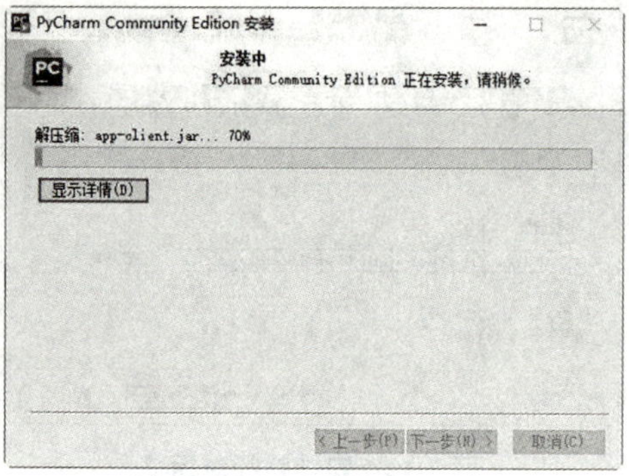

图 7-15　安装过程

图 7-16　安装完成

5. 配置 PyCharm

步骤 01 双击运行桌面上的 PyCharm 图标"PyCharm Community Edition 2023.3.4"，激活 Pycharm 启动界面，如图 7-17 所示。进入用户协议界面，勾选"I confirm that I have read and accept the terms of this User Agreement"复选框，同意用户使用协议，如图 7-18 所示。

图 7-17　启动界面

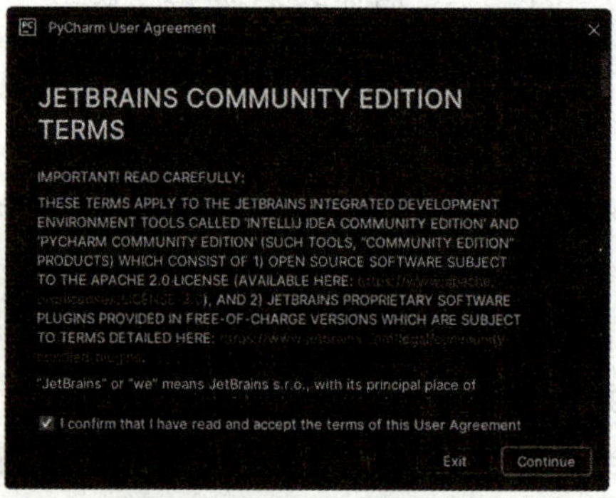

图 7-18　协议对话框

步骤 02 单击"Continue(继续)"按钮，弹出数据共享界面"DATA SHARING"，如图

7-19 所示，确定是否需要进行数据共享，选择“Don't send”按钮，激活 PyCharm 启动界面。

步骤 03 PyCharm 激活之后会自动跳转到编辑界面，如图 7-20 所示。该界面包括 Projects（项目）、Customize（自定义）、Plugins（插件）、Learn（学习文档）四个选项卡。

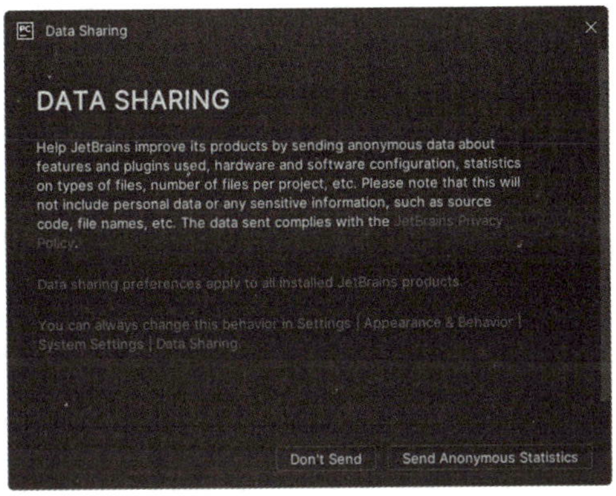

图 7-19　数据共享界面

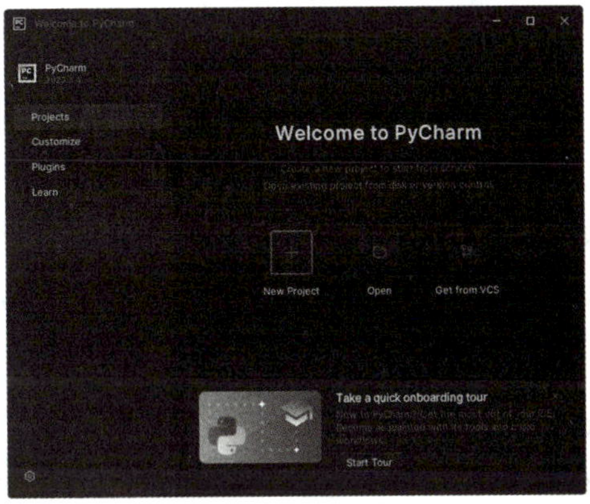

图 7-20　编辑界面

步骤 04 单击“Customize（自定义）”选项卡，如图 7-21 所示的界面可以设置编辑区参数。

步骤 05 在“Color theme（颜色主题）”选项下拉列表中显示四个主题。

① Dark：提供黑色界面，默认选择该项。

② Light：白色主题。

③ Light with Light Header：白色高亮主题。

④ Darcula：黑色经典主题，比 Dark（黑色主题）颜色要浅。

⑤ High contrast：黑色高对比度主题。

⑥ IntelliJ Light：更明亮的白色主题。如图 7-22 所示。本书后续的编辑器界面将采用白色主题进行讲解。

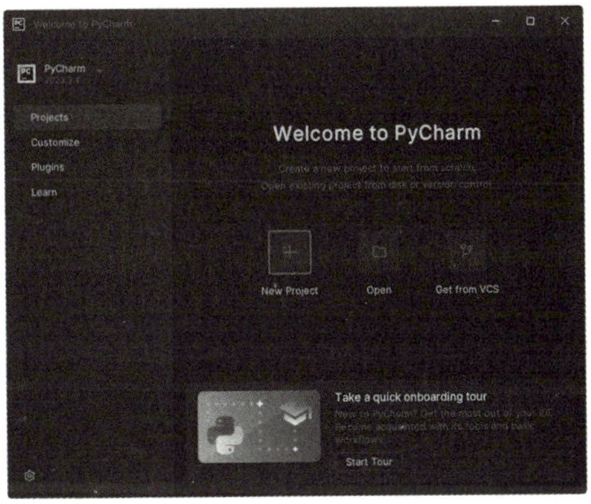

图 7-21　“Customize（自定义）”选项卡

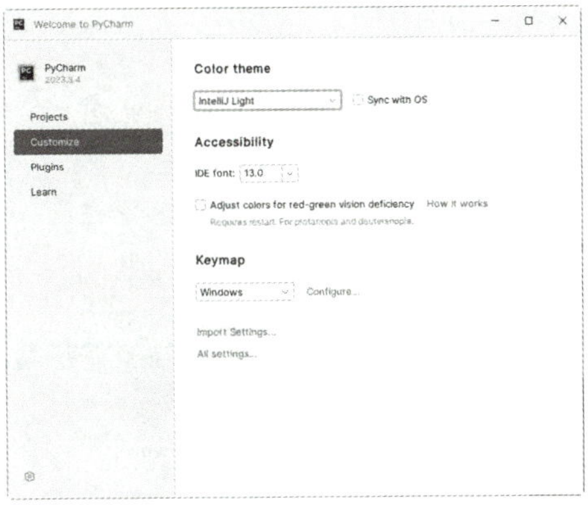

图 7-22　IntelliJ Light 主题

步骤 06 在“Accessibility(辅助功能)”选项组，可以看到“IDE font(开发环境字体)”默认为12，用户可以根据需要修改字体。

步骤 07 在Keymap(键位图)选项组，可以根据需要配置键盘快捷键。

6. Pycharm 语言设置

Pycharm 默认是英文版，为了方便操作，可以将 Pycharm 改为中文版。

步骤 01 选择菜单栏中的“File(文件)”→“All settings(所有设置)”命令，弹出“settings(设置)”对话框，选择“plugins(插件)”选项卡，在“Plugins(插件)”文本框内输入Chinese，单击右侧的“Marketplace(市场)”按钮，在左侧列表中选中“Chinese(Simplifiled)Language Pack(中文语言包)”，如图7-23所示。

步骤 02 单击“Install(安装)”按钮，下载完成后，该按钮会变为“Restart IDE(重启)”按钮，如图7-24所示，单击该按钮，弹出询问对话框，如图7-25所示，单击“Restart(重启)”按钮，重启Pycharm，重启之后所有的菜单将变为中文，如图7-26所示。

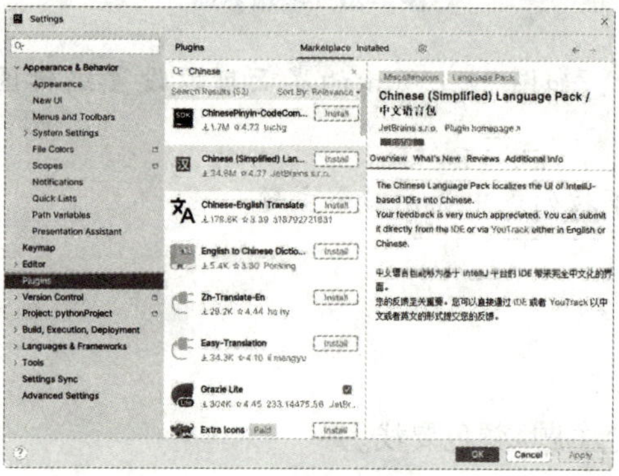

图 7-23 “settings(设置)”对话框

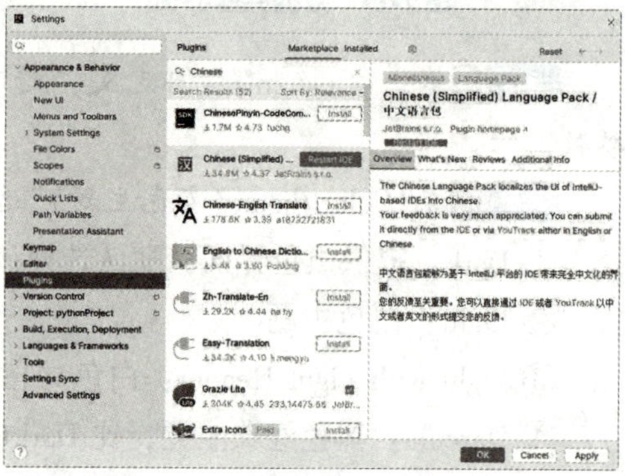

图 7-24 下载中文语言包

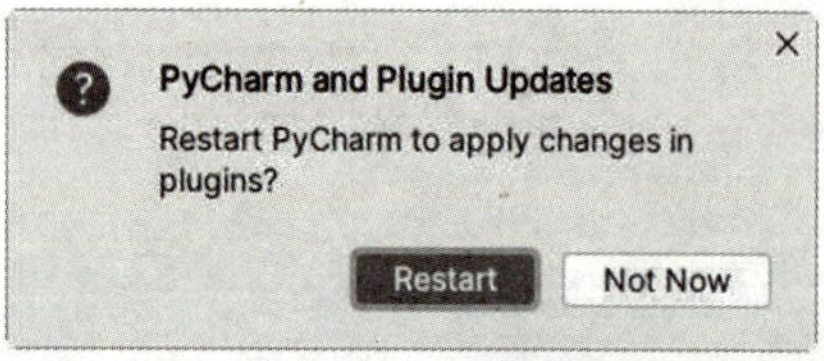

图 7-25 询问对话框

图 7-26 中文版用户界面

7. PyCharm 的编辑环境

步骤 01 在“项目”选项卡单击“新建项目”按钮，在弹出的“新建项目”对话框中设置项目路径和名称，如图 7-27 所示。

步骤 02 在“解释器类型”选项选择新项目的解释器环境：项目 venv、基础 conda、自定义环境。

① 项目 venv。选择该虚拟环境，选择系统里面安装的 Python 作为解释器，在“Python 版本”下选择版本号，如图 7-28 所示。该虚拟环境是专门针对当前项目创建 venv 环境，pip 安装的包都在安装到了 venv 环境(文件夹)下，系统 Python 环境不受任何影响。

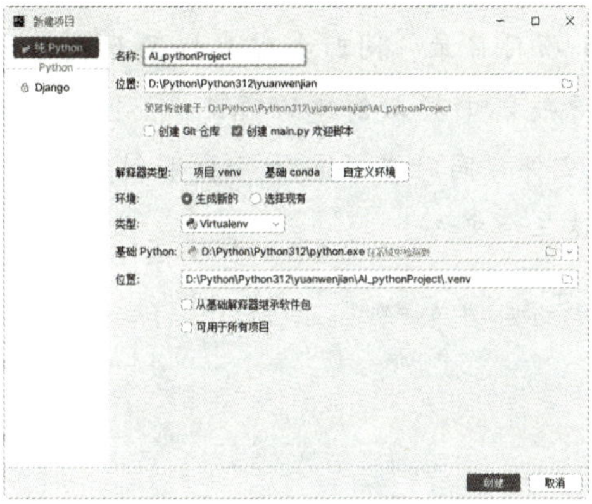

图 7-27　“新建项目”对话框

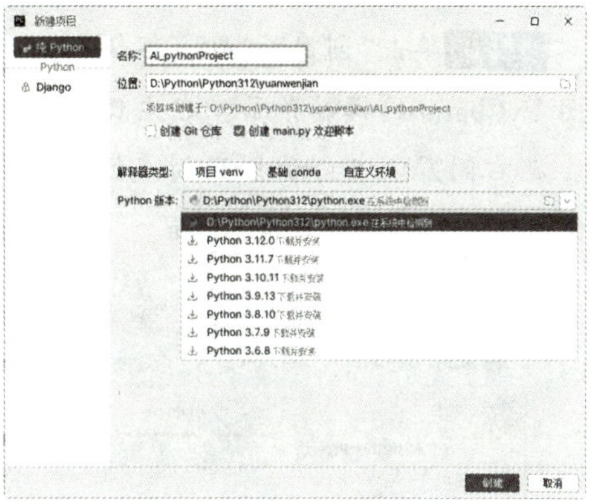

图 7-28　“项目 venv”类型

② 基础 conda。如果安装了 Anaconda 软件，也可以使用 Anaconda 里面附带安装的 Python 解释器和使用本地解释器类似，如图 7-29 所示。

③ 自定义环境。创建虚拟环境，如图 7-30 所示。

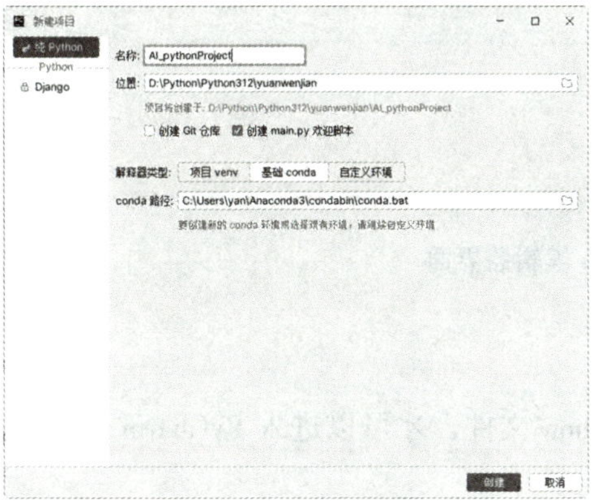

图 7-29　“基础 conda”类型

图 7-30　“自定义环境”解释器

- 生成新的。创建新的环境。

- 类型下拉列表中显示四种解释器类型。

Virtualenv：默认选择该选项，在项目文件夹下创建一个独立的虚拟环境。

Conda：选择该选项，在项目文件夹下创建一个使用 Anaconda 的环境。

Pipenv：是一个 Python 包管理工具，可选择 Python 版本。

Poetry：是一个 Python 包管理和打包的工具，提供了打包发布的功能。

- 从基础解释器继承软件包：勾选该复选框，在 virtualenv 中创建的解释器中安装全局 Python 中的所有软件包。
- 可用于所有项目：勾选该复选框，将上面的参数设置应用到所有的项目中。
- 选择现有：直接选择已存在的本地解释器，直接采用 Anaconda 下的 Python 解释器，这样可以直接使用本地已经 pip 安装了的各种安装包。

步骤 03 单击“创建”按钮，不仅新建了一个项目目录，同时也配置好了开发环境。打开 PyCharm 编辑器界面，在左侧的“项目”导航器中显示创建的项目，如图 7-31 所示。在右侧窗口中自动打开创建的“main. py”文件。同时在源文件目录下创建文件夹 pythonProject1，其中包含 . idea、. venv、main 这三个文件。

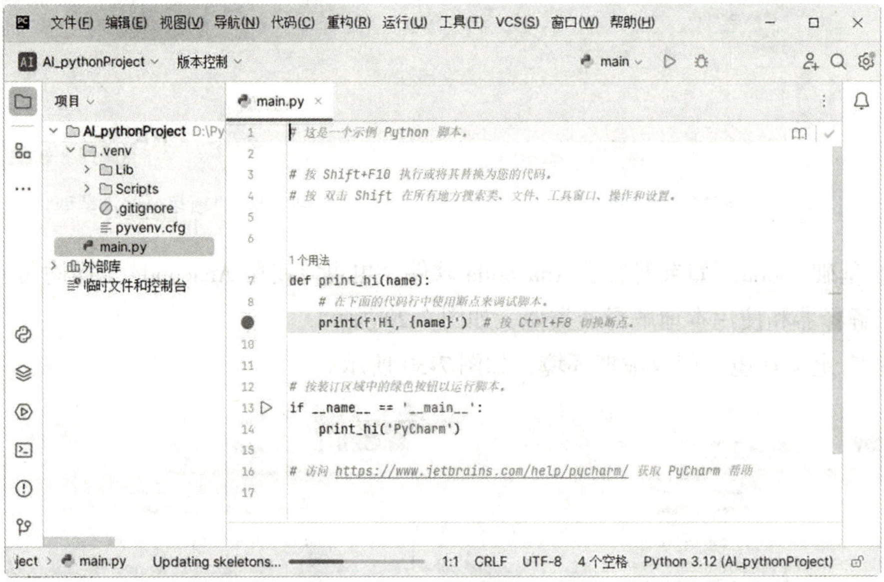

图 7-31　PyCharm 编辑器界面

8. 创建 Python 文件

创建 PyCharm 项目文件后，需要创建 Python 文件，才可以进入 PyCharm 与 Python 交互代码编译界面。

选择菜单栏中的“文件”→“新建”命令，或在“项目”面板上单击鼠标右键选择“新建”命令，弹出如图 7-32 所示的子菜单。

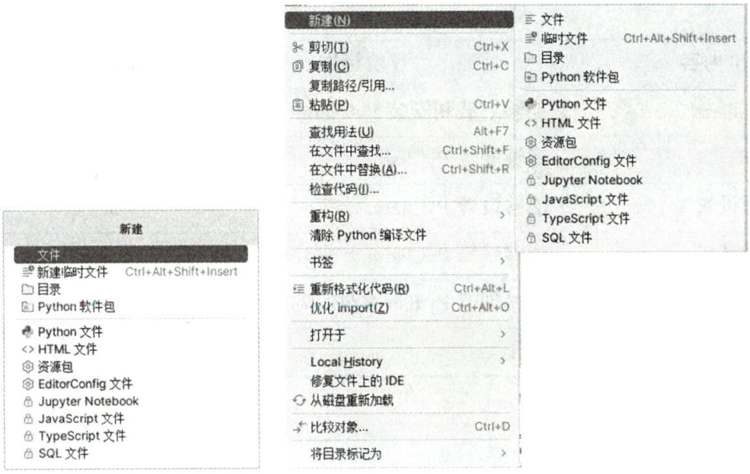

图 7-32　新建文件类型

Python 文件类型主要分为以下几种。

(1)新建临时文件：当需要临时存储数据时，可创建临时文件，这些文件位于单独的目录中。

(2)目录：新建一个文件夹，用来写存放不同用途的文件。Python 包下固定会有一个_init_. py 文件，目录没有，这是包与目录的区别。

(3)Python 软件包：新建一个文件夹，包含用来归属分类不同功能作用的代码的文件。

(4)Python 文件：源代码文件，以“py”为扩展名，可以直接运行，不需要编译或者连接。此外，还有以“pyw”为扩展名的图形开发用户接口(GUI)文件，用于开发图形界面的桌面应用程序，由 pythonw. exe 解释运行。

(5)HTML 文件：与 JSON 类似，XML 也是一种数据交换格式，但它更加灵活。Python 中有内置的 xml 模块，可以用来读写 XML 文件。

(6)资源包：创建一个新的模块。

(7)EditorConfig 文件：新建一个用于定义编码样式相关的配置文件。

(8)Jupyter Notebook：新建一个 Jupyter Notebook 文件。

(9)JavaScript 文件：创建一个 Python 脚本文件

(10)TypeScript 文件：创建一个类文件。

(11)SQL 文件：创建一个数据库文件。

任务评价

评价内容	评价标准	分值	自评	师评
Python 发展历史	能够简述 Python 的发展历史	10		
下载安装 Python	能够下载和安装 Python	15		

（续表）

评价内容	评价标准	分值	自评	师评
下载安装 PyCharm	能够下载和安装 PyCharm	15		
配置 PyCharm	能够配置 PyCharm	15		
PyCharm 语言设置	能够设置 PyCharm 语言	15		
PyCharm 编辑环境	能够编辑 PyCharm 开发环境	15		
创建 Python 文件	能够创建 Python 文件	15		
总分		100		

任务 2　Python 基本语法

任务描述

本任务主要介绍 Python 的基本语法，包括代码格式、常量与变量、注释、输入与输出、表达式与表达式语句和函数等方面的内容。

任务分析

一个清晰、全面的 Python 基本语法介绍可以成为编程社区中的宝贵资源。通过本任务的学习，帮助读者快速入门，减少在学习过程中的困惑和挫折感，也为有经验的开发者提供一个参考，促进知识的交流和共享。

任务重点与实施

Python 基本语法是构建任何 Python 程序的基础。掌握这些基础知识对于学习 Python 编程至关重要。Python 的各种规则也极大地增强了代码的可读性，使得代码块的结构一目了然。

7.2.1　代码格式

Python 代码的格式遵循一系列的规范和约定，以确保代码的可读性和可维护性。

1. 语法规则

编程语言是计算机与人类交流的桥梁，它通过一系列的语法规则来定义程序的结构和行为。

(1)缩进

Python 使用缩进来表示代码块，每个缩进层次应使用四个空格，而不是制表符(tab)。避免混合使用空格和制表符进行缩进。例如：

```
class Market:
    name = str_name
    time = str_time
```

(2)行宽

每行代码不应超过 80 个字符，除非是长导入语句、注释或特殊情况。

(3)空格

① 在二元运算符两边各空一格[=， -， +=， ==， >， in， is not， and]。例如：

```
#规范
i = i + 1
x = x *  2 - 1
#不规范
i =i+1
x = x* 2-1
```

② 在函数的参数列表中逗号、#和冒号之后要有空格。例如：

```
#规范
pow(x, 2)
# 不规范
pow(x,2)
```

③ 函数的参数列表中，默认值等号两边不要添加空格。例如：

```
#规范
complex(real, imag =0. 0):
#不规范
complex(real, imag  = 0. 0):
```

④ 左括号之后，右括号之前不要加多余的空格。例如：

```
#规范
spam(ham[1], {eggs: 2})
#不规范
spam( ham[1], { eggs : 2 } )
```

⑤ 字典对象的左括号之前不要多余的空格。例如：

```
#规范
dict[' key' ] = list[index]
#不规范
dict [' key' ] = list [index]
```

⑥ 不要使用额外的空格。例如：

```
#规范
x = 1
y = 2
#不规范
x              = 1
y              = 2
```

(4)空行

空行并不是 Python 语法的一部分，其作用主要是分隔两段不同功能或含义的代码，便于代码的维护或重构。

函数之间或类的方法之间用空行分隔，表示一段新的代码的开始。类和函数入口之间也用一行空行分隔，以突出函数入口的开始。其他使用空行的情况如下。

① 模块级函数和定义类之间空两行。

② 类成员函数之间空一行。

③ 函数中使用空行分隔逻辑相关的代码。

④ 程序最后空一行。

例如：

```
class A:

    def __init__(self):
        pass

    def hello(self):
        pass


def main():
    pass


print('')
```

(5)命名约定

① 内部变量或函数使用单下划线(_)开头表示它们是受保护的。

② 类内私有的实例变量或方法使用双下划线(__)开头。

③ 类名使用大写字母开头的单词(如 ClassName)，即大驼峰命名法。

④ 模块名字应使用小写加下划线的方式(如 module_name. py)，避免使用大驼峰命名法，以免与类名混淆。

(6)导入格式

每个导入语句 import 应独占一行，并按照标准库导入、第三方库导入、应用程序指定导入的顺序进行分组。例如：

```
from os import chown,chmod          #导入模块 chown 和 chmod
from A. b import c                  #从 A 有子模块 b 导入模块 c
import modename
```

(7)语句

通常每个语句应独占一行，但如果是多行语句的一部分(如函数定义中的参数列表)，可以跨行。例如：

```
def my_function(param1, param2, param3, param4):
    #函数体
    pass

def my_function(param1, param2,
                param3, param4):
    #函数体
    pass
```

2. 标识符

在程序中自定义的类名、函数名、变量等符号和名称，称为标识符。在 Python 中，命名标识符应遵循以下规则。

(1)由 ISO-Latin 字符集中的字符(A-Z，a-z)、下划线、数字组成，且第一个字符不能是数字。

(2)标识符中不能包含空格、@、#、¥等特殊字符。

(3)标识符区分字母大小写。

(4)不能使用 python 中的保留字。

保留字(reserved word)是指在高级语言中已经定义过的标识符，不能再用于命名变量、函数、类、模块和其他对象，否则会报错。Python 中的保留字也区分大小写。执行下面的命令，可以查看 Python 的所有保留字。

```
>> > import keyword
>> > print(keyword. kwlist)
['False', 'None', 'True', 'and', 'as', 'assert', 'async', 'await', 'break', 'class', 'continue', 'def', 'del', 'elif', '
else', 'except', 'finally', 'for', 'from', 'global', 'if', 'import', 'in', 'is', 'lambda', 'nonlocal', 'not', 'or', 'pass', '
raise', 'return', 'try', 'while', 'with', 'yield']
```

(5)以下划线(_)开头的标识符具有特殊的意义，一般应避免使用相似的标识符。

以单下划线开头(_xxx)的标识符表示不能直接访问的类属性，也不能通过 from…import…语句导入；以双下划线开头(__xxx)的标识符表示类的私有成员；以双下划线开头和结尾(__xx__)的是 Python 中专用的标识，表示构造函数。

(6)不使用汉字作为标识符，虽然不会报错，但是不建议使用。

下面举例介绍几种标识符。

```
No_1 =103   #合法标识符
age#$ =18   #包含特殊符号，不合法
32name ="a"   #以数字开头，不合法
type ="month"   # type 是 Python 关键字，不合法
a =1          #合法的标识符，但不建议使用，最好使用具有特定意义的变量名
```

7.2.2 常量和变量

常量和变量都是用于存储数据的容器，在定义时都需要指明数据类型，它们唯一的区别是：常量中存放的值不允许更改，而变量中所存放的值是允许更改的。

1. 常量

常量是程序运行中值不改变的量，比如身份证号、出生年月等数值固定不变的为常量。在 Python 中并没有提供定义常量的保留字，不过在 PEP8 中定义了常量的命名规范为大写字母和下划线组成。

例如，常用的数学常数圆周率就是一个常量。

```
>>> PI  = 3.14159265359
>>> PI
3.14159265359
```

目前常用的方式是采用命名全为大写字母的方式来标识别常量，但实际上这种方式并不能起到防止修改的功能，而只是从语义和可读性上做了区分。在实际项目中，常量首次赋值后，还是可以被其他代码修改的。

但事实上，给 PI 赋值为 3，不会弹出任何错误。所以，用全部大写的变量名表示常量只是一个习惯上的用法。

```
>>> PI  = 3
>>> PI
3
```

2. 变量

变量是任何程序设计语言的基本元素之一，Python 语言当然也不例外。与常规的程序设计语言不同的是，Python 并不要求事先对所使用的变量进行声明，也不需要指定变量类型，Python 语言会自动依据所赋予变量的值或对变量所进行的操作来识别变量的类型。在赋值过程中，如果赋值变量已存在，则 Python 将使用新值代替旧值，并以新值类型代替旧值类型。

在 Python 中变量的命名应遵循如下规则。

(1)变量名必须以字母或下划线开头，之后可以是任意的字母、数字或下划线。

(2)变量名区分字母的大小写。

(3)应选择有意义的单词作为变量名。

(4)变量名不超过 31 个字符，第 31 个字符以后的字符将被忽略。

不能把变量赋值给变量，只能把常量赋值给变量，例如，a=b 是错误表达。

变量的命名规则建议尽量使用能描述变量作用的英文单词，并遵循驼峰命名法(camel-case)。

驼峰命名法是程序代码编写时的一套命名规则(惯例)，是指混合使用大小写字母来构成变量和函数的名字。当变量名或函数名是由一个或多个单词连接在一起构成的唯一标识符时，第一个单词以小写字母开始，从第二个单词开始每个单词的首字母采用大写，例如，myFirstPage、allStudentName，这样的变量名看上去就像驼峰一样此起彼伏，故得名。

提示

驼峰命名法的命名规则可视为一种惯例，并无绝对与强制，目的是增加识别和可读性。

例如：

```
#如果没有赋值而直接使用,会显示变量未定义的异常。
>>> sell
Traceback (most recent call last):
  File "<pyshell#9 >", line 1, in <module>
    sell
NameError: name 'sell' is not defined
#新的变量通过赋值的动作,创建并开辟内存空间,保存值,但不会显示结果。
# Python 的变量无须提前声明,赋值的同时也就声明了变量。
>>> sell = 10000            #定义商品销量
>>> age
10000
```

7.2.3 注释

注释应该清晰、明确，并使用完整的句子。Python 支持两种类型的注释：单行注释和多行注释。

1. 单行注释

Python 使用井号(#)作为单行注释符号，语法格式为：

```
#注释内容
```

从井号(#)开始，直到这行行末的所有内容都是注释。对多行代码的功能进行说明时，一般将注释放在代码的上一行；对单行代码的功能进行说明时，通常将注释放在代码的右侧。

2. 多行注释

多行注释内有多行内容(包含一行)，通常用于为 Python 文件、模块、类或者函数等添加版权或者功能描述信息。

Python 使用英文状态下三个连续的单引号'''或者三个连续的双引号""" 创建多行注释，引号内的内容全部是注释内容。例如：

```
"""
第一行注释
第二行注释

"""
```

Python 多行注释不支持嵌套，因此下面的写法是错误的。例如：

```
'''
外层注释
'''
内层注释
'''
'''
```

不管是单行注释还是多行注释，当注释符号作为字符串的一部分出现时，就不能再将它们视为注释标记，而应该看作正常代码的一部分，例如：

```
print('''3 个连续的单引号注释多行内容''')
print("""3 个连续的双引号注释多行内容""")
```

运行结果如下：

```
3 个连续的单引号注释多行内容
3 个连续的双引号注释多行内容
```

提示

给代码添加说明是注释的基本作用，除此以外还有一个实用的功能，就是用来调试程序。如果觉得某段代码可能有问题，可以先将这段代码变成注释，让 Python 解释器忽略这段代码，然后再运行。如果程序可以正常运行，则可以说明错误就是由这段代码引起的；如果依然出现相同的错误，则可以说明错误不是由这段代码引起的。在调试程序的过程中使用注释可以缩小错误所在的范围，提高调试程序的效率。

7.2.4 输入与输出

在 Python 中的输入输出可以通过内置的 input( ) 和 print( ) 函数来完成。

1. input 函数

input 函数是用来提示用户从键盘输入数据、字符串或者表达式，并接收输入值。其调用格式如下。

```
input([prompt])
```

这种格式的功能是以文本字符串 prompt 为信息给出用户提示，将用户键入的内容赋值给变量，返回字符串类型。

2. print 函数

print 函数是用于打印输出。其调用格式如下。

```
print(* objects, sep =' ', end ='\n', file =sys. stdout, flush =False)
```

参数选项介绍如下。

(1) objects：复数，表示可以一次输出多个对象。输出多个对象时，需要用逗号分隔。

(2) sep：用来间隔多个对象，默认值是一个空格。

(3) end：用来设定以什么结尾。默认值是换行符 \ n，我们可以换成其他字符串。

(4) file：要写入的文件对象。

(5) flush：输出是否被缓存通常决定于 file，但如果 flush 关键字参数为 True，流会被强制刷新。

变量输入输出时，可以自定义其格式，Python 的格式化符号见表 7-1。

表 7-1　格式化符号

占位符字符	说明
%s	字符串 ,%20s 表示格式化成 20 位长度，不足前面用空格补齐，如果原始数据长度大于 20 输出不受影响
%d	有符号十进制整数,%06d 表示输出的整数显示位数，不足的地方使用 0 从高位补全 ,%6d 表示输出的整数显示位数，不足的地方使用空格从高位补全
%f	浮点数,%. 02f 表示小数点后只显示两位
%%	输出百分号 %

7.2.5　表达式与表达式语句

在 Python 程序中，广泛使用表达式与表达式语句。用户还可以通过交互式指令协调 Python 程序的执行，通过使用不同的交互式指令不同程度地响应程序运行过程中出现的各种提示。

1. 表达式

对于 Python 的数值运算，数字表达式是由常量、数值变量、数值函数或数值矩阵用运算符连接而成的数学关系式。而在 Python 符号运算中，符号表达式是由符号常量、符号变量、符号函数用运算符或专用函数连接而成的符号对象。符号表达式有两类：符号函数与符号方程。Python 程序中，既经常使用数值表达式，也大量使用符号表达式。

表达式是由常量、变量、函数用运算符连接而成的数学关系式。在 Python 程序中，既经常使用数值表达式，也大量使用符号表达式。

在 Python 中，eval 函数用于用来计算在字符串中的有效 Python 表达式，并返回一个对象，其调用格式如下。

```
eval(expression[, globals[, locals]])
```

expression 表示表达式，globals 为变量作用域，全局命名空间，如果被提供，则必须是一个字典对象。locals 为变量作用域，局部命名空间，如果被提供，可以是任何映射对象。

2. 表达式语句

单个表达式就是表达式语句。一行可以只有一个语句，也可以有多个语句。此时语句之间以英文输入状态下的分号或逗号或回车换行而结束。Python 语言中一个语句可以占多行，由多行构成一个语句时需要使用续行符“……”；以分号结束的语句执行后不显示运行结果。以逗号或回车换行结束的语句执行后显示运行结果(即表达式的值)；表达式语句运行后，其表达式的值暂时保留在固定变量中。变量只保留最近一次的结果。

3. 逻辑表达式

逻辑表达式的一般形式为

```
表达式  逻辑运算符  表达式
```

上述的表达式可以又是逻辑表达式，从而形成嵌套。

例如，（a&b）& c，根据逻辑运算符的左结合性，表达式也可写为 a & b & c。

4. 赋值语句

将表达式的值赋值给变量构成赋值表达式。赋值语句的基本语法如下。

```
变量名 = 表达式
```

变量名是变量的名字，表达式是一个计算结果为某个值的表达式。例如：

```
x = 10
y = "Hello, World!"
```

上面的程序中，x 被赋值为整数 10，y 被赋值为字符串“Hello，World！”。

需要注意的是，在 Python 中，变量不需要声明，直接赋值即可。此外，Python 中的变量名是区分大小写的，因此 x 和 X 是两个不同的变量。

7.2.6 函数

Python 中的函数是一段封装了特定操作的代码，用于执行一个特定的任务。函数通过 def 关键字定义，后跟函数名和圆括号内的参数列表。函数体以冒号开始，缩进的部分为函数内的代码。

1. 函数定义

将代码段封装成函数的过程称为函数定义。自定义函数有以下规则。

(1) 函数代码块以 def 关键字开头，后接函数名和括号。

(2) 任何传入参数和自变量都必须放在括号之间。括号之间可以定义参数。

(3) 函数的第一行语句可以选择性地使用文档字符串(用于存放函数说明)。

(4) 函数内容以冒号开头，并且缩进(一般为四个空格)，以表示属于该函数的代码块。

函数的基本结构如下。

```
(上面空两行)

def 函数名(参数 1,参数 2.... 参数 n):
    #输入注释
    """
    输入多行注释
    """
    函数体
    return 语句
(下面空两行)

#调用函数
函数名(参数 1,参数 2.... 参数 n)
```

def 为关键字，return 表达式结束函数，选择性地返回一个值给调用方。不带表达式的 return 相当于返回 None。Python 函数的注释使用井号(#)开头，后面跟着注释内容。对于多行注释，可使用三引号。注释可以用于解释函数的作用、参数和返回值等信息。

函数的基本结构完成后，可以直接从 Python 命令提示符执行，也可以通过函数调用执行。

2. 局部变量和全局变量

变量的作用域就是变量生效的范围，使变量在某个范围内有意义，不会出错。其目的是提高程序的可靠性，更重要的是减少命名冲突。一般根据变量的有效范围将变量分为局部变量和全局变量。

(1)局部变量指在函数内部定义的变量，只在函数内部有效，如果外部使用则会显示 NameError 异常。

```
def my_function():
    local_variable = "I am local"
    print(local_variable)


my_function()
```

上面的代码中，变量 local_variable 是局部变量。

(2)全局变量指能够作用于函数内外的变量。

```
global_variable = "I am global"

def my_function():
    print(global_variable)

my_function()
```

上面的代码中，在函数外部定义的变量 global_variable 是全局变量。

3. 匿名变量

匿名变量是指没有名字的函数，适用于需要一个函数但又不需要给这个函数命名的情况。通常，这样的函数只使用一次。

匿名变量 lambda 的调用格式如下。

```
result = lambda[arg1[,arg2,...,argn]]:expression
```

参数说明如下。

(1) result：用于调用 lambda 表达式。

(2) [arg1[，arg2，...，argn]]：可选参数，用于指定要传递的参数列表。

(3) expression：必选参数，用于指定一个实现具体功能的表达式，如果有参数，那么会在该表达式中引用该参数。

注意

(1)使用 lambda 表达式时，参数可以有多个，但是表达式只能有一个，即只能返回一个值。

(2)不能出现其他非表达式语句，如 for、while 等。

(3)lambda 函数内部只能是一个表达式，并且会自动将结果反馈出来。

(4)lambda 函数只有一个功能：提高代码的简洁性。

4. 函数嵌套调用定义

嵌套函数可以访问外部函数中定义的变量，但是外部函数不能直接访问内部函数中定义的变量。如果需要，可以通过返回内部函数或者使用闭包的方式来实现。基本语法如下。

```
def outer_function():
    print("在外部函数")
(空两行)

    def inner_function():
        print("在内部函数")


    inner_function()  #嵌套调用内部函数


outer_function()  #调用外部函数
```

在 outer_ function( ) 中调用了 inner_ function( )，当执行 outer_ function( ) 时，会先输出“在外部函数”，然后调用 inner_ function( )，输出“在内部函数”。

5. 函数递归

函数递归是一种特殊的函数调用方式，即函数直接或间接调用自身。函数递归的主要优势在于它能够处理一些复杂的问题，这些问题本身的复杂性使得它们不能用简单的循环来解决。

函数递归的语法格式如下。

```
def function(n):
    #函数基本情况
    print(n)
    #递归调用
function(n-1)
(空两行)

#调用函数
function(5)
```

递归函数在解决许多数学问题上起了至关重要的作用，如计算一个数的阶乘、生成斐波那契数列等。

7.2.7　实例

1. 创建一个 Python 文件

扫码看视频

本实例在 PyCharm 创建一个简单的 Python 文件并运行，帮助读者进一步熟悉 PyCharm 的工作环境，以及编辑、运行 Python 文件的操作方法。具体操作步骤如下。

步骤 01 双击桌面上的“PyCharm Community Edition 2023. 3. 4”图标，启动 Pycharm，自动打开“欢迎访问 PyCharm”窗口，如图 7-33 所示。

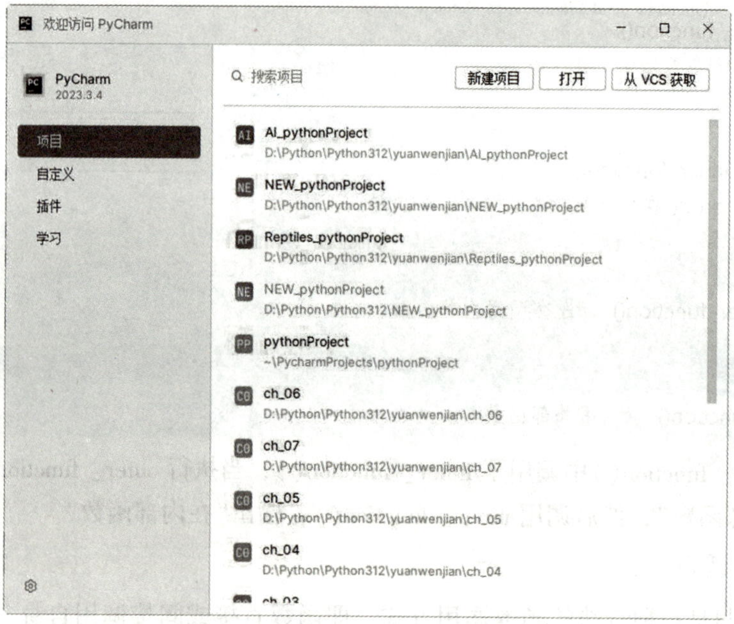

图 7-33 “欢迎访问 PyCharm”窗口

步骤 02 在“项目”选项卡下单击前面创建的项目“AI_pythonProject”，打开该项目文件进入编辑环境，如图 7-34 所示。

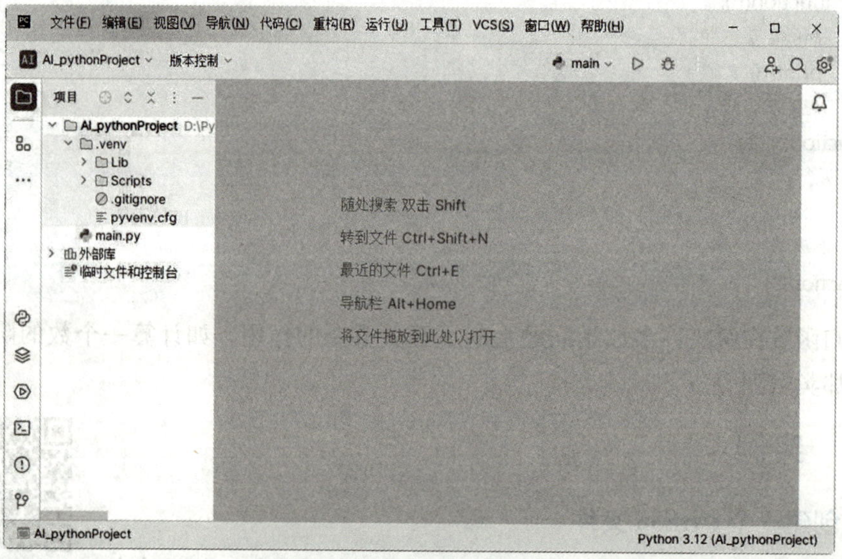

图 7-34 打开项目文件

步骤 03 在左侧“项目”面板中选中项目文件“AI_pythonProject”，选择菜单栏中的“文件”→“新建”→“目录”命令，弹出“新建目录”对话框，输入“ch_08”，如图 7-35 所示。按下回车键，在当前项目文件下创建一个目录文件“ch_08”，如图 7-36 所示。

图 7-35　“新建目录”对话框

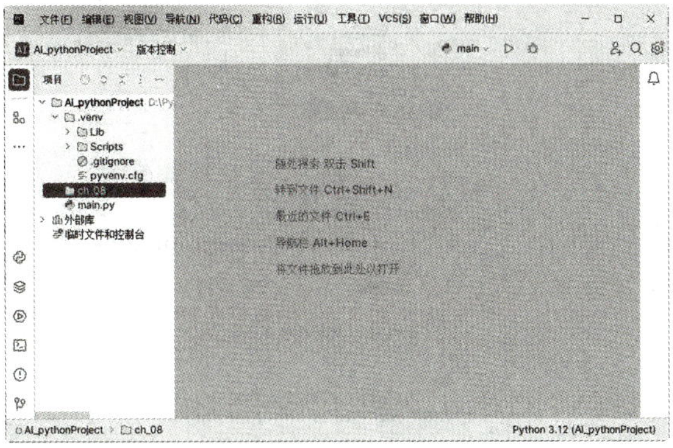

图 7-36　新建目录文件

步骤 04 在左侧“项目”面板中选中 ch_08 目录文件。选择菜单栏中的“文件”→“新建”→“Python 文件”命令，弹出“新建 Python 文件”对话框，在下面的选项中选择“Python 文件”，输入“named_01”，如图 7-37 所示。按下回车键，在当前目录文件下创建一个名为“named_01. py”的 Python 文件，如图 7-38 所示。

图 7-37　“Python 文件”对话框

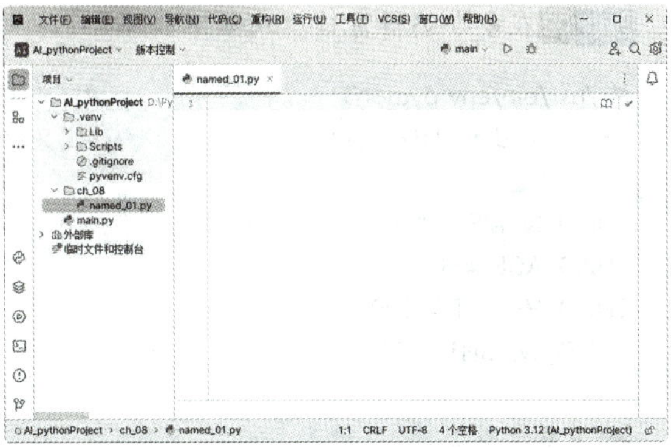

图 7-38　新建 Python 文件

步骤 05 在文件命令行窗口中编写如下程序。

```
#一个简单的 Python 文件
#输出变量值
print('大数据')
print('人功能智能')
```

步骤 06 在命令行窗口顶部下拉列表中选择“当前文件”，单击运行按钮，即可打开“运行”面板，显示运行结果，如图 7-39 所示。

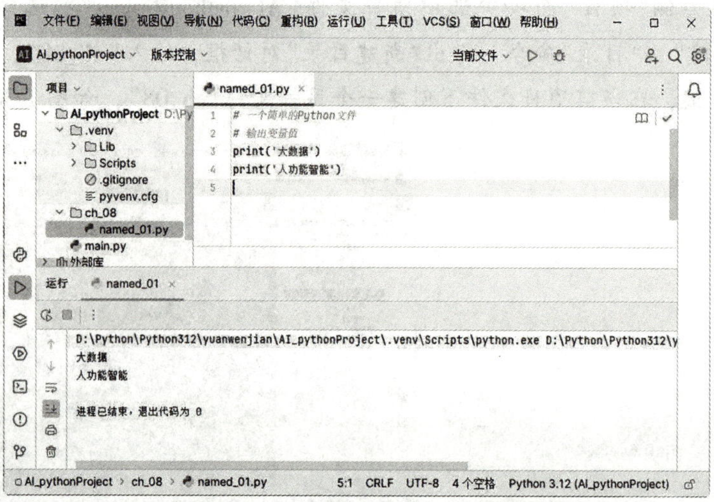

图 7-39　运行结果

2. 记录儿童体检数据

本实例使用变量赋值，记录儿童体检数据。具体操作步骤如下。

扫码看视频

步骤 01 启动 PyCharm，打开名为 ch_08 的目录文件。然后在该目录中新建一个名为 example_801. py 的 Python 文件。

步骤 02 在命令编辑窗口输入如下程序。

```
#! /usr/bin/env python3                          #定义头文件
# -* - coding: UTF-8 -* -                        #定义编码格式
#定义常量
CHILD_NAME = "小明"
CHILD_AGE = 8
CHILD_HEIGHT = 120.5
CHILD_WEIGHT = 30.5

#计算 BMI 指数
BMI = CHILD_WEIGHT / ((CHILD_HEIGHT / 100) * * 2)

#输出儿童体检数据
print("儿童姓名:", CHILD_NAME)
print("儿童年龄:", CHILD_AGE)
print("儿童身高:", CHILD_HEIGHT)
print("儿童体重:", CHILD_WEIGHT)
print("儿童 BMI 指数:", BMI)
```

步骤 03 在命令行窗口顶部下拉列表中选择“当前文件”，单击“运行”按钮，运行结果如下。

```
儿童姓名：小明
儿童年龄：8
儿童身高：120.5
儿童体重：30.5
儿童 BMI 指数：21.00514798298927
```

3. 输出全局变量和局部变量

本实例使用局部变量和全局变量，输出动物园名称和动物名称。具体操作步骤如下。

扫码看视频

步骤 01 启动 PyCharm，打开名为 ch_08 的目录文件。然后在该目录中新建一个名为 example_802. py 的 Python 文件。

步骤 02 在命令编辑窗口输入如下程序。

```
#! /usr/bin/env python3                    #定义头文件
# -* - coding: UTF-8 -* -                  #定义编码格式
#定义全局变量
zoo_name = "北京动物园"


def print_zoo_name():
    #定义局部变量
    animal = "熊猫"
    print("动物园名称是：", zoo_name)
    print("动物有：", animal)


print_zoo_name()
```

步骤 03 在命令行窗口顶部下拉列表中选择“当前文件”，单击“运行”按钮，运行结果如下。

```
动物园名称是：北京动物园
动物有：熊猫
```

注意

当局部变量和全局变量重名时，对函数内部的变量进行赋值后，不影响函数外部的变量。

任务评价

评价内容	评价标准	分值	自评	师评
代码格式	能够准确阐述代码的语法规则和命名标识符的原则	25		
常量和变量	能够简述常量的定义和变量的命名规则	15		

（续表）

评价内容	评价标准	分值	自评	师评
注释	能够准确阐述注释的格式	15		
输入与输出	能够准确阐述 input( )和 print( )函数的调用格式	15		
表达式与表达式语句	能够简述表达式与表达式语句的概念	15		
函数	能够准确阐述函数的定义	15		
总分		100		

任务 3　Python 数据类型

任务描述

本任务主要介绍 Python 数据类型知识。

任务分析

Python 作为一种高级编程语言，其强大的数据处理能力离不开丰富的数据类型。理解并熟练掌握 Python 的数据类型，是编写高效、灵活代码的基础。通过本任务的学习，帮助读者能够理解每种数据类型的用途、特性及操作方法。

任务重点与实施

7.3.1　数值

数值是数学中常见的数据，是 Python 程序设计的基础。在程序设计中，可根据不同的需求，定义对应的数值类型，也可对指定的数值类型进行转换。Python 支持四种不同的数值类型：整型(int)、浮点型(float)、复数型(complex)和布尔型(bool)。

提示

整型数据是不包含小数部分的数值型数据，用字母 I 表示。整型数据只能用来表示整数，是以二进制形式存储。

1. 整型

整型 int(有符号整型数据)属于整型数据的一种，占 4 字节。

在 Python 中，可以使用多种进制形式来表示整数。

（1）十进制形式。平时常见的整数就是十进制形式的，它由 0 ~ 9 共 10 个数字排列组合而成。使用十进制形式的整数不能以 0 开头，除非这个数值本身就是 0。

（2）二进制形式。二进制整数由 0 和 1 两个数字组成，书写时以 0b 或 0B 开头。例如，101 对应的十进制数是 5。

（3）八进制形式。八进制整数由 0 ~ 7 共 8 个数字组成，以 0o 或 0O 开头。注意，第一个符号是数字 0，第二个符号是小写或大写的字母 O。

（4）十六进制形式。十六进制整数由 0 ~ 9 共 10 个数字及 a ~ f（或 A ~ F）共 6 个字母组成，书写时以 0x 或 0X 开头。

> **注意**
>
> 为了提高数字的可读性，Python 允许使用下划线（_）作为数字（包括整数和小数）的分隔符。通常每隔三个数字添加一个下划线，类似于数字中的逗号。下划线不会影响数字本身的值。

2. 浮点型

（1）浮点型数据只采用十进制，有两种形式：十进制形式和指数形式。

① 十进制形式：由数字 0 ~ 9 和小数点组成，如 0.0、.25、5.789、0.13、5.0、300.、-267.823 0。

② 指数形式：由十进制数和阶码标志 e 或 E 及阶码（只能为整数，可以带符号）组成。其一般形式如下。

```
aEn
```

a 为十进制数，n 为十进制整数，表示的值为 $a\times10^n$。例如，2.1E5 表示 2.1×10^5，3.7E-2 表示 3.7×10^{-2}，0.5E7 表示 0.5×10^7，-2.8E-2 表示 -2.8×10^{-2}。

（2）浮点型变量还可分为两类：单精度型和双精度型。

① float：单精度型，占 4 字节（32 位）内存空间，其数值范围为-3.4E38 ~ 3.4E38，可提供七位有效数字。

② double：双精度型，占 8 字节（64 位）内存空间，其数值范围为-1.7E308 ~ 1.7E308，可提供十六位有效数字。

3. 复数型

Python 还支持复数。把形如 $z=a+bi$（a 和 b 均为实数）的数称为复数，其中 a 称为实部，b 称为虚部，i 称为虚数单位。

当 z 的虚部等于零时，这个复数可以视为实数；当虚部不等于零、实部等于零时，常称 z 为纯虚数。

在 Python 中，complex 函数用来创建复数。其调用格式如下。

```
complex(real [,imag])
```

4. 布尔型

当某个值只有两种状态时，可以将其声明为布尔型，如用户等级是否为 VIP、当前日期是否为工作日等。

布尔型数据使用关键字 bool 表示，它只有两个值，即 True 和 False(默认值)，常用于条件判断语句中。

7.3.2 字符串

字符串是 Python 中最常用的数据类型。

1. 创建字符串

使用单引号与双引号来创建字符串，无论包含单个还是多个字符，只为变量分配一个值。例如：

```
var1 = 'Hello'
var2 = "Hi"
```

单引号与双引号的作用其实是一样的，但是当引号里包含单引号时，则该引号需使用双引号，例如，如'''what' s your name？'''。三引号可以表示一个多行的字符串，也可以在三引号中自由使用单引号和双引号。

2. 访问字符串中的值

Python 访问子字符串，可以使用方括号 [ ] 来截取字符串，字符串的截取的语法格式如下。

```
变量[头下标:尾下标]
```

索引值以 0 为开始值，-1 为从末尾的开始位置。Python 的字符串列表从左到右索引默认 0 开始的，最大范围是字符串长度少 1，从右到左索引默认-1 开始的，最大范围是字符串开头，如图 7-40 所示。

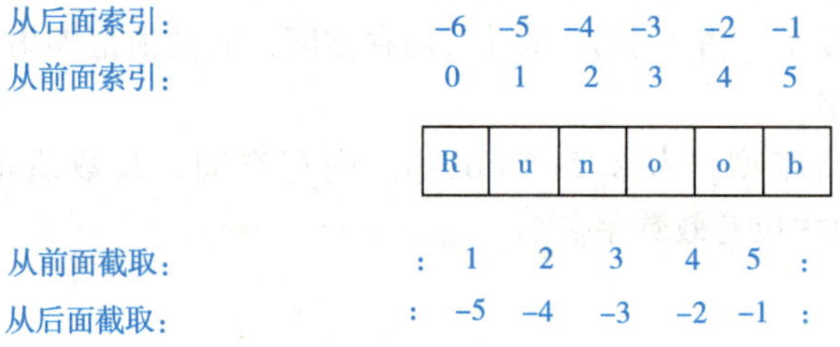

图 7-40 字符串索引值

例如：

```
name = 'Hi, Rose'          #创建字符变量
print(name)                #显示完整变量
print(name[2])             #显示变量从左到右索引为 2 的元素，即第三个元素
print(name[-2])            #显示变量右到左索引为-2 的元素，即右到左第二个元素
print(name[4:])            #显示变量左到右从第 5 个字符开始到末尾
```

运行结果为

```
Hi, Rose
,
s
Rose
```

3. 连接字符串

在 Python 中，加号 + 是字符串的连接符，星号 * 表示复制当前字符串。例如：

```
print('*  '* 20, '星号 *  字符串连接', '*  '* 20)
print('*  '* 20 + ' 加号 + 字符串连接 ' + '*  '* 20)
```

运行结果为

```
******************** 星号 *  字符串连接 ********************
******************** 加号 + 字符串连接 ********************
```

4. 转义字符

转义字符是程序语言、数据格式和通信协议中形式文法的一部分，用于表示特殊字符或不可见字符。Python 中的转义字符通常以反斜杠“\”开头，后跟一个或几个字符，这些字符组合起来表示一个具有特殊含义的字符序列，即转义序列，见表 7-2。

表 7-2　转义字符

命令名	说明
\（在行尾时）	续行符
\\	反斜杠符号
\'	单引号
\"	双引号
\a	响铃符，表示发出警告声
\b	退格（backspace）
\e	转义
\000	空
\n	换行
\v	纵向制表符
\t	横向制表符
\r	回车
\f	换页
\oyy	八进制数，y 代表 0～7 的字符，例如：\012 代表换行。
\xyy	十六进制数，以 \x 开头，yy 代表的字符，例如：\x0a 代表换行
\other	其他的字符以普通格式输出

Python 使用反斜杠 \ 转义特殊字符，例如：

```
print('Hello\nMike')
```

运行结果如下。

```
Hello
Mike
```

如果不想让反斜杠发生转义，可以在字符串前面添加一个 r，表示原始字符串：

```
print(r'Hello\nMike')
```

运行结果如下。

```
Hello\nMike
```

7.3.3 列表

1. 列表定义

列表(list)是 Python 中使用最频繁的数据类型。Python 列表是任意对象的有序集合，列表通常由中括号 [ ] 里创建，元素之间用逗号隔开。元素是序列的基本组成部分，列表的数据项不需要具有相同的类型，在列表中可以添加、任何类型的元素。

这里的任意对象，既可以是列表嵌套列表，也可以是字符串，例如：

```
Quarters_num = [1, 2, 3, 4, 'Spring', 'summer', 'autumn', 'winter']
print(Quarters_num)
```

运行结果为

```
[1, 2, 3, 4, 'Spring', 'summer', 'autumn', 'winter']
```

2. 列表索引与切片

列表中值的切割也可以用到变量 [头下标：尾下标]，就可以截取相应的列表，从左到右索引默认 0 开始，从右到左索引默认 -1 开始，下标可以为空表示取到头或尾。

每个 list 变量中的元素从 0 开始计数，如下代码可以选取列表中的元素。

例如：

```
print(Quarters_num [1])
print(Quarters_num [0])
print(Quarters_num [-1])
print(Quarters_num [0:5])
```

运行结果为

```
2
1
winter
[1, 2, 3, 4, 'Spring']
```

提示

Python 有自动补全功能，选中目标方法或者函数，按“Tab”键即可快速键入，如图 7-41 所示。

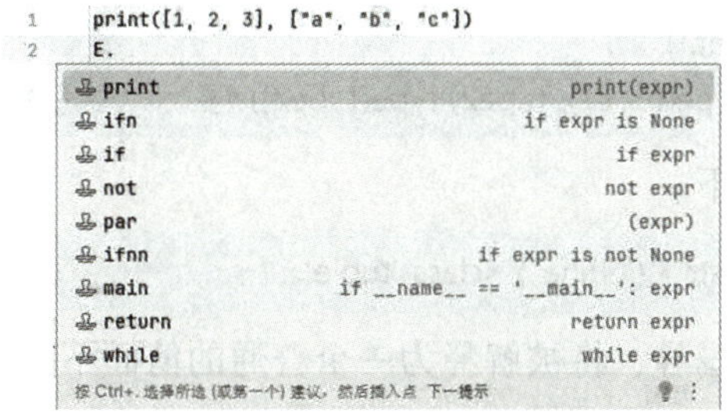

图 7-41　Python 自动补全功能

7.3.4　区间

区间(range)类似于一个整数列表，是一个可迭代对象(类型是对象)，range 也是一种数据结构，range 函数调用格式如下。

```
range(start, stop[, step])
```

参数说明介绍如下。

(1) start：从 start 开始计数。默认是从 0 开始。例如，range(5)等价于 range(0, 5)。

(2) stop：到 stop 结束计数，但不包括 stop。例如，range(0, 5) 是[0, 1, 2, 3, 4]没有 5。

(3) step：步长，默认为 1。例如，range(0, 5) 等价于 range(0, 5, 1)。

7.3.5　元组

元组(tuple)与列表类似，不同之处在于元组的元素不能修改。元组的创建包括两种方法。

1. 直接创建

元组变量通过小括号( )创建，元素之间则用逗号隔开。例如：

```
(element1, element2, . . . , elementn)
```

element1 ~ elementn 表示元组中的各个元素，个数没有限制。

接下来建立一个元组，代码如下。

```
#创建元组变量
Information = ('Python', '3. 12. 0', 'version', '3. 8. 0, 3. 9. 0, 3. 10. 0')
print('Information 类型: ', type(Information))
```

运行结果如下。

```
Information 类型:  <class 'tuple'>
```

显示创建的变量类型为元组“tuple”。

元组中只包含一个元素时，需要在元素后面添加逗号，否则括号会被当作运算符使用，例如：

```
tupe1 = ('China')
tupe2 = ('China',)
print(tupe1, type(tupe1), tupe2, type(tupe2)) #显示元组变量的类型
```

运行结果如下。

```
China <class 'str'> ('China',) <class 'tuple'>
```

如果不添加逗号，将被解释为一个普通的值而不是元组。

2. 使用 tuple( ) 函数创建元组

除了使用( )创建元组外，Python 还提供了一个内置的函数 tuple( )，用来将其他数据类型转换为元组类型。其调用格式如下。

```
tuple(data)
```

data 表示可以转化为元组的数据，包括字符串、元组、range 对象等。

与字符串一样，元组的元素不能修改。元组也可以+ 操作符进行拼接、被索引和切片，方法与列表相同，这里不再赘述。

7.3.6 字典

字典(dictionary)是一种可变容器模型，且可存储任意类型对象，字典是除列表以外 Python 之中最灵活的内置数据结构类型。

1. 直接定义

字典是一个无序的键(key)值(value)对的集合，通常由“{}”创建。其调用格式如下。

```
dic = {key1 : value1, key2:value2}
```

字典中，习惯将各元素对应的索引称为键(key)，各个键对应的元素称为值(value)，键及其关联的值称为“键值对”。建立一个字典，程序如下。

```
information = {'name': 'Mary', 'sex': 'female', 'age': '18'}
print(information, '\n', 'information 数据类型：', type(information))
```

运行结果为

```
{'name': 'Mary', 'sex': 'female', 'age': '18'}
information 数据类型： <class 'dict'>
```

name 是一个 key(键)，Mary 是一个 value(值)。

> **提示**
> 列表是有序的对象结合，字典是无序的对象集合。两者之间的区别在于：字典当中的元素是通过键来存取的，而不是通过偏移存取。

2. fromkeys 函数

在 Python 中，fromkeys( ) 函数用于创建一个新字典，以序列 seq 中元素做字典的键，value 为字典所有键对应的初始值。其调用格式如下。

```
dict. fromkeys(seq[, value])
```

seq 表示字典键值列表。value 设置键序列(seq)的值。

3. dict 函数

Python 通过 dict 函数创建字典，其调用格式见表 7-3。

表 7-3 dict 函数

调用格式	说明
a = dict(str1 = value1, str2 = value2, str3 = value3)	str 表示字符串类型的键，value 表示键对应的值。使用此方式创建字典时，字符串不能带引号

#方式 1
demo = [('two', 2), ('one', 1), ('three', 3)];
#方式 2
demo = [['two', 2], ['one', 1], ['three', 3]];
#方式 3
demo = (('two', 2), ('one', 1), ('three', 3));
#方式 4
demo = (['two', 2], ['one', 1], ['three', 3]);
a = dict(demo)
	向 dict 函数传入列表或元组，而它们中的元素又各自是包含 2 个元素的列表或元组，其中第一个元素作为键，第二个元素作为值

keys = ['one', 'two', 'three'] #可以是字符串或元组;
values = [1, 2, 3] #可以是字符串或元组
a = dict(zip(keys, values));
	通过应用 dict( ) 函数和 zip( ) 函数，可将前两个列表转换为对应的字典

7.3.7 集合

集合(set)是一个无序不重复元素的序列，可以使用大括号 { } 或者 set( ) 函数创建集合。

1. 直接创建

Python 集合将所有元素放在一对大括号 { } 中，相邻元素之间用“,”分隔，其调用格式如下。

```
{element1,element2,. . . ,elementn}
```

elementn 表示集合中的元素，个数没有限制。由于 Python 中的 set 集合是无序的，所以每次输出时元素的排序顺序可能都不相同。例如：

```
Number = {'3 月 1 日', '3 月 2 日', '3 月 3 日', '3 月 4 日'}# 创建集合变量
#显示变量的类型
print(Number, '\n', '数据类型：', type(Number))
```

运行结果如下。

```
{'3 月 3 日', '3 月 1 日', '3 月 2 日', '3 月 4 日'}
数据类型： <class 'set'>
```

集合中的数据是唯一的，因为集合不会出现重复的每种数据元素，这也是集合与序列的一个很重要的区别。例如：

```
#创建 5 个元素的集合变量
Number = {'3 月 1 日', '3 月 2 日', '3 月 3 日', '3 月 4 日', '3 月 2 日'}
#输出集合和集合的长度
print(Number, '\n', '几何元素个数：', len(Number))
```

运行结果如下。

```
{'3 月 1 日', '3 月 3 日', '3 月 4 日', '3 月 2 日'}
 几何元素个数： 4
```

集合中输出四个元素，不显示重复的元素。

2. set 函数创建

set 函数用来将字符串、列表、元组、区间对象等可迭代对象转换成集合，其调用格式如下。

```
setname = set(iteration)
```

iteration 表示字符串、列表、元组、区间对象等数据。

注意

空集必须使用 set( ) 函数创建而不能使用大括号 { }。

接下来建立一个集合，程序如下。

```
#创建 set 集合变量
Num = set('Python,3. 12')
print(Num)
```

运行结果为

```
{'t', 'y', 'o', 'P', 'n', 'h'}
```

7.3.8 bytes 类型

在 Python3 中，bytes 类型表示的是不可变的二进制序列（byte sequence）。与字符串

类型不同的是，bytes 类型中的元素是整数值(0 到 255 之间的整数)，而不是 Unicode 字符。

bytes 类型通常用于处理二进制数据，如图像文件、音频文件、视频文件等。在网络编程中，也经常使用 bytes 类型来传输二进制数据。

1. 创建 bytes 对象

创建 bytes 对象的方式有多种，最常见的方式是使用 b 前缀，例如：

```
x = b"hello"
print(x, type(x))
```

运行结果为

```
b"hello" <class 'bytes'>
```

此外，也可以使用 bytes( ) 函数将其他类型的对象转换为 bytes 类型，其调用格式如下。

```
x = bytes(obb, encoding="utf-8")
```

第一个参数 obb 是要转换的对象，第二个参数 encoding 是编码方式，如果省略第二个参数，则默认使用 UTF-8 编码。

2. bytes 操作方法

bytes 操作与字符串类型类似，bytes 类型也支持许多操作和方法，如切片、拼接、查找、替换等。同时，由于 bytes 类型是不可变的，因此在进行修改操作时需要创建一个新的 bytes 对象。例如：

```
x = b"hello"
y = x[1:3]#切片操作,得到 b"el"
z = x + b"world"#拼接操作,得到 b"helloworld"
print(x, y, z, sep='\n')
```

运行结果如下。

```
b"hello"
b"el"
b"helloworld"
```

7.3.9 实例

1. 输出数值变量

本实例演示不同类型的整数类型变量赋值的方法。具体操作步骤如下。

扫码看视频

步骤 01 启动 PyCharm，打开名为 ch_8 的项目。然后在该项目中新建一个名为 example_803. py 的 Python 文件。

步骤 02 在命令编辑窗口输入如下程序。

```
#! /usr/bin/env python3                    #定义头文件
# -* - coding: UTF-8 -* -                  #定义编码格式
a = 18/7+15* 6-8                           #通过运算符计算,将结果赋值给 a。
num1 = a                                   #将 a 赋值给 num0,默认情况下赋值是十进制值。
num2 = 1234                                # 直接赋值
num3 = 18/7+15* 6-8                        #算术运算符计算后赋值。
num4 = 0x45                                # 十六进制值。
num5 = 0b010                               # 二进制值。
num6 = 0o10                                # 八进制值
print(num1, type(num1), "\n", num2, type(num2), "\n",
    num3, type(num3), "\n", num4, type(num4), "\n",
    num5, type(num5), "\n", num6, type(num6))
```

步骤 03 在命令行窗口顶部下拉列表中选择“当前文件”，单击“运行”按钮，运行结果为

```
84. 57142857142857 <class 'float'>
1234 <class 'int'>
84. 57142857142857 <class 'float'>
69 <class 'int'>
2 <class 'int'>
8 <class 'int'>
```

2. 输出学校午餐预定信息

本实例通过字符串定义、输出学校午餐预定信息。具体操作步骤如下。

扫码看视频

步骤 01 启动 PyCharm，打开名为 ch_08 的目录文件。然后在该目录中新建一个名为 example_804. py 的 Python 文件。

步骤 02 在命令编辑窗口输入如下程序。

```
#! /usr/bin/env python3          #定义头文件
# -* - coding: UTF-8 -* -        #定义编码格式
school_name = "ABC 中学"
uniform_type = "午餐"
order_info = "预定信息"

#使用字符串定义
message = school_name + "的" + uniform_type + "预定信息如下:"
print('* '* 20, message, '* '* 20)

#使用索引
first_char = school_name[0]
```

```
last_char = school_name[-1]
print("学校名称的第一个字符是:" + first_char)
print("学校名称的最后一个字符是:" + last_char)

#使用连接
new_message = message + "\n 欢迎预订!"
print(new_message)

#转义
escaped_message = "预定价格:\n 15 元"
print(escaped_message)
```

步骤 03 在命令行窗口顶部下拉列表中选择“当前文件”，单击“运行”按钮，运行结果为

```
******************** ABC 中学的午餐预定信息如下:********************
学校名称的第一个字符是:A
学校名称的最后一个字符是:学
ABC 中学的午餐预定信息如下:
欢迎预订!
预定价格:
15 元
```

3. 输出茶叶产地和品种信息

本实例通过列表的操作命令，输出茶叶产地和品种信息。具体操作步骤如下。

扫码看视频

步骤 01 启动 PyCharm，打开名为 ch_08 的目录文件。然后在该目录中新建一个名为 example_805. py 的 Python 文件。

步骤 02 在命令编辑窗口输入如下程序。

```
#! /usr/bin/env python3
# -* - coding: UTF-8 -* -#创建茶叶产地列表变量
Tea_origin = ['中国', '印度', '斯里兰卡']
#创建茶叶品种列表变量
Tea_variety = ['龙井', '铁观音', '大红袍']
#使用“,”连接列表中索引为 0 的元素(第一个元素)
list1 = [Tea_origin[0], Tea_variety[0]]
#使用“+”连接列表
title = [['* '* 20] + ['茶叶产地和品种'] + ['* '* 20]]
#输出直接定义的列表
print(title)
print(list1)
```

步骤 03 在命令行窗口顶部下拉列表中选择“当前文件”，单击“运行”按钮，运行结果为

```
[['******************** ', '茶叶产地和品种', '******************** ']]
['中国', '龙井']
```

任务评价

评价内容	评价标准	分值	自评	师评
数值	能够简述整型、浮点型、复数型和布尔型等类型的内容	20		
字符串	能够简述字符串类型的内容	15		
列表	能够准确阐述列表类型的定义	10		
区间	能够准确阐述区间类型的调用格式	10		
元组	能够简述元组类型的创建方法	15		
字典	能够简述字典类型的创建方法	10		
集合	能够简述集合类型的创建方法	10		
Bytes 类型	能够简述 Bytes 类型的创建方法	10		
总分		100		

项 目 小 结

本项目主要介绍了 Python 的各种数据类型。首先介绍了 Python 发展历史和开发环境设置；其次介绍了语法规则、常量和变量、注释、表达式与表达式语句等内容；最后介绍了数值、字符串和列表等内容。通过本项目的学习，读者能全面了解 Python 知识体系，包括历史背景、基础语法和数据类型等内容，更好地理解数据分布和变量之间的关系，提升代码可读性和可维护性。

项 目 习 题

一、 简答题

1. 简述 Python 的发展历史。
2. 简述代码的语法规则和命名标识符的原则。
3. 简述常量的定义和变量的命名规则。
4. 简述 input( ) 和 print( ) 函数的调用格式。
5. 简述区间类型的调用格式。
6. 简述元组、字典、集合和 Bytes 的创建方法。

二、 上机操作题

编写一个程序，用于计算三角形的周长、面积和高。首先定义了一个常量变量 PI,

其次定义了两个函数 triangle_perimeter 和 triangle_area，分别用于计算三角形的周长和面积。再次程序通过 input 函数获取用户输入的三边长度、底边长度和高，并将其转换为浮点数类型。最后程序调用前面定义的两个函数计算三角形的周长和面积，并通过 print 函数输出结果。同时，程序也直接输出了三角形的高。

操作提示如下。

(1)新建一个 Python 文件。

(2)在命令编辑窗口输入如下程序。

```
#! /usr/bin/env python3                    #定义头文件
# -* - coding: UTF-8 -* -                  #定义编码格式
#定义一个常量变量
PI = 3.141592653589793

#定义一个计算三角形周长的函数


def triangle_perimeter(t_side1, t_side2, t_side3):
    return t_side1 + t_side2 + t_side3

#定义一个计算三角形面积的函数


def triangle_area(t_base, t_height):
    return 0.5 *  t_base *  t_height



#获取用户输入的三边长度和底边长度
side1 = float(input("请输入三角形的第一条边的长度:"))
side2 = float(input("请输入三角形的第二条边的长度:"))
side3 = float(input("请输入三角形的第三条边的长度:"))
base = float(input("请输入三角形的底边长度:"))
height = float(input("请输入三角形的高:"))

#调用函数计算三角形的周长、面积和高,并输出结果
print("三角形的周长为:", triangle_perimeter(side1, side2, side3))
print("三角形的面积为:", triangle_area(base, height))
print("三角形的高为:", height)
```

(3)在命令行窗口顶部下拉列表中选择“当前文件”，单击“运行”按钮。

项目 8 Python 大数据应用

项目导读

Python 因其简洁的语法、强大的库支持以及优秀的社区资源，已经成为大数据分析领域的首选语言之一。无论是数据整理、数据分析还是数据可视化，Python 都能提供高效的解决方案，帮助数据科学家和工程师解决实际问题。本项目主要介绍数据整理，数据分析和数据可视化的相关内容。

学习目标

◆ 知识目标

- 掌握数据整理的步骤。
- 了解数据分析工具。
- 了解 Pyplot 包含的绘图相关函数。

◆ 技能目标

- 掌握数据清洗的基本原理和技巧。
- 理解数据聚合的概念和方法。
- 熟悉数据可视化的工具和技术。

◆ 素质目标

- 通过解决实际数据分析问题，培养读者独立思考和解决问题的能力。
- 培养读者对数据的敏感性和洞察力，能够从数据中提取有价值的信息。
- 学会用数据说话，用数据支持决策，提升读者的数据驱动思维。

◆ 思政目标

- 从数据整理到分析、可视化的学习过程中，让读者感受大数据处理的系统性和逻辑性，激发读者对大数据领域的探索热情，培养积极主动的学习态度。
- 引导读者在进行数据分析和可视化时，注重数据的真实性和客观性，杜绝数据造假和误导性呈现，培养读者对社会和用户负责的态度。

任务1 数据整理

任务描述

本任务主要介绍 Python 数据整理的三个关键步骤：数据清洗、数据提取以及数据合并。

任务分析

数据整理是大数据分析的一个重要环节，它包括数据清洗、数据提取等一系列的步骤，目的是将原始的、混乱的数据转换成干净、有序、可用于分析的格式。通过本任务的学习，帮助读者提高数据质量的能力，为后续的数据分析和决策支持提供坚实的基础。

任务重点与实施

8.1.1 数据清洗

在数据分析工作中，很多数据集存在数据缺失、数据格式错误、错误数据或重复数据的情况，如果要使数据分析更加准确，就需要使用 Pandas 库对这些没有用的数据进行整理。

1. 缺失数据

在 Pandas 中，dropna 函数用于滤除缺失数据，其调用格式如下。

```
DataFrame. dropna(axis =0,
                  how ='any',
                  thresh =None,
                  subset =None,
                  inplace =False)
```

参数说明如下。

(1) axis：确定是否删除包含缺失值的行或列。axis = 0 或 axis = 'index'删除含有缺失值的行；axis = 1 或 axis = 'columns'删除含有缺失值的列。

(2) how：当至少有一个 NA 时，确定是否从 DataFrame 中删除行或列，how = 'all'或者 how = 'any'。how = 'all'时表示删除全是缺失值的行(列)；how = 'any'时表示删除只要含有缺失值的行(列)。

(3) thresh：保留至少含有非 na 数值的行数。
(4) subset：定义要在哪些列中查找缺失值。
(5) inplace：选择是否用排序后的数据替换现有的数据，默认不替换。

2. 重复数据

unique 函数用于获取 Series 中的唯一值数组，删除重复数据。其调用格式如下。

```
DataFrame. unique()
```

3. 数据格式转换

在 Pandas 中，apply 函数用来调用一维、二维数组对象中的元素，其调用格式如下。

```
DataFrame. apply(func,
                 axis =0,
                 broadcast =False,
                 raw =False,
                 reduce =None,
                 args =(),
                 * * kwds)
```

参数说明如下。
(1) func：调用的函数，一般使用 lambda，定义变量。
(2) axis：调用顺序，指定按行或列，默认 axis=0，按行调用。
(3) args、* * kwds：函数传递参数。

4. 数据对齐

在 Pandas 中，当输出数据列名与数据不对齐，这就需要调用 set_option 函数，用来设置一些指定参数的值，该函数的使用格式如下。

```
pandas. set_option(pat, value)
```

参数说明如下。
(1) pat：字符，可以匹配一个特定选项的正则表达式。
(2) value：对象，可以为数值，或者字符。

8.1.2 数据提取

数据的提取过程数据提取是将数据取出的过程，不同提取规则下的数据结果很难一致。Pandas 中数据抽取函数见表 8-1。

表 8-1 Pandas 中数据抽取函数

函数名称	说明
loc[index, columns]	根据行名(index)和列名(columns)抽取指定行的数据，默认情况下，第一行行名为 0，第二行索引为 1

（续表）

函数名称	说明
iloc[i, j]	根据行索引 *i* 和列索引 *j* 抽取指定行的数据，0 表示第一行，1 表示第二行，当只有一个参数时，默认是行索引
head(i)	前头几行数据，以行为单位，*i* 表示行数
tail(i)	从后头显示几行信息，*i* 表示行数
drop([ ], axis=0, inplace=False)	删除索引 index 指定项

8.1.3　数据合并

在实际处理数据中，经常会遇到将多个表连接起来再进行数据的处理和分析的情况，Pandas 中也提供了几种方法来实现数据合并功能。

merge 函数基于两个 dataframe 的共同列进行合并，该函数的使用格式如下。

```
DataFrame. merge(left/right,
                how = 'inner' # {'left', 'right', 'outer', 'inner'}, default 'inner'
                default ' inner'
                on =None,
                left_index =False,
                right_index =False,
                left_on =None,
                right_on =None,
                sort =False,
                suffixes =("x","y"))
```

参数说明如下。

(1) left/right：左/右位置的 dataframe。

(2) on：用来对齐的列名。

(3) how：数据融合的方法。how='inner'，为内连接，基于共同列的交集进行连接；how='outer'，为外连接，基于共同列的并集进行连接；how='left'，为左连接，基于左边位置的列进行连接；how=right'，为右连接，基于右边位置的列进行连接。

(4) left_on：左表对齐的列，可以是列名，也可以是和 dataframe 同样长度的 arrays。

(5) right_on：右表对齐的列，可以是列名，也可以是和 dataframe 同样长度的 arrays。

(6) left_index、right_index：如果是 True 的 haunted 以 index 作为对齐的 key。

(7) sort：根据 dataframe 合并的 keys 按字典顺序排序。

(8) suffixes：若有相同列且该列没有作为合并的列，可通过 suffixes 设置该列的后缀名，一般为元组和列表类型。

表 8-2 中列出了其他数据合并的函数。

表 8-2 数据合并函数

设置选项	说明
join	基于 index 连接 dataframe
concat	拼接数组，包括行拼接和列拼接，默认是行拼接，拼接方法默认是外拼接(并集)，拼接的对象是 pandas 数据类型

8.1.4 实例

扫码看视频

1. 店铺分布数据清洗

某时尚女装业务店铺分布数据见表 8-3。对表格中的缺失值和重复值进行处理，得到最终的数据。

表 8-3 某时尚女装业务店铺分布数据

单位：个

编号	品牌	自营	经销	线上
1	朗姿	193	114	10
2	莱茵	115	28	3
3	第五季	78	–	–
4	子苞米	39	1	2
5	卓可	24	–	–
6	吉高特	1	–	–

店铺分布数据清洗的操作步骤如下。

步骤 01 启动 PyCharm，打开名为 ch_11 的目录文件。然后在该目录中新建一个名为 example_1101. py 的 Python 文件。

步骤 02 在命令编辑窗口输入如下程序。

```
#! /usr/bin/env python3                     #定义头文件
# -* - coding: UTF-8 -* -                   #定义编码格式
import pandas as pd                         #导入 pandas 模块
#定义数组
frame = pd. DataFrame({'朗姿': [193, 114, 10],
                       '莱茵': [115, 28, 3],
                       '第五季': [78, pd. NA, pd. NA],
                       '子苞米': [39, 1, 2],
                       '卓可': [24, pd. NA, pd. NA],
                       '吉高特': [1, pd. NA, pd. NA]})
frame. index = ['自营', '经销', '线上']
```

```
#输出数据 print('* ' * 10, '输出时尚女装业务店铺分布数据(行)', '* ' * 10)
print(frame)
print('* ' * 10, '输出时尚女装业务店铺分布数据(列)', '* ' * 10)
frame = frame. T# DataFrame 的行列对调
print(frame)
#输出数据列名与数据对齐方式
pd. set_option('display. unicode. east_asian_width', True)
#控制数据居中还是左边,默认为'left'(左)
pd. set_option('colheader_justify', 'left')

#滤除缺失数据,在指定列中删除含有缺失值的行,替换结果
frame. dropna(subset=['自营', '经销', '线上'], how='any', inplace=True)

basestation = '时尚女装业务店铺分布数据. xlsx'  # 定义 excel 文件路径
#输出数据
print('* ' * 10, '清洗时尚女装业务店铺分布数据', '* ' * 10)
print(frame)
#在指定文件的工作路径下写入 xlsx 文件
frame. to_excel(basestation)
```

步骤 03 在命令行窗口顶部下拉列表中选择“当前文件”，单击“运行”按钮，运行结果如下。

```
********** 输出时尚女装业务店铺分布数据(行) **********
     朗姿   莱茵   第五季  子苞米   卓可   吉高特
自营  193  115    78    39    24    1
经销  114   28  <NA>     1  <NA>  <NA>
线上   10    3  <NA>     2  <NA>  <NA>
********** 输出时尚女装业务店铺分布数据(列) **********
       自营    经销    线上
朗姿    193   114    10
莱茵    115    28     3
第五季   78  <NA>  <NA>
子苞米   39     1     2
卓可     24  <NA>  <NA>
吉高特    1  <NA>  <NA>
********** 清洗时尚女装业务店铺分布数据 **********
         自营  经销  线上
朗姿      193  114  10
莱茵      115   28   3
子苞米     39    1   2
```

步骤 04 运行之后，在对应路径下创建数据文件“时尚女装业务店铺分布数据. xlsx”，如图 8-1 所示。

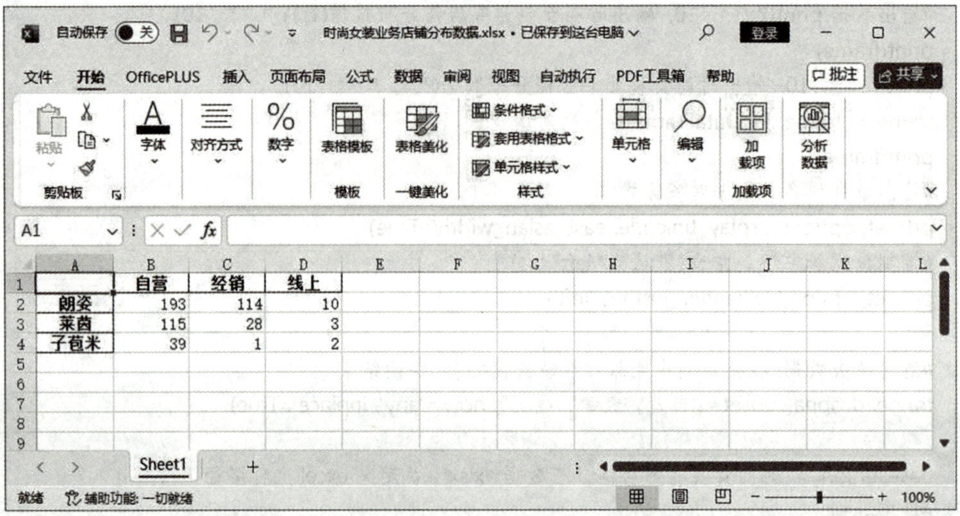

	自营	经销	线上
朗姿	193	114	10
莱茵	115	28	3
子苞米	39	1	2

图 8-1　保存到 excel 文件

2. 豚草花粉季节长度数据抽取

读取图 8-2 中 . xlsx 文件中的豚草花粉季节长度数据，抽取表格中的状态、纬度和经度数据，并保存到文件中。

扫码看视频

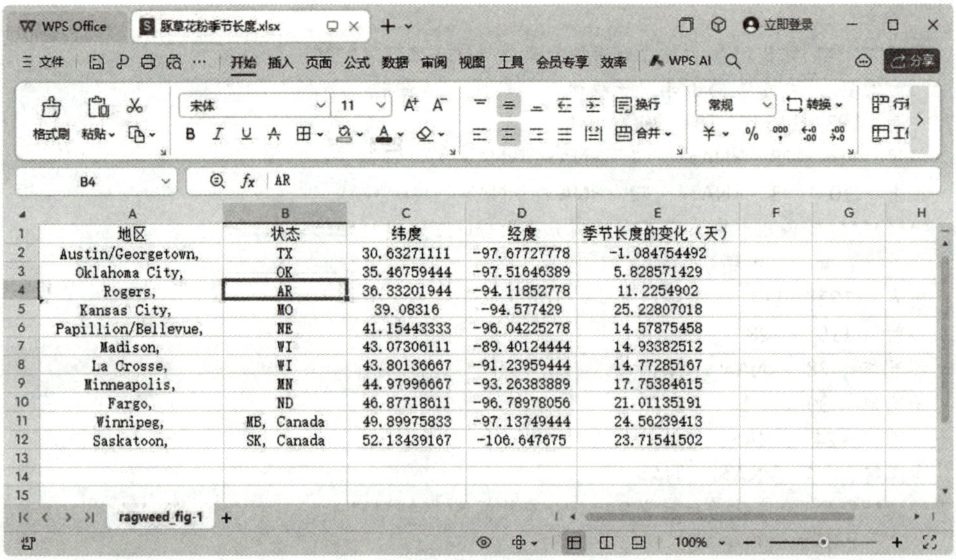

地区	状态	纬度	经度	季节长度的变化（天）
Austin/Georgetown,	TX	30.63271111	-97.67727778	-1.084754492
Oklahoma City,	OK	35.46759444	-97.51646389	5.828571429
Rogers,	AR	36.33201944	-94.11852778	11.2254902
Kansas City,	MO	39.08316	-94.577429	25.22807018
Papillion/Bellevue,	NE	41.15443333	-96.04225278	14.57875458
Madison,	WI	43.07306111	-89.40124444	14.93382512
La Crosse,	WI	43.80136667	-91.23959444	14.77285167
Minneapolis,	MN	44.97996667	-93.26383889	17.75384615
Fargo,	ND	46.87718611	-96.78978056	21.01135191
Winnipeg,	MB, Canada	49.89975833	-97.13749444	24.56239413
Saskatoon,	SK, Canada	52.13439167	-106.647675	23.71541502

图 8-2　豚草花粉季节长度文件

豚草花粉季节长度数据抽取的操作步骤如下。

步骤 01 启动 PyCharm，打开名为 ch_11 的目录文件。然后在该目录中新建一个名为 example_1102. py 的 Python 文件。

步骤 02 在命令编辑窗口输入如下程序。

```
# /usr/bin/env python3
# -* - coding: UTF-8 -* -
import pandas as pd    #导入 pandas 模块
#输出数据列名与数据对齐方式
pd. set_option('display. unicode. east_asian_width', True)

basestation = '豚草花粉季节长度 . xlsx'   # 定义 excel 文件路径
#读取指定路径下的文件, 将第 1 列设置为行名(index), 第 1 行设置为列名(columns)
excel_data = pd. read_excel(basestation, index_col =0, header =0)   #读取表格
print('*  '* 10, '导入豚草花粉季节长度数据', '*  '* 10)
print('全部数据:', '\n', excel_data, '\n')
print('显示前 2 行数据: ', '\n', excel_data. head(2), '\n') # 显示前 2 行数据
print('显示后 2 行数据: ', '\n', excel_data. tail(2), '\n') # 显示后 2 行

print('*  '* 10, '豚草花粉季节长度数据抽取', '* '* 10)
#根据行名(index)和列名(columns)抽取指定行的数据
print('抽取 Rogers 行的数据: ', '\n', excel_data. loc['Rogers', :], '\n')
#显示抽取第 1 列的数据
excel_data1 = excel_data. iloc[:, 0]
print('抽取第 1 列的数据:', '\n', excel_data1, '\n')
excel_data1. to_excel('豚草花粉季节长度数据_状态 . xlsx')
#显示抽取第 2 列的数据
excel_data2 = excel_data. iloc[:, 1]
print('抽取第 2 列的数据:', '\n', excel_data2, '\n')
excel_data2. to_excel('豚草花粉季节长度数据_纬度 . xlsx')
#显示抽取第 3 列的数据
excel_data3 = excel_data. iloc[:, 2]
print('抽取第 3 列的数据:', '\n', excel_data3, '\n')
excel_data3. to_excel('豚草花粉季节长度数据_经度 . xlsx')
```

步骤 03 在命令行窗口顶部下拉列表中选择“当前文件”，单击“运行”按钮，运行结果如下。

```
********** 导入豚草花粉季节长度数据 **********
全部数据:
状态          纬度          经度   季节长度的变化(天)
地区
Austin/Georgetown          TX  30. 632711   -97. 677278        -1. 084754
Oklahoma City              OK  35. 467594   -97. 516464         5. 828571
Rogers                     AR  36. 332019   -94. 118528        11. 225490
Kansas City                MO  39. 083160   -94. 577429        25. 228070
Papillion/Bellevue         NE  41. 154433   -96. 042253        14. 578755
Madison                    WI  43. 073061   -89. 401244        14. 933825
La Crosse                  WI  43. 801367   -91. 239594        14. 772852
Minneapolis                MN  44. 979967   -93. 263839        17. 753846
```

```
Fargo                      ND   46.877186   -96.789781          21.011352
Winnipeg               MB, Canada   49.899758   -97.137494          24.562394
Saskatoon             SK, Canada   52.134392 -106.647675          23.715415

显示前2行数据:
状态          纬度          经度   季节长度的变化(天)
地区
Austin/Georgetown    TX   30.632711 -97.677278          -1.084754
Oklahoma City        OK   35.467594 -97.516464           5.828571

显示后2行数据:
状态          纬度          经度   季节长度的变化(天)
地区
Winnipeg    MB, Canada   49.899758   -97.137494          24.562394
Saskatoon   SK, Canada   52.134392 -106.647675          23.715415

********** 豚草花粉季节长度数据抽取 **********
抽取Rogers行的数据:
状态                                AR
纬度                         36.332019
经度                        -94.118528
季节长度的变化(天)      11.22549
Name: Rogers, dtype: object

抽取第1列的数据:
地区
Austin/Georgetown                  TX
Oklahoma City                      OK
Rogers                             AR
Kansas City                        MO
Papillion/Bellevue               NE
Madison                            WI
La Crosse                          WI
Minneapolis                        MN
Fargo                              ND
Winnipeg                   MB, Canada
Saskatoon                SK, Canada
Name:状态, dtype: object

抽取第3列的数据:
地区
Austin/Georgetown       30.632711
Oklahoma City           35.467594
Rogers                  36.332019
```

```
Kansas City           39.083160
Papillion/Bellevue    41.154433
Madison               43.073061
La Crosse             43.801367
Minneapolis           44.979967
Fargo                 46.877186
Winnipeg              49.899758
Saskatoon             52.134392
Name:纬度, dtype: float64

抽取第 3 列的数据：
地区
Austin/Georgetown    -97.677278
Oklahoma City        -97.516464
Rogers               -94.118528
Kansas City          -94.577429
Papillion/Bellevue   -96.042253
Madison              -89.401244
La Crosse            -91.239594
Minneapolis          -93.263839
Fargo                -96.789781
Winnipeg             -97.137494
Saskatoon           -106.647675
Name:经度, dtype: float64
```

步骤 04 运行之后，在对应路径下创建数据文件：豚草花粉季节长度数据_经度.xlsx、豚草花粉季节长度数据_纬度.xlsx、豚草花粉季节长度数据_状态.xlsx，如图 8-3 所示。

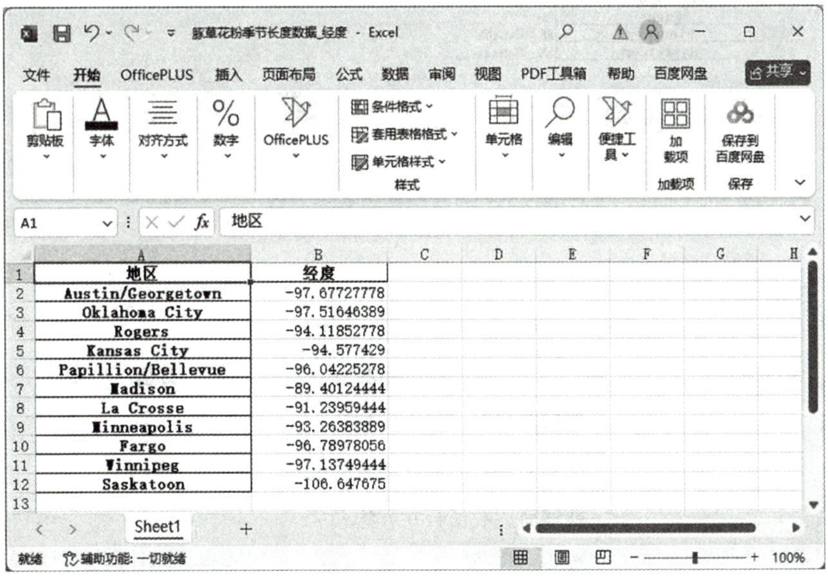

（a）

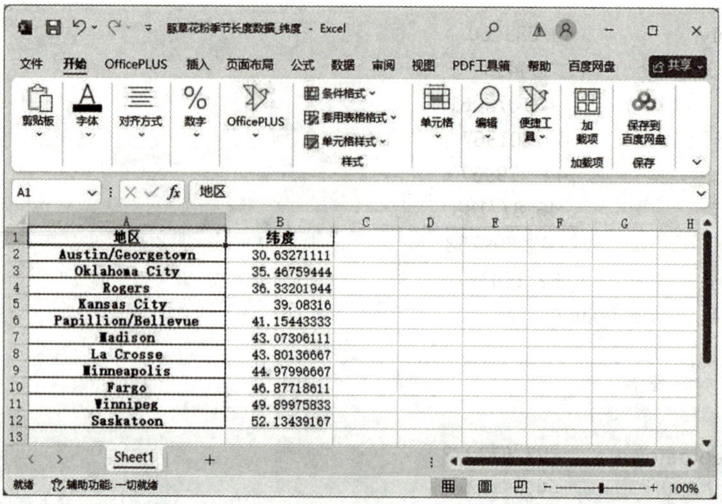

(b)

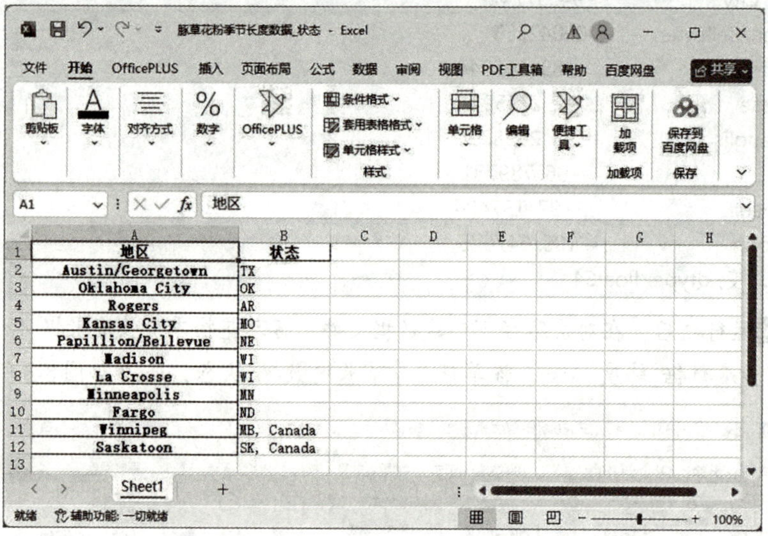

(c)

图 8-3　创建相应的数据文件

任务评价

评价内容	评价标准	分值	自评	师评
数据清洗	能够简述数据清洗的技巧	40		
数据提取	能够简述数据抽取函数的说明	30		
数据合并	能够简述数据合并方法	30		
	总分	100		

任务 2 数据分析

任务描述

本任务主要介绍 Python 提供的数据分析方法，包括数据排列、数据聚合和时间序列分析。

任务分析

为了更有效地从海量数据中提取有价值的信息，需要使用一系列数据分析方法。通过本任务的学习，帮助读者掌握 Python 数据分析的三大核心方法：数据排列、数据聚合和时间序列分析，更能高效地处理和分析数据。

任务重点与实施

Pandas 不仅能够整理数据，还提供了丰富的数据分析方法，如数据排列、聚合、时间序列分析等，使得探索性数据分析变得更加高效。

8.2.1 数据排序

数据排序是按一定顺序将数据排列，Pandas 提供了 sort_values 函数用于根据行、列数据进行排序，该函数的调用格式如下。

```
DataFrame. sort_values(by, axis =0,
                        ascending =True,
                        inplace =False,
                        kind ='quicksort',
                        na_position ='last')
```

参数说明如下。

(1) axis：默认按照列排序，即纵向排序；如果 axis 1，则是横向排序。

(2) by：如果 axis=0，by= "列名"；如果 axis=1，by="行名"。

(3) ascending：True 表示升序，如果 by=['列名 1'，'列名 2']，则该参数可以是[True，False]，即第一字段升序，第二个降序。

(4) inplace：选择是否用排序后的数据替换现有的数据，默认不替换。

(5) kind：排序方法，包括 quicksort(快速排序)、mergesort(混合排序)，heapsort

(堆叠排序)，默认为 quicksort。

(6) na_position：缺失值的排列顺序，可选值为 first、last，默认为 last(缺失值排在最后面)。

Pandas 中的其余数据排序函数见表 8-4。

表 8-4　Pandas 中的其余数据排序函数

函数	说明
Series. sort_index(ascending=True)	根据索引返回已排序的新对象
Series. order(ascending=True)	根据值返回已排序的对象，NaN 值在末尾
Series. rank(method='average', ascending=True, axis=0)	为各组分配一个平均排名，排名方法 method 选项如下： 'average'：相等分组中，为各个值分配平均排名； 'max'，'min'：使用整个分组中的最小排名； 'first'：按值在原始数据中出现的顺序排名

8.2.2　数据聚合

数据聚合是在数据分析中常见的操作，它涉及根据一定的标准对数据集进行分组，并对每个组应用聚合函数以获得统计摘要信息。

1. groupby 函数

Pandas 中的 groupby 函数用于对 DataFrame 对象进行分组，该函数的调用格式如下。

```
DataFrame. groupby(by = None,
                   axis =0,
                   level = None,
                   as_index =True,
                   sort =True,
                   group_keys =True,
                   squeeze =False,
                   observed = False)
```

参数说明如下。

(1) by：映射、字典或 Series 对象、数组、标签或标签列表。如果 by 是一个函数，则对象索引的每个值调用它。如果传递了一个字典或 Series 对象，则使用该字典或 Series 对象值来确定组。如果传递了数组 ndarray，则按原样使用这些值来确定组。

(2) axis：axis=1 表示行，axis=0 表示列，默认值为 0。

(3) slevel：表示索引层级，默认无。

(4) as_index：布尔型，默认为 True，返回以组标签为索引的对象。

(5) sort：对组进行排序，默认为 True。

(6) group_keys：默认为 True，调用 apply 函数时，将分组的键添加到索引以标识片段。

(7)squeeze：默认为False，如果可能，减少返回类型的维度，否则返回一致类型。

(8)observed：当以石斑鱼为分类时，才会使用该参数。如果参数值为True，则仅显示分类石斑鱼的观测值。如果为False，则显示分类石斑鱼的所有值。

分组可以更清晰地了解数据的组成及规律，GroupBy的方式包括下面几种。

(1)使用Series。

(2)使用列名。

(3)使用外部的数据。

(4)使用多个列。

(5)使用字典。

(6)使用函数。

(7)使用索引。

groupby函数返回包含有关组的信息，groupby对象利用groups属性可以用来查看分组的信息，从返回的结果中可以看到不同分组的样本在原数据框中的索引见表8-5。

表8-5 groups属性函数

函数	说明
get_group()	获得指定分组的数据
head() tail()	获得分组后每个组头/尾的若干元素
nth ()	获得每个分组的若干元素

2. agg函数

分组最主要的作用就是对各个组别进行分组描述，简单来说就是将一系列复杂的数据用几个有代表性的数据进行描述，进而能够直观的解释数据的规律。agg函数用来分别计算分组后每个组的最大值、最小值、和，数据计算函数见表8-6。

表8-6 数据计算函数

函数	说明
max	计算分组后，每个组的最大值
min	计算分组后，每个组的最小值
sum	计算分组后，每个组的和
prod	计算分组后，每个组的乘积

8.2.3 时间序列分析

时间序列数据是数据分析中的一个重要环节，特别是在金融、气象、销售等领域，时间序列分析扮演着关键角色。Pandas 提供了一系列的函数来处理和分析时间序列数据，这些函数能够帮助用户有效地进行数据的预处理、重采样、滞后项获取以及移动平均计算等操作。

1. 数据的预处理

时间序列是指多个时间点上形成的数值序列，它既可以是定期的，也可以是不定期出现的。时间序列的数据主要有以下几种。

(1)时间戳 timestamp：表示特定的某个时刻，比如现在。最基本的时间序列类型就是以时间戳为索引的 Series 对象。

(2)时期 period：如 2024 年或者 2022 年 3 月。

(3)时间间隔 interval：由起始时间戳和结束时间戳表示。

在 Pandas 中，date_range 函数用于生成一个具有固定频率的 DatetimeIndex 对象。该函数的调用格式如下。

```
pd. date_range(start,end,periods,fred)
```

参数说明如下。

(1)start：表示起始日期，默认为 None。

(2)end：表示终止日期，默认为 None。

(3)periods：表示产生多少个时间戳索引值。

(4)freq：用来指定计时单位。

其余时间序列数据函数见表 8-7。

表 8-7　其余时间序列数据函数

函数	说明
pd. to_datetime(arg, errors='raise')	将参数转换为日期时间格式
Series. dt. year, Series. dt. month, Series. dt. day, Series. dt. hour, Series. dt. minute, Series. dt. second	提取时间序列中的年、月、日、时、分、秒等
Series. dt. dayofweek, Series. dt. dayofyear, Series. dt. week, Series. dt. quarter	提取时间序列中的星期几、一年中的第几天、周数、季度等信息
Series. dt. strftime(date_format)	将时间序列格式化为字符串
Series. dt. normalize()	将时间序列规范化为午夜的时间戳
Series. dt. round(freq)	将时间序列四舍五入到指定的频率

（续表）

函数	说明
Series. dt. floor(freq) Series. dt. ceil(freq)	将时间序列向下或向上取整到指定的频率
Series. dt. isocalendar( )	返回时间序列的 ISO 日历表示
Series. dt. to_period(freq)	将时间序列转换为周期表示

在 Pandas 中，读取时间序列数据时，需要确定数据集中包含时间序列数据。例如，读取 CSV 文件，其调用格式如下。

```
pd. read_csv('file. csv', parse_dates = ['date'], index_col = 'date')
```

parse_dates 参数指定日期列的名称，index_col 参数将日期列设置为索引。

2. 重采样

resample 函数用来将时间序列数据按照指定的频率进行重采样。该函数的调用格式如下。

```
pd. resample(rule, how = None, axis = 0, fill_method = None, closed = None, label = None, ...)
```

参数说明如下。

(1) rule：表示重采样频率的字符串或 DateOffset。

(2) how：可以取值为 start 或 end，默认为 end。

(3) fill_method：表示升采样时如何插值。

(4) closed：设置降采样哪一端是闭合的。

3. 滞后项获取

Pandas 中的 shift 函数是获取滞后项的强大工具，它提供了一种简便的方式来操作时间序列数据，并为时间序列分析提供了基础。该函数的调用格式如下。

```
DataFrame. shift(periods = 1, freq = None, axis = 0, fill_value = None)
```

参数说明如下。

(1) periods：指定移动的步数，可以为正数(向下移动)或负数(向上移动)。默认为 1。

(2) freq：可选参数，用于指定时间序列数据的频率，通常用于时间序列数据的移动操作。

(3) axis：指定移动的方向，可以为 0(默认，沿行移动)或 1(沿列移动)。

(4) fill_value：可选参数，用于填充移动后留下的空白位置，通常为填充 NaN 值。

4. 移动平均计算

Pandas 中的 rolling 函数根据指定的单位长度来框住时间序列，从而计算框内的统计指标(简单移动平均、加权移动平均、中心移动平均等)。该函数的调用格式如下。

```
pd. rolling(window,
        min_periods=None, center=False, win_type=None, on=None, axis=0, closed=None)
```

参数说明如下。

(1)window：表示窗口的大小。

(2)min_periods：每个窗口最少包含的观测值数量。

(3)center：是否把窗口的标签设置为居中。center=True 实现中心移动平均。

(4)win_type：表示窗口的类型。如'boxcar'，'triang'，'blackman'，'hamming'，'bartlett'，'parzen'，'blackmanharris'，'nuttall'，'barthann'，'hann'，'kaiser'等计算加权移动平均。

(5)closed：用于定义区间的开闭。

8.2.4 实例

扫码看视频

1. 设计部门费用统计表

某公司四个部门费用统计表见表 8-8，本实例对其进行排序。

表 8-8 某公司四个部门费用统计表 单位：元

部门	每月费用标准	4 月费用	5 月费用	6 月费用
研发部	8 000	11 000	9 000	7 550
市场部	10 000	9 800	10 000	9 780
财务部	6 000	5 500	5 900	6 500
销售部	12 000	11 500	12 000	13 000

设计部门费用统计表的操作步骤如下。

步骤 01 启动 PyCharm，打开名为 ch_11 的目录文件。然后在该目录中新建一个名为 example_1103. py 的 Python 文件。

步骤 02 在命令编辑窗口输入如下程序。

```
#! /usr/bin/env python3                    #定义头文件
# -* - coding: UTF-8 -* -                  #定义编码格式
import pandas as pd                        #导入 pandas 模块
#输出数据列名与数据对齐方式
pd. set_option('display. unicode. east_asian_width', True)

#定义列表
data = pd. DataFrame([[8000. 00, 11000. 00, 9000. 00, 7550. 00],
                      [10000. 00, 9800. 00, 10000. 00, 9780. 00],
                      [6000. 00, 5500. 00, 5900. 00, 6500. 00],
                      [12000. 00, 11500. 00, 12000. 00, 13000. 00]])
data. columns = ['每月费用标准', '4 月费用', '5 月费用', '6 月费用']
```

```
data. index = ['研发部', '市场部', '财务部', '销售部']
#写入 xlsx 文件
data. to_excel('设计部门费用统计表 . xlsx')
#输出数据
print('* '* 10, '设计部门费用', '* '* 10)
print('原始数据', data, sep = '\n')

print('* '* 10, 'sort_values 函数排序', '* '* 10)
print('按列升序排序', data. sort_values(by = '每月费用标准', axis =0), sep = '\n')
print('按列降序排序', data. sort_values(by = ['每月费用标准', '4 月费用'], ascending = [False,
True]), sep = '\n')
print('混合排序', data. sort_values(by = '每月费用标准', kind = 'mergesort'), sep = '\n')
print('堆叠排序', data. sort_values(by = '每月费用标准', kind = 'heapsort'), sep = '\n')

print('* '* 10, 'sort_index 函数排序', '* '* 10)
print('按“行标签”升序排序', data. sort_index(), sep = '\n')
print('按“列标签”升序排序', data. sort_index(axis =1), sep = '\n')

print('* '* 10, 'rank 函数排序', '* '* 10)
print('按平均值升序排序', data. rank(method = 'average'), sep = '\n')
print('按最大值升序排序', data. rank(method = 'max'), sep = '\n')
print('按最小值升序排序', data. rank(method = 'min'), sep = '\n')
```

步骤 03 在命令行窗口顶部下拉列表中选择“当前文件”，单击“运行”按钮，运行结果如下。

```
********** 设计部门费用 **********
原始数据
        每月费用标准    4 月费用    5 月费用    6 月费用
研发部        8000. 0   11000. 0    9000. 0    7550. 0
市场部       10000. 0    9800. 0   10000. 0    9780. 0
财务部        6000. 0    5500. 0    5900. 0    6500. 0
销售部       12000. 0   11500. 0   12000. 0   13000. 0
********** sort_values 函数排序 **********
按列升序排序
        每月费用标准    4 月费用    5 月费用    6 月费用
财务部        6000. 0    5500. 0    5900. 0    6500. 0
研发部        8000. 0   11000. 0    9000. 0    7550. 0
市场部       10000. 0    9800. 0   10000. 0    9780. 0
销售部       12000. 0   11500. 0   12000. 0   13000. 0
按列降序排序
        每月费用标准    4 月费用    5 月费用    6 月费用
销售部       12000. 0   11500. 0   12000. 0   13000. 0
市场部       10000. 0    9800. 0   10000. 0    9780. 0
研发部        8000. 0   11000. 0    9000. 0    7550. 0
```

```
财务部        6000.0   5500.0   5900.0   6500.0
混合排序
          每月费用标准  4月费用  5月费用  6月费用
财务部        6000.0   5500.0   5900.0   6500.0
研发部        8000.0  11000.0   9000.0   7550.0
市场部       10000.0   9800.0  10000.0   9780.0
销售部       12000.0  11500.0  12000.0  13000.0
堆叠排序
          每月费用标准  4月费用  5月费用  6月费用
财务部        6000.0   5500.0   5900.0   6500.0
研发部        8000.0  11000.0   9000.0   7550.0
市场部       10000.0   9800.0  10000.0   9780.0
销售部       12000.0  11500.0  12000.0  13000.0
**********  sort_index 函数排序 **********
按“行标签”升序排序
          每月费用标准  4月费用  5月费用  6月费用
市场部       10000.0   9800.0  10000.0   9780.0
研发部        8000.0  11000.0   9000.0   7550.0
财务部        6000.0   5500.0   5900.0   6500.0
销售部       12000.0  11500.0  12000.0  13000.0
按“列标签”升序排序
        4月费用  5月费用  6月费用  每月费用标准
研发部  11000.0   9000.0   7550.0        8000.0
市场部   9800.0  10000.0   9780.0       10000.0
财务部   5500.0   5900.0   6500.0        6000.0
销售部  11500.0  12000.0  13000.0       12000.0
**********  rank 函数排序 **********
按平均值升序排序
          每月费用标准  4月费用  5月费用  6月费用
研发部           2.0      3.0      2.0      2.0
市场部           3.0      2.0      3.0      3.0
财务部           1.0      1.0      1.0      1.0
销售部           4.0      4.0      4.0      4.0
按最大值升序排序
          每月费用标准  4月费用  5月费用  6月费用
研发部           2.0      3.0      2.0      2.0
市场部           3.0      2.0      3.0      3.0
财务部           1.0      1.0      1.0      1.0
销售部           4.0      4.0      4.0      4.0
按最小值升序排序
          每月费用标准  4月费用  5月费用  6月费用
研发部           2.0      3.0      2.0      2.0
市场部           3.0      2.0      3.0      3.0
财务部           1.0      1.0      1.0      1.0
销售部           4.0      4.0      4.0      4.0
```

步骤 04 运行之后，在对应路径下创建数据文件“设计部门费用统计表 . xlsx”，如图 8-4 所示。

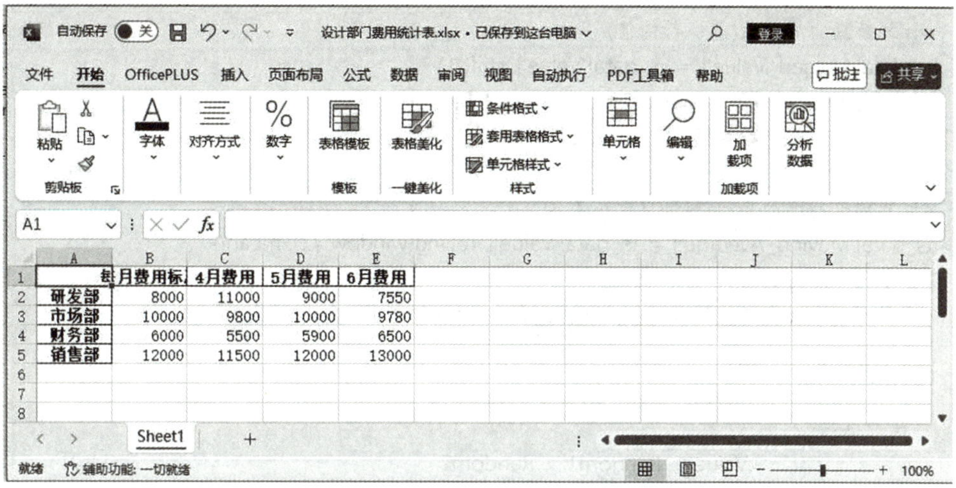

图 8-4　创建“设计”部门费用统计表

2. 随机时间序列数据分析

本实例创建一个时间序列数据，演示将数据按指定方向移动或偏移、计算时间序列数据的移动平均值。

随机时间序列数据分析的操作步骤如下。

扫码看视频

步骤 01 启动 PyCharm，打开名为 ch_11 的目录文件。然后在该目录中新建一个名为 example_1104. py 的 Python 文件。

步骤 02 在命令编辑窗口输入如下程序。

```
#! /usr/bin/env python3                    #定义头文件
# -* - coding: UTF-8 -* -                  #定义编码格式
import pandas as pd
import numpy as np

#创建一个时间序列数据框,并添加 2 个随机的列
rng = pd. date_range('2024-01-01', periods=100, freq='D')
ts_data = pd. DataFrame({'Value': np. random. rand(len(rng))}, index=rng)
ts_data['Random1'] = np. random. rand(len(rng))
ts_data['Random2'] = np. random. rand(len(rng))

#打印出前五行数据
print('原始数据：', '\n', ts_data. head())

#向下移动一行数据
df_shifted = ts_data. shift(periods=1)
```

```
#打印出前五行数据
print('向下移动一行数据：', '\n', df_shifted. head())

#计算数据的滞后值(前一行的值)
ts_data['Lagged_Value'] = ts_data['Value']. shift(1)
#打印出前五行数据
print('添加一行滞后数据：', '\n', ts_data. head())

#计算数据的滑动平均值(窗口大小为 3)
ts_data['Moving_Average'] = ts_data['Value']. rolling(window =3). mean()
#打印出前五行数据
print('创建滑动窗口统计信息：', '\n', ts_data. head())
```

运行结果为

```
原始数据：
               Value   Random1   Random2
2024-01-01  0.492276  0.993698  0.152464
2024-01-02  0.773441  0.222470  0.992333
2024-01-03  0.614274  0.459895  0.059864
2024-01-04  0.905993  0.106219  0.532249
2024-01-05  0.087902  0.417476  0.958305
 向下移动一行数据：
               Value   Random1   Random2
2024-01-01       NaN       NaN       NaN
2024-01-02  0.492276  0.993698  0.152464
2024-01-03  0.773441  0.222470  0.992333
2024-01-04  0.614274  0.459895  0.059864
2024-01-05  0.905993  0.106219  0.532249
 添加一行滞后数据：
               Value   Random1   Random2  Lagged_Value
2024-01-01  0.492276  0.993698  0.152464           NaN
2024-01-02  0.773441  0.222470  0.992333      0.492276
2024-01-03  0.614274  0.459895  0.059864      0.773441
2024-01-04  0.905993  0.106219  0.532249      0.614274
2024-01-05  0.087902  0.417476  0.958305      0.905993
 创建滑动窗口统计信息：
               Value   Random1   Random2  Lagged_Value  Moving_Average
2024-01-01  0.492276  0.993698  0.152464           NaN             NaN
2024-01-02  0.773441  0.222470  0.992333      0.492276             NaN
2024-01-03  0.614274  0.459895  0.059864      0.773441        0.626664
2024-01-04  0.905993  0.106219  0.532249      0.614274        0.764569
2024-01-05  0.087902  0.417476  0.958305      0.905993        0.536056
```

任务评价

评价内容	评价标准	分值	自评	师评
数据排列	能够简述数据排列函数的说明	25		
数据聚合	能够简述聚合函数的说明	25		
时间序列分析	能够简述处理和分析时间序列数据的操作	25		
	能够简述时间序列数据函数的说明	25		
总分		100		

任务 3　数据可视化

任务描述

本任务主要介绍 Python 数据可视化中的图窗函数、可视化图表函数、坐标系和坐标轴函数。

任务分析

在数据分析和科学计算领域，数据可视化是一项至关重要的技能。Python 作为一种强大的编程语言，提供了丰富的数据可视化库和工具。通过本任务的学习，帮助读者能够将数据转化为图表和图像，从而更直观地理解数据。

任务重点与实施

Python 利用 Matplotlib 可视化库，可以将复杂的数据以图形的方式直观展示，帮助读者更好地理解数据模式和趋势。

Matplotlib 是一个三方库，首先使用 pip3 下载安装，其次在 PyCharm 中安装导入 Matplotlib 库(图 8-5)后，最后在文件程序中还需要导入才可以使用。

```
import matplotlib
```

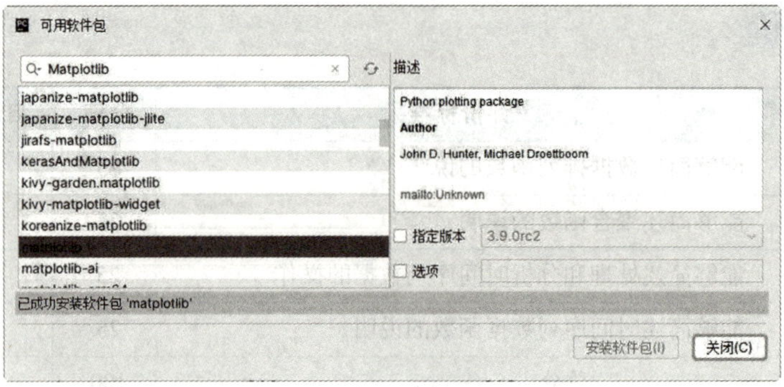

图 8-5　安装 Matplotlib 库

Matplotlib 提供了子模块 Pyplot，Pyplot 包含一系列绘图函数的相关函数，能很方便让用户绘制 2D 图表。导入格式如下。

```
import matplotlib. pyplot as plt   #导入 matplotlib. pyplot 模块
```

8.3.1　图窗函数

在 Pyplot 中，figure 函数用于创建空白图窗，该函数的调用格式如下。

```
import matplotlib. pyplot as plt
plt. figure(num =None,
          figsize =None,
          dpi =None,
          facecolor =None,
          edgecolor =None,
          frameon =True)
```

参数说明如下。

(1) num：指定图表编号或名称，数字为编号，字符串为名称。

(2) figsize：指定窗口的宽和高，单位为英寸，1 英寸等于 2. 5 cm。

(3) dpi：指定绘图对象的分辨率，即每英寸多少个像素，缺省值为 80 。

(4) facecolor：指定窗口的背景颜色。

(5) edgecolor：指定窗口的边框颜色。

(6) frameon：指定是否显示边框。

其余图窗操作函数见表 8-9。

表 8-9　其余图窗操作函数

函数	说明
show	显示图窗如果已有图窗打开，则系统会将图形绘制在最近打开的图窗中，原有图形也将随之被覆盖

（续表）

函数	说明
subplot	在同一个图窗中显示多个子图
add_subplot	在当前图窗指定的子图中添加坐标系
subplots	可以一次在所有子图中生成坐标系
gcf	获取当前图窗 Figure 的句柄

8.3.2　可视化图表函数

1. 折线图

在 Pyplot 中，plot 命令用来绘制折线图，该函数的调用格式如下。

```
plt.plot(x,y,format_string,** Kwargs)
```

参数说明如下。

（1）x：x 轴上的值。

（2）y：y 轴上的值。

（3）format_string：控制曲线的格式字符串，包括线型、颜色、标记。

（4）** kwargs：（x，y，format_string）。

① color 表示控制颜色，color='green'。

② linestyle ：线条风格，linestyle='dashed'。

③ marker ：标记风格，marker='o'。

④ markerfacecolor：标记颜色，markerfacecolor='blue'。

⑤ markersize：标记尺寸，markersize=20。

format_string 的合法设置参见表 8-10、表 8-11 和表 8-12。

format_string 为用单引号标记的字符串，用来设置所画数据点的类型、大小、颜色，以及数据点之间连线的类型、粗细、颜色等。实际应用中，format_string 是某些字母或符号的组合，format_string 可以省略，此时将由系统默认设置，即曲线一律采用“实线”线型。

表 8-10　线型符号及含义

线型符号	符号含义	线型符号	符号含义
-	实线（默认值）	:	点线
--	虚线	-.	点画线

表 8-11　颜色控制字符表

字符	色彩	RGB 值
b(blue)	蓝色	001
g(green)	绿色	010

（续表）

字符	色彩	RGB 值
r(red)	红色	100
c(cyan)	青色	011
m(magenta)	品红	101
y(yellow)	黄色	110
k(black)	黑色	000
w(white)	白色	111

表 8-12　标记控制字符表

字符	数据点	字符	数据点
+	加号	>	向右三角形
o	实心小圆圈	<	向左三角形
*	星号	s	正方形
.	实点	h	竖六边形
x	交叉号	p	正五角星
d	棱形	v	向下三角形
^	向上三角形	,	像素标记(极小点)
1	下花三角标记	2	上花三角标记
3	左花三角标记	4	右花三角标记
H	横六边形	|	垂直线标记

2. 常用图表

Matplotlib 中包含各种常用图表(如条形图、饼图、散点图、面积图、箱形图、雷达图)，图表函数说明见表 8-13。

表 8-13　图表函数说明

函数	说明
scatter()	用于绘制散点图
bar()	用于绘制垂直条形图和水平条形图
hist()	用于绘制直方图
pie()	用于绘制饼图
stackplot()	用于绘制面积图
boxplot()	用于绘制箱形图

（续表）

函数	说明
polar( )	用于绘制极坐标图(雷达图)
imshow( )	用于绘制图像
imread( )	用于从图像文件中读取图像数据
fill_betweenx	用于沿两条曲线之间的水平方向着色

8.3.3　坐标系和坐标轴函数

Pyplot 中的绘图函数可根据要绘制的曲线数据的范围自动选择合适的坐标系和坐标轴，使得曲线尽可能清晰地显示出来，但是有些图形，如果用户感觉自动选择的坐标不合适，需要时用函数调整坐标系和坐标轴。

1. 创建坐标系

在 Pyplot 中，利用 axes 命令在当前图窗中添加一个坐标系(功能与 subplot 函数类似)，该函数的调用格式如下。

```
plt. axes(arg =None, **  kwargs)
```

参数说明如下。

(1) arg：接收 None 或 4 个 float 类型的元组。None 表示新的坐标轴；四个元素的元组表示新坐标轴的位置，即[左 底 宽度 高度]，前两个是相对于坐标原点的位置，后两个是坐标轴的宽和高。

(2) ** kwargs：其他多个关键字参数，最常见的包括 facecolor，gid，in_layout，label，position，xlim，ylim 等。

2. 设置坐标轴

Pyplot 中的 axis 函数用于控制坐标轴的显示、刻度、长度等特征，它有很多种使用方式，表 8-14 列出了一些 axis 命令的使用格式，表 8-15 列出了 option 选项参数。

表 8-14　axis 命令的使用格式

调用格式	说明
xmin, xmax, ymin, ymax = axis( )	返回当前坐标轴的 x 轴与 y 轴的范围
xmin, xmax, ymin, ymax = axis([xmin, xmax, ymin, ymax])	设置 x 轴与 y 轴的范围
xmin, xmax, ymin, ymax = axis(option)	根据指定的 option 选项(见表 8-15)设置坐标轴属性

表 8-15 option 选项参数

参数值	说明
'on'	显示坐标轴上的标记、单位和格栅
'off'	关闭所用坐标轴上的标记、格栅和单位标记
'equal'	x 轴、y 轴根据所给数据在各个方向的数据单位自动调整其纵横比，使在每个方向的轴刻度等长
'scaled'	通过更改坐标轴的尺寸设置相等的缩放
'tight'	把坐标轴的范围定为数据的范围
'auto'	自动计算当前轴的范围
'image'	效果与命令'scaled'相同，只是图形区域刚好紧紧包围图像数据
'square'	设置当前图形为正方形，并且 x，y 轴范围相同，即 $y_{max}-y_{min}=x_{max}-x_{min}$

3. 设置坐标轴刻度范围

在 Python 中还可以对坐标轴刻度范围进行设置或查询，X、Y 轴相应的命令为 xlim、ylim，它们的调用格式与 axes 函数相同，这里不再赘述。

4. 设置坐标轴属性

在 pylot 中，使用 gca 函数可获取当前坐标轴 axis 的句柄。例如：

```
ax = plt.gca()
```

通过调用句柄可以对坐标轴进行各种设置，表 8-16 列出了一些常用的坐标轴命令。

表 8-16 坐标轴命令

调用格式	说明
ax. set_ylim( )	设置 X 坐标轴范围
ax. set_xlim( )	设置 Y 坐标轴范围
ax. set_xticks( )	设置 X 坐标轴刻度
ax. set_yticks( )	设置 Y 坐标轴刻度
ax. grid( )	设置网格样式
ax. spines( )	设置边框，共有("left","right","top","bottom")四种选项
ax. set_color( )	设置颜色
ax. fill	填充图形
ax. label	设置标签
ax. xaxis. set_ticks_position( )	设置 x 坐标刻度或名称的位置
ax. yaxis. set_ticks_position( )	设置 y 坐标刻度或名称的位置

5. 图形标注

Python 提供了一些常用的图形标注函数，利用这些函数可以为图形添加标题，为坐标轴添加标注，为图形添加图例，也可以把说明、注释等文本放到图形的任何位置，具体函数见表8-17。

表8-17　图形标注命令

调用格式	说明
plt. title	添加标题
plt. xlabe plt. ylabe	标注轴名称
plt. xticks plt. yticks	标注坐标轴刻度
plt. legend	标注图例
plt. text plt. annotate	标注图形
plt. grid	控制网格线

任务评价

评价内容	评价标准	分值	自评	师评
图窗函数	能够简述图窗操作函数的说明	30		
可视化图表函数	能够简述图表函数的说明	30		
坐标系和坐标轴函数	能够简述可以用哪些函数调整坐标系和坐标轴	40		
总分		100		

项目小结

本项目主要介绍了 Python 大数据应用的相关知识。首先介绍了数据清洗和合并；其次介绍了数据排序和聚合、时间序列分析；最后介绍了图窗函数、可视化图表函数、坐标系和坐标轴函数。通过本项目的学习，读者能够学会分析原始数据中存在的各种问题，如格式不一致、缺失值、异常值等，利用所学知识选择合适的图表和图形来展现数据。

项目习题

一、简答题

1. 简述 figure 函数的调用格式。
2. 简述 plot 函数的调用格式。
3. 简述数据清洗的原理和技巧。
4. 简述数据聚合的概念和方法。

5. 简述数据可视化的工具和技术。

二、 上机操作题

温室气体浓度对比图。如图 8-6 中显示各种温室气体在地球大气中浓度的变化数据，本实例利用 Pyplot 库中的 plot 函数绘制 CFC-12、CFC-11 浓度对比图。

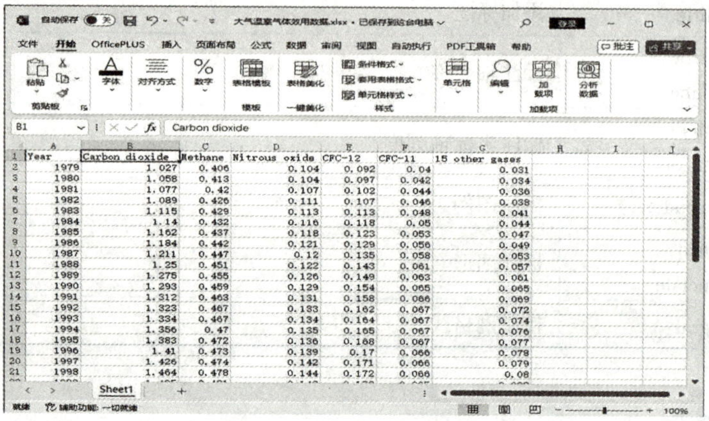

Year	Carbon dioxide	Methane	Nitrous oxide	CFC-12	CFC-11	15 other gases
1979	1.027	0.406	0.104	0.092	0.04	0.031
1980	1.058	0.413	0.104	0.097	0.042	0.034
1981	1.077	0.42	0.107	0.102	0.044	0.036
1982	1.089	0.426	0.111	0.107	0.046	0.038
1983	1.115	0.429	0.113	0.113	0.048	0.041
1984	1.14	0.432	0.116	0.118	0.05	0.044
1985	1.162	0.437	0.118	0.123	0.053	0.047
1986	1.184	0.442	0.121	0.129	0.056	0.049
1987	1.211	0.447	0.12	0.135	0.058	0.053
1988	1.25	0.451	0.122	0.143	0.061	0.057
1989	1.275	0.455	0.126	0.149	0.063	0.061
1990	1.293	0.459	0.129	0.154	0.065	0.065
1991	1.312	0.463	0.131	0.158	0.066	0.069
1992	1.323	0.467	0.133	0.162	0.067	0.072
1993	1.334	0.467	0.134	0.164	0.067	0.074
1994	1.356	0.47	0.135	0.165	0.067	0.076
1995	1.383	0.472	0.136	0.168	0.067	0.077
1996	1.41	0.473	0.139	0.17	0.066	0.078
1997	1.426	0.474	0.142	0.171	0.066	0.079
1998	1.464	0.478	0.144	0.172	0.066	0.08

图 8-6 温室气体在地球大气中浓度的变化数据

操作提示如下。

(1) 新建一个 Python 文件。

(2) 在命令编辑窗口输入如下程序。

```
#! /usr/bin/env python3                    #定义头文件
# -* - coding: UTF-8 -* -                  #定义编码格式
import pandas as pd                        #导入 pandas 模块
import matplotlib. pyplot as plt           #导入 matplotlib. pyplot 模块
#输出数据列名与数据对齐方式
pd. set_option('display. unicode. east_asian_width', True)
plt. rcParams['font. sans- serif'] = ['SimHei']  #解决中文乱码

basestation = '大气温室气体效用数据 . xlsx'  # 定义 excel 文件路径
#读取指定路径下的文件, 将第 1 列设置为行名(index),第 1 行设置为列名(columns)
excel_data = pd. read_excel(basestation, index_col =0, header =0)  #读取表格

x = excel_data. index
y1 = excel_data['Carbon dioxide']
y2 = excel_data['Methane']
y3 = excel_data['Nitrous oxide']
y4 = excel_data['CFC- 12']
y5 = excel_data['CFC- 11']
y6 = excel_data['15 other gases']

fig = plt. figure()
```

```
#设置右侧窗口与子图之间的间距
fig. subplots_adjust(right =0. 85)   #调整右边缘,增加间距

#绘制子图
axes = fig. subplots(nrows =2, ncols =3)
axes[0, 0]. plot(x, y1, color ='k', marker ='*  ', label ="Carbon dioxide")
axes[0, 1]. plot(x, y2, color ='b', marker ='d', label ="Methane")
axes[0, 2]. plot(x, y3, color ='r', marker ='2', label ="Nitrous oxide")
axes[1, 0]. plot(x, y4, color ='m', marker ='*  ', label ="CFC-12")
axes[1, 1]. plot(x, y3, color ='r', marker ='o', label ="CFC-11")
axes[1, 2]. plot(x, y4, color ='m', marker ='+', label ="15 other gases")

lines = []
labels = []
#利用循环得到每一个子图的图例
for ax in fig. axes:
    axLine, axLabel = ax. get_legend_handles_labels()
    lines. extend(axLine)
    labels. extend(axLabel)
fig. legend(lines, labels, loc ='upper right')
#图例的位置,
bbox_to_anchor = (0. 5, 0. 92)

#添加整个图形的标题
label = '大气温室气体效用数据折线图'
plt. suptitle(label, fontsize =20, fontweight ='heavy')

plt. show()
```

(3)在命令行窗口顶部下拉列表中选择“当前文件”，单击“运行”按钮。运行结果如图 8-7 所示。

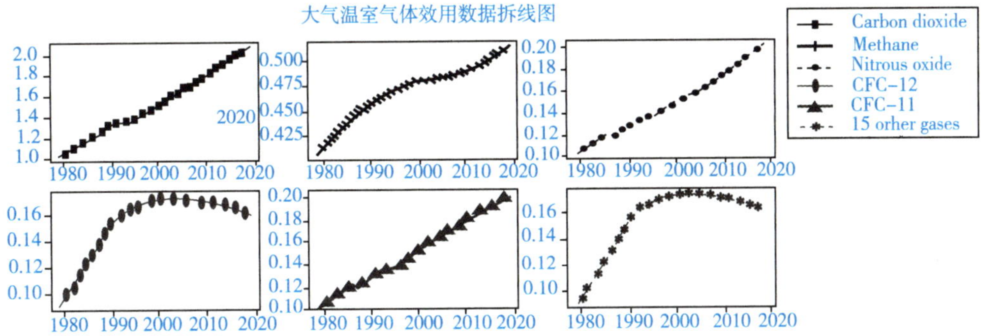

图 8-7　浓度对比图

项目 9 Python 人工智能应用

项目导读

在当前的数据驱动时代，Python 已经成为人工智能(AI)领域较受欢迎的编程语言之一。其丰富的模块库和框架为研究人员、开发者，以及业余爱好者提供了强大的工具，使得他们能够轻松地开展数据挖掘、机器学习、深度学习和计算机视觉等领域的研究与开发工作。这些库不仅简化了算法的实现过程，还提高了开发效率，使得构建高性能模型变得可行。本项目主要介绍各个库的基本特性和应用场景。

学习目标

◆ **知识目标**

- 了解 Scikit-learn 库的应用。
- 熟悉 TensorFlow 库的应用。
- 了解 OpenCV 库的应用。

◆ **技能目标**

- 掌握 Scikit-learn 库的下载与使用。
- 熟悉 TensorFlow 库的下载与使用。
- 掌握 OpenCV 库的下载与使用。

◆ **素质目标**

- 实践和应用机器学习与深度学习技术解决实际问题。
- 在学习和使用库的过程中，培养读者能够不断探索新的应用场景和算法组合，提出创新性的解决方案。
- 培养读者对新技术和新方法的敏锐感知，能够持续关注机器学习、深度学习和计算机视觉领域的发展动态。

◆ **思政目标**

- 通过实例体会人工智能应用在实际生活中的广泛价值，引导读者认识到人工智能对社会发展的推动作用，增强对人工智能技术应用的责任感和使命感。
- 培养读者的社会责任感，引导读者思考如何运用 Python 人工智能应用知识，为改善社会民生、推动行业进步提供技术支持，促进社会的和谐发展。

任务 1　数据挖掘和机器学习的应用

任务描述

本任务主要介绍 Scikit-learn 库在数据挖掘和机器学习中的应用。

任务分析

Scikit-learn 是一个基于 Python 的开源机器学习库，它提供了简单高效的数据挖掘和数据分析工具。通过本任务的学习，帮助读者了解和掌握 Scikit-learn 库在数据挖掘和机器学习中的应用，为未来的学习和工作打下坚实的基础。

任务重点与实施

Scikit-learn 库是一个基于 Python 的机器学习库，构建在 NumPy 和 Matplotlib 之上，提供了大量的机器学习算法，可以对大数据进行分类、回归、聚类、降维等多种分析，挖掘数据的潜在价值。

使用 pip 下载安装 scikit-learn 库，在 cmd 窗口中输入下面的程序。

```
pip3 install scikit- learn
```

下载 scikit-learn 库文件并安装成功后。还需要在 PyCharm 的“可用软件包”对话框中安装模块库 scikit-learn，如图 9-1 所示。

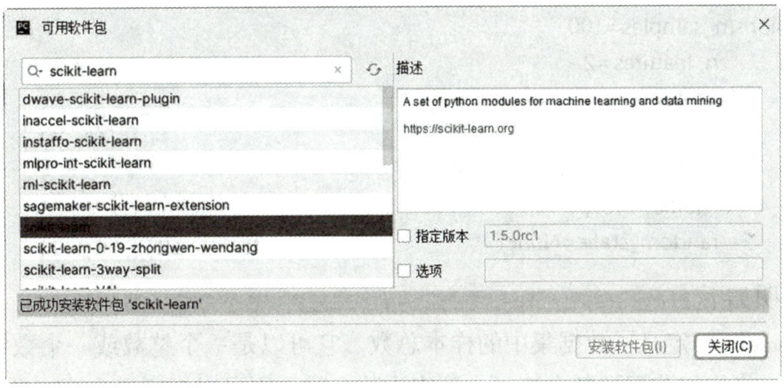

图 9-1　安装模块库 scikit-learn

在 PyCharm 安装 scikit-learn 模块后，在程序中使用该模块库，还需要导入该模块，例如：

```
import scikit- learn    #导入模块
```

9.1.1 获取数据集

Scikit-learn 库提供了多种内置的数据集，用于机器学习和数据分析任务。这些数据集覆盖了分类、回归、聚类等多种类型的机器学习问题，并且已经过预处理，可以直接用于模型的训练和测试。

1. 常用数据集

下面将详细介绍 Scikit-learn 库中包含的一些重要数据集及其特点。

(1)分类数据集

① 鸢尾花数据集：这是一个经典的分类数据集，包含了三类鸢尾花(setosa、versicolour、virginica)，每类 50 个样本。每个样本都有四个特征：花萼长度、花萼宽度、花瓣长度和花瓣宽度。

② 手写数字(digits)数据集：包含了从 0 到 9 的手写数字图像，每个数字有多个样本。每个图像都是 8×8 像素的灰度图像，像素值介于 0 和 16 之间。这个数据集通常用于图像识别或数字识别任务。

③ 乳腺癌(breast cancer)数据集：包含了乳腺肿瘤的诊断结果，数据集中的特征是通过细针吸取图片得到的细胞描述，可以用来预测肿瘤是良性还是恶性。

(2)回归数据集

糖尿病(diabetes)数据集：包含了 442 个病例的糖尿病相关数据(即年龄、性别、体重指数、平均血压和 6 个血清测量值，以及感兴趣的反应，即基线后一年疾病进展的定量测量值。)，每个病例有多个生化指标和生理参数，可用于预测糖尿病的进展情况。

(3)聚类数据集

Scikit-learn 提供了 make_blobs 函数，可以生成随机的聚类数据，这种数据主要用于测试聚类算法的性能。该函数调用格式如下。

```
make_blobs(n_samples=100,
           n_features=2,
           centers=None,
           cluster_std=1.0,
           center_box=(-10.0, 10.0),
           shuffle=True,
           random_state=None)
```

参数说明如下。

① n_samples：定义了数据集中的样本总数。它可以是一个整数或一个数组。当设为整数时，样本将均匀分配到各个簇中；而作为数组时，则可以指定每个簇的具体样本数。

② n_features：定义了每个数据点的特征数量，即数据的维度。默认值为 2，表示生成的是二维空间中的数据点。

③ centers：指定要生成的簇的中心数。如果 n_samples 是一个整数且 centers 被设置为 None，则默认生成 3 个簇中心。如果 n_samples 是数组类型，则 centers 必须为 None

或长度与 n_samples 相同的数组。

④ cluster_std：定义了每个簇内数据点的标准偏差，即簇的大小或分散程度。可以用来模拟不同大小或密度的簇。

⑤ center_box：设定了一个边界框，限制随机生成的簇中心的分布范围。是一个元组，包含最小值和最大值。

⑥ shuffle：一个布尔值，决定是否在返回前对数据点进行洗牌，以便在每次调用时得到不同的数据排列顺序。

⑦ random_state：用于设置随机数生成器的种子，以确保每次生成的数据集相同，便于实验的可重复性。

(4) 文本数据集

fetch_20newsgroups 数据集包含了 20 个不同新闻组的新闻文章，广泛用于文本分类任务。这些数据已经是预处理过的，单词已经被转换为向量形式，方便进行文本分析和机器学习模型的训练。

2. 数据集划分

在实际的机器学习任务中，为了评估模型在未见过的数据上的性能，通常需要将数据集分为训练集和测试集。

在 Scikit-learn 中，train_test_split 函数将数据集划分为训练集和测试集。该函数调用格式如下。

```
X_train, X_test, y_train, y_test = train_test_split(X, y, test_size=0.2, random_state=42)
```

参数说明如下。

(1) X 表示特征数据。

(2) y 表示标签数据。

(3) test_size 参数指定了测试集的比例，这里设置为 0.2，即测试集占整个数据集的 20%。

(4) random_state 参数用于设置随机种子，以确保每次运行代码时都能得到相同的结果。

9.1.2　数据预处理

Scikit-learn 库提供了丰富的数据预处理功能，可以处理和准备数据以供机器学习模型使用。

1. 缺失值处理

(1) SimpleImputer 函数

SimpleImputer 函数用于填充缺失值，可以选择不同的策略(如均值、中位数或最频繁的值)来填充缺失值。该函数调用格式如下。

```
SimpleImputer(missing_values=np.nan,
              strategy='mean',
              fill_value=None,
              verbose=0, copy=True)
```

参数说明如下。

① missing_values：缺失值表示形式，默认为 NaN。

② strategy：填充策略，可选的方法有 'mean'(平均值)，'median'(中位数)，'most_frequent'(出现频率最高的值)和 'constant'(常数，需要自定义 fill_value)。

③ fill_value：当 strategy='constant' 时，用于填充缺失值的常数值。

④ verbose：设置详细输出，默认为 0，即不输出详细信息。

⑤ copy：设置为 False 时，将在数据上进行就地操作，即不创建数据的副本而直接修改原始数据。默认值为 True，表示创建数据副本进行操作，原始数据保持不变。

(2) KNNImpute 函数

KNNImpute 函数基于 K 最近邻算法来估计缺失值。该函数调用格式如下。

```
KNNImputer(n_neighbors=5, weights='uniform',
           metric='minkowski', metric_params=None,
           verbose=0, copy=True)
```

参数说明如下。

① n_neighbors：用于估算缺失值的最近邻居数，默认为 5。

② weights：用于预测缺失值时各邻居样本的权重，可以设置为'uniform'(统一权重)或'distance'(距离越近权重越大)，默认为'uniform'。

③ metric：计算实例之间距离的方法，默认为'minkowski'，即明可夫斯基距离，也可以选择其他如欧氏距离('euclidean')、曼哈顿距离('manhattan')等。

④ metric_params：传给 metric 函数的参数，具体参数取决于所选的 metric 方法。

⑤ verbose：详细输出模式，默认为 0，即不输出详细信息。

⑥ copy：设置为 False 时，将在数据上进行就地操作，否则创建数据副本进行操作，默认值为 True。

2. 特征缩放

(1) StandardScaler 函数

StandardScaler 函数将特征标准化为均值为 0，标准差为 1 的分布。该函数调用格式如下。

```
StandardScaler(with_mean=True, with_std=True, copy=True)
```

参数说明如下。

① with_mean：布尔值，表示是否在缩放前移除平均值，默认为 True。

② with_std：布尔值，表示是否使用标准差进行缩放，默认为 True。

③ copy：布尔值，表示是否在原数据上直接操作，默认创建数据的副本。

(2) MinMaxScaler 函数

MinMaxScaler 函数将特征缩放到指定的最小值和最大值之间。该函数调用格式如下。

```
MinMaxScaler(feature_range=(0, 1), copy=True)
```

参数说明如下。

① feature_range：一个元组，指定缩放后数据的最小值和最大值，默认为（0，1）。

② copy：布尔值，表示是否在原数据上直接操作，默认创建数据的副本。

（3）RobustScaler 函数

RobustScaler 函数对特征进行缩放，使其具有零均值和单位方差，同时减少异常值的影响。该函数调用格式如下。

```
RobustScaler(with_centering=True, with_scaling=True, copy=True)
```

参数说明如下。

① with_centering：布尔值，表示是否基于中位数和四分位数间距进行位置偏移，默认为 True。

② with_scaling：布尔值，表示是否基于四分位数间距进行缩放，默认为 True。

③ copy：布尔值，表示是否在原数据上直接操作，默认创建数据的副本。

Scikit-learn 库中还包括其余函数，实现编码分类变量、特征选择、特征提取、特征生成功能，具体见表 9-1。

表 9-1　Scikit-learn 库其余函数

函数	说明
LabelEncoder	将类别标签转换为整数编码
OneHotEncoder	将类别标签转换为独热编码
SelectKBest	根据单变量统计检验选择最佳特征子集
RFE	递归特征消除，通过逐步删除特征来选择最佳特征子集
PCA	主成分分析，用于降维和特征提取
TfidfVectorizer	用于将文本数据转换为 TF-IDF 特征向量
PolynomialFeatures	生成多项式特征，用于增加特征的复杂性
FeatureUnion	将多个特征转换器组合在一起，形成一个新的特征矩阵

9.1.3　模型训练

Scikit-learn 应用不同的机器学习算法，如线性回归、逻辑回归、决策树和随机森林，对数据集进行训练。

1. 常用模型

Scikit-learn 提供了多种模型，包括线性模型、支持向量机、决策树、随机森林和 K 均值聚类等，见表 9-2。这些模型广泛应用于解决分类、回归和聚类问题，是进行机器学习实验和开发的重要工具。例如：

```
from sklearn.linear_model import LinearRegression
model = LinearRegression()            #加载线性模型
```

表 9-2 Scikit-learn 模型

类型	说明
分类模型	逻辑回归(Logistic Regression)、支持向量机(SVC)、决策树(Decision Tree Classifier)、随机森林(Random Forest Classifier)
回归模型	线性回归(Linear Regression)、岭回归(Ridge)、套索回归(Lasso)
聚类模型	K 均值聚类(K-means)、谱聚类(Spectral Clustering)
降维模型	主成分分析(PCA)、线性判别分析(LDA)
预处理模型	标准化(Standard Scaler)、正则化(Normalizer)
集成学习模型	梯度提升树(Gradient Boosting Classifier)、自适应增强(AdaBoost)
特征提取模型	词袋模型(Count Vectorizer)和 TF-IDF 向量器(Tfidf Vectorizer)

2. 模型训练

在 Scikit-learn 中，大多数监督学习模型使用 fit 方法进行训练。其调用方法如下。

```
model. fit(X_train, y_train)
```

参数说明如下。

(1)model：模型对象。

(2)X_train：特征矩阵。

(3)y_train：目标向量，传递给模型进行训练。

9.1.4 模型预测

模型预测之前，需要确保模型已经被正确地训练过，并且输入数据与训练数据在格式上保持一致。

在 Scikit-learn 中，使用 predict 方法对新的数据进行预测。其调用方法如下。

```
model. predict(X)
```

参数说明如下。

(1)model：已经训练好的模型实例。

(2)X：数组或类似数组的对象，包含了要进行预测的特征数据。

9.1.5 模型评估

评估是衡量模型性能的重要步骤。Scikit-learn 提供了多种评估指标，如准确率、精确率、召回率和 F1 分数等。如 accuracy_score，precision_score，recall_score，和 f1_score。

1. 准确率

accuracy_score 函数用来计算准确率，准确率是一种基本的性能度量指标，它表示了分类器正确预测的样本占总样本的比例。高准确率通常意味着模型具有良好的性能。其调用方法如下。

```
accuracy_score(y_true, y_pred, normalize=True, sample_weight=None)
```

参数说明如下。

（1）y_true：真实标签。

（2）y_pred：预测标签。

（3）normalize：决定是否将结果归一化为百分比，默认为 True；如果设置为 False，则返回正确分类的样本数量。

（4）sample_weight：可选参数，用于指定每个样本的权重。

2. 精确率

precision_score 函数用于计算模型的精确率，即在所有预测为正类的样本中，真正为正类的比例。其调用方法如下。

```
precision_score(y_true, y_pred,
                average=None, labels=None,
                pos_label=1, sample_weight=None)
```

参数说明如下。

（1）y_true：真实标签。

（2）y_pred：预测标签。

（3）average：决定如何对数据进行平均（如宏平均或微平均）。

（4）labels：指定需要计算精确度的标签集。

（5）pos_label：默认为 1，表示正类。

（6）sample_weight：可选参数，用于指定每个样本的权重。

3. 召回率

recall_score 函数用于计算召回率，即在所有真正的正类样本中，被正确预测为正类的比例。其调用方法如下。

```
recall_score(y_true, y_pred, average=None, labels=None, pos_label=1, sample_weight=None)
```

4. F1 分数

f1_score 函数用于计算 F1 分数，也就是精确率和召回率的调和平均数，常用于评估模型的整体性能。其调用方法如下。

```
f1_score(y_true, y_pred, average=None,
         labels=None, pos_label=1, sample_weight=None)
```

除了基本的评估指标外，Scikit-learn 还提供了一些高级的评价函数，如混淆矩阵（confusion matrix）、ROC 曲线等。

5. 混淆矩阵

confusion_matrix 函数可以用来生成混淆矩阵，这种矩阵可以用来详细分析模型在各类别上的表现，其调用方法如下。

```
confusion_matrix(y_true, y_pred, labels=None, sample_weight=None)
```

6. ROC 曲线

roc_curve 函数可以用来计算假正率和真正率，从而绘制 ROC 曲线。其调用方法如下。

```
roc_curve(y_true, y_score, pos_label =None,
          sample_weight =None, drop_intermediate =True)
```

参数说明如下。

rop_intermediate：如果为 True，则只返回 ROC 曲线的端点。

9.1.6 交叉验证

为了避免过拟合并提供更可靠的模型性能评估，Scikit-learn 提供了交叉验证功能。cross_val_score 方法可以自动进行 K 折交叉验证，并返回每折的平均得分。其调用方法如下。

```
cross_val_score(estimator, X, y =None,
                scoring =None, cv =None, n_jobs =None,
                verbose =0, fit_params =None,
                pre_dispatch ='2* n_jobs', error_score ='raise')
```

参数说明如下。

(1) estimator：被评分的估计器，进行交叉验证的模型。

(2) X：特征数据，可以是列表、数组或类数组对象。

(3) y：目标值，当 estimator 为监督学习模型时必需。

(4) scoring：字符串或可调用对象，用于指定评分方法。默认值为 None，代表使用估计器的 score 方法。如果传入一个字符串，它应该是一个在 sklearn. metrics 中定义的评分函数名；如果传入一个可调用对象，它应该接受两个参数(预测值和目标值)并返回一个浮点数得分。

(5) cv：交叉验证的策略。默认值为 5，表示使用 5 折交叉验证。该参数也可以是一个迭代器，用于实现自定义的交叉验证策略。

(6) n_jobs：指定了并行运行的作业数量。-1 表示使用所有处理器。

(7) verbose：整数，用于控制输出信息的详细程度。默认值为 0，表示不输出任何信息；设置为更大的数值可以增加输出的信息量。

(8) fit_params：字典，其中键是字符串，值是任何类型的对象。这些参数将被传递给估计器的 fit 方法。

(9) pre_dispatch：字符串，用于指定如何分配工作给多个处理器。默认值为'2 * n_jobs'，表示创建两倍于 n_jobs 的工作并在所有处理器之间均匀分配。

(10) error_score：可选参数，用于指定当估计器在测试集上无法收敛时应返回的结果。默认值为'raise'，表示抛出异常；也可以设置为 np. nan 来返回 NaN 值。

9.1.7 模型保存

模型保存是一种将训练好的机器学习模型保存到磁盘，方便加载和使用的技术，而不是每次需要时都重新训练。在 Scikit-learn 中，可以使用 Python 的内置库 Pickle，或者 joblib 库来实现模型保存和加载。

1. Pickle 库

Pickle 是 Python 中用于对象序列化的标准库，可以将几乎任何 Python 对象转换为一种特定的格式，然后可以将其写入磁盘或通过网络传输。

使用 Pickle 来保存和加载 Scikit-learn 模型相对简单直观。例如，假设已经训练好了一个名为 model 的模型，可以使用以下代码将其保存到文件。

```
import pickle
with open('model. pkl', 'wb') as file:
    pickle. dump(model, file)

#加载模型：
with open('model. pkl', 'rb') as file:
    loaded_model = pickle. load(file)
```

2. joblib 库

Joblib 是专为高效的数值数组存储而设计的，它可以更快地保存和加载模型，特别是那些包含大量数据的模型。

在 joblib 中，dump 函数将模型保存到指定的文件中，其调用方法如下。

dump(value, filename, compress=True, protocol=None)

参数说明如下。

(1) value：需要保存的对象。

(2) filename：保存对象的文件名或类似文件的对象。

(3) compress：布尔值，表示是否压缩文件，默认为 True。

在 joblib 中，load 函数则从文件中加载模型。其调用方法如下。

```
load(filename, mmap_mode='r', compress=True, allow_pickle=True)
```

参数说明如下。

(1) filename：要加载的文件名或类似文件的对象。

(2) mmap_mode：字符串，表示内存映射模式，默认为只读模式('r')。

(3) compress：布尔值，表示是否使用压缩，默认为 True。

(4) allow_pickle：布尔值，表示是否允许从文件中加载 Python 对象，默认为 True。如果设置为 False，则只能加载 NumPy 数组。

9.1.8 实例

1. 加载鸢尾花数据集

扫码看视频

本实例演示加载鸢尾花数据集并打印数据集数据，并保存为 xlsx 文件。

加载鸢尾花数据集的操作步骤如下。

步骤 01 启动 PyCharm，打开名为 ch_12 的项目。然后在该项目中新建一个名为 example_1201. py 的 Python 文件。

步骤 02 在命令编辑窗口输入如下程序。

```
#! /usr/bin/env python3                                #定义头文件
# -* - coding: UTF-8 -* -                              #定义编码格式
import pandas as pd                                    #导入 pandas 模块
from sklearn. datasets import load_iris
#加载 Iris(鸢尾花)数据集
iris = load_iris()
#输出数据
print('* ' * 10, '鸢尾花数据集', '* ' * 10)
print("Iris 数据集特征:", iris. feature_names)
print("Iris 数据集目标分类:", iris. target_names)
print("Iris 数据集前 5 行:\n", iris. data[:5])
print("Iris 数据集目标前 5 行:\n", iris. target[:5])

#将特征数据和标签数据合并为一个 DataFrame
data = pd. DataFrame(iris. data, columns=iris. feature_names)
data['target'] = iris. target

#保存为 xlsx 文件
basestation = '鸢尾花数据集 . xlsx'  # 定义 excel 文件路径
data. to_excel(basestation, index=False)
```

步骤 03 在命令行窗口顶部下拉列表中选择“当前文件”，单击“运行”按钮，运行结果如下。

```
********** 鸢尾花数据集 **********
Iris 数据集特征: ['sepal length (cm)', 'sepal width (cm)', 'petal length (cm)', 'petal width (cm)']
Iris 数据集目标分类: ['setosa' 'versicolor' 'virginica']
Iris 数据集前 5 行:
[[5. 1 3. 5 1. 4 0. 2]
[4. 9 3.   1. 4 0. 2]
[4. 7 3. 2 1. 3 0. 2]
[4. 6 3. 1 1. 5 0. 2]
[5.   3. 6 1. 4 0. 2]]
Iris 数据集目标前 5 行:
[0 0 0 0 0]
```

步骤 04 运行后，在挡墙项目路径下自动创建一个鸢尾花数据集 . xlsx 文件，如图 9-2 所示。

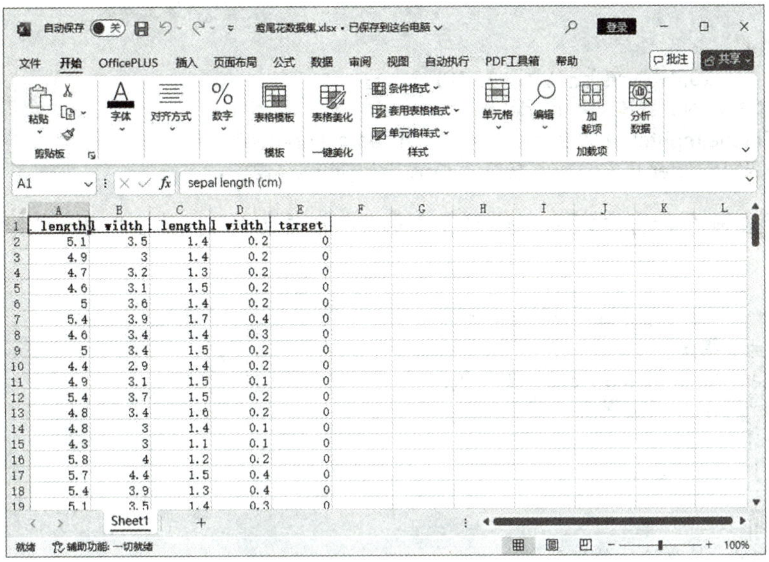

图 9-2　创建鸢尾花数据集 . xlsx 文件

2. 数据集缺失值填充处理

本实例演示 SimpleImputer、KNNImputer 函数处理包含缺失值的数据集。

数据集缺失值填充处理的操作步骤如下。

扫码看视频

步骤 01 启动 PyCharm，打开名为 ch_12 的项目。然后在该项目中新建一个名为 example_1202. py 的 Python 文件。

步骤 02 在命令编辑窗口输入如下程序。

```
#! /usr/bin/env python3            #定义头文件
# -* - coding: UTF-8 -* -          #定义编码格式
from sklearn. impute import SimpleImputer
from sklearn. impute import KNNImputer
import numpy as np

#创建含有缺失值的数据集
data = [[1, 2, np. nan], [3, 4, 3], [np. nan, 6, 5], [8, 8, 7]]

#实例化 SimpleImputer,使用均值填充策略
imputer1 = SimpleImputer(missing_values =np. nan, strategy ='mean')
#使用 fit_transform 方法填充缺失值
data_imputed1 = imputer1. fit_transform(data)

#初始化 KNNImputer 并拟合变换
imputer2 = KNNImputer(n_neighbors =2)
data_imputed2 = imputer2. fit_transform(data)
```

```
#输出数据
print('*' '*' 10, '缺失值处理', '*' '*' 10)
print("填充前的数据集:", '\n', data)
print("SimpleImputer 填充后的数据集:", '\n', data_imputed1)
print("KNNImputer 填充后的数据集:", '\n', data_imputed2)
```

步骤 03 在命令行窗口顶部下拉列表中选择“当前文件”，单击“运行”按钮，运行结果如下。

```
********** 缺失值处理 **********
填充前的数据集:
[[1, 2, nan], [3, 4, 3], [nan, 6, 5], [8, 8, 7]]
SimpleImputer 填充后的数据集:
[[1. 2. 5. ]
[3. 4. 3. ]
[4. 6. 5. ]
[8. 8. 7. ]]
KNNImputer 填充后的数据集:
[[1.   2.   4. ]
[3.   4.   3. ]
[5. 5 6.   5. ]
[8.   8.   7. ]]
```

任务评价

评价内容	评价标准	分值	自评	师评
Scikit-learn 库	能够使用 pip 下载安装 scikit-learn 库	20		
	能够简述 Scikit-learn 库提供了哪些内置的数据集	20		
	能够简述 Scikit-learn 用哪些机器学习算法对数据集进行训练	20		
	能够简述 Scikit-learn 提供了哪些评估指标	20		
	能够简述模型保存的定义	20		
总分		100		

任务 2　深度学习的应用

任务描述

本任务主要介绍 TensorFlow 库在深度学习中的应用。

任务分析

TensorFlow 广泛应用于各种深度学习模型的构建、训练和部署。其灵活的架构和强大的功能使其成为研究人员和开发者进行深度学习的首选工具之一。通过本任务的学习，可以帮助读者利用 TensorFlow 进行深度学习任务。

任务重点与实施

Python 中的 TensorFlow 库支持深度学习任务，如图像和语音识别。该库提供了构建复杂神经网络结构的能力，以及高效的数值计算功能。

使用 pip 下载安装 TensorFlow 库，在 cmd 窗口中输入下面的程序。

```
pip3 install TensorFlow
```

下载过程如图 9-3 所示。

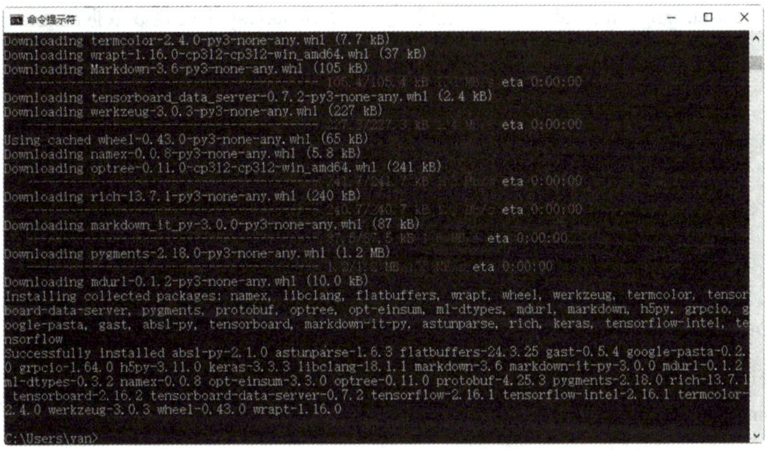

图 9-3 下载安装 TensorFlow 库

下载 TensorFlow 库文件并安装成功后，还需要在 PyCharm 的“可用软件包”对话框中安装模块库 tensorflow，如图 9-4 所示。

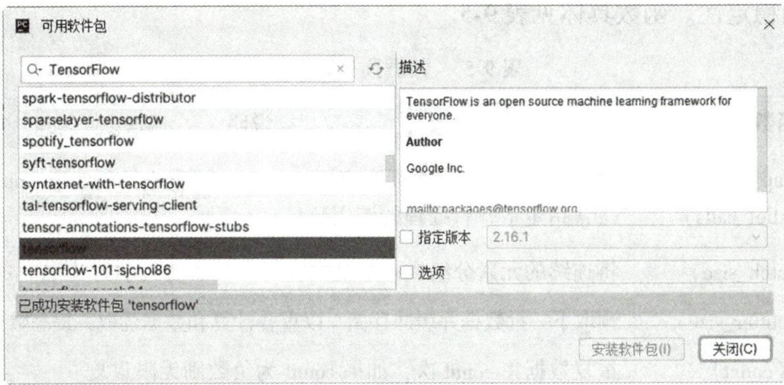

图 9-4 安装模块库 TensorFlow

在 PyCharm 安装 TensorFlow 库后，在程序中使用该模块库，还需要导入该模块，例如：

```
import tensorflow    # 导入模块
```

9.2.1 数据预处理

在 TensorFlow 中，tf. data API 是一个加载和预处理数据的工具。

1. 数据加载

tf. data API 提供了多种方式来创建数据集，支持从文件、内存数据以及生成器中读取数据，函数具体见表 9-3 和表 9-4 所示。

表 9-3　创建数据集函数

函数	说明
tf. data. Dataset. range(maxval)	创建一个从 0 到 maxval-1 的整数数据集
tf. data. Dataset. from_tensor_slices(tensor)	从给定的张量中创建数据集
tf. data. Dataset. zip((dataset1, dataset2, ...))	将多个数据集的元素按顺序配对组成一个新的数据集

表 9-4　文件读取函数

函数	说明
tf. data. TextLineDataset(filename)	从文本文件中按行读取数据，每行数据形成一个元素
tf. data. FixedLengthRecordDataset(filename, record_bytes_size)	从一个包含固定长度记录的二进制文件中读取数据
tf. data. TFRecordDataset(filename)	读取 Protocol Buffer 格式的数据文件

2. 数据预处理

tf. data 可以对输入数据进行必要的预处理，如标准化、归一化和分割，以提高模型的性能和稳定性。函数具体见表 9-5。

表 9-5　数据预处理函数

函数	说明
map(map_func, num_parallel_calls)	对数据集中的每一个元素应用 map_func 函数进行预处理，num_parallel_calls 指定了并行处理的调用数量
batch(batch_size)	将连续的元素分组成一个批次，每个批次的大小为 batch_size
prefetch(buffer_size)	预取下一批数据并缓冲存储，以重叠计算和数据读取，提高数据处理效率
repeat(count)	重复数据集 count 次，如果 count 为负数则无限重复

（续表）

函数	说明
shuffle(buffer_size，seed)	在指定的缓冲区大小内乱序数据，seed 用于设置随机种子
skip(n)	跳过数据集中的前 *n* 个元素
take(n)	只获取数据集中前 *n* 个元素
concatenate(datasets)	连接两个或多个数据集
filter(filter_func)	根据 filter_func 过滤数据集中的元素
enumerate()	返回数据集中元素的索引和值
interleave(map_func，cycle_length，num_parallel_calls)	交错应用 map_func 到数据集上，通常用于多来源的数据集成

9.2.2　模型构建

TensorFlow 库提供了多种方式来构建深度学习模型，包括使用 Sequential 模型和 Model 子类化 API。

1. Sequential 模型

Sequential 模型是 TensorFlow 中提供的一种顺序模型构建方法，允许用户以层的线性堆叠方式快速搭建神经网络。这种方法适用于大多数标准网络结构，如多层感知机(MLP)。Sequential 模型包括以下两种构建方式。

(1)向构造器传递一个层列表来创建 Sequential 模型，其调用格式如下。

```
model = keras. Sequential([
          layers. Dense(number, activation ="relu"),
          layers. Dense(number, activation ="relu"),
          layers. Dense(number)])
```

参数说明如下。

① layers. Dense：创建全连接层的函数。

② number：Dense 函数的第一个参数，定义了该层的神经元数量。这个数量决定了层的输出空间维度。

③ activation：激活函数，默认为 None，表示不使用激活函数。激活函数引入非线性特性，有助于网络学习复杂的模式。常用的激活函数包括 relu、sigmoid、tanh 等。

④ 可选参数：Dense 层还接受其他一些可选参数，如 kernel_initializer 用于初始化权重矩阵，bias_initializer 用于初始化偏置向量，kernel_regularizer 用于应用正则化以控制过拟合等。

(2)使用 . add()方法添加层逐步构建，其调用格式如下。

```
model  = keras. Sequential()        #创建一个空的 Sequential 模型
model. add(layers. Dense(number, activation ="relu"))      #使用 . add()方法逐步添加层
```

2. tf. keras. Model 子类化

tf. keras. Model 是 Keras 中所有模型的基类，它提供了一些通用的方法和属性，(如全连接层、卷积层等)来构建所需的网络结构。

子类化 tf. keras. Model 需要实现两个主要方法：__init__( )和 call( )。

(1)__init__( )：用于初始化模型的参数和层，例如：

```
class MyModel(tf. keras. Model):
    def __init__(self):
        super(MyModel, self). __init__()
            self. dense = tf. keras. layers. Dense(32, activation ='relu')
```

(2)call( )：用于定义模型的前向传播过程。例如：

```
def call(self, inputs):
    x = self. dense(inputs) return x。
```

9.2.3 模型训练

TensorFlow 库模型训练涉及多个阶段，除了数据预处理、模型构建外，还包括编译、训练、评估、预测、保存和部署等模型。

1. 编译模型

compile 函数用来在训练之前编译模型，其调用格式如下。

```
model. compile(optimizer, loss, metrics)
```

参数说明如下。

(1)optimizer：选择优化器，优化器的选择对模型的训练速度和最终性能有重要影响。常用的优化器包括 SGD、Adam 和 RMSprop 等。

(2)loss：设置损失函数，损失函数根据模型的输出和真实标签计算误差，指导模型的训练方向。不同的问题类型需要选择不同的损失函数，如分类问题常用交叉熵损失函数。

(3)metrics：配置评估指标，评估指标用于衡量模型的性能，如准确率、精确率、召回率等。在训练过程中，模型将最小化损失函数，同时尝试最大化评估指标的表现。

2. 训练模型

fit 函数使用给定的数据和标签进行模型训练，设置批量大小和训练轮次。其调用格式如下。

```
model. fit(data, labels, batch_size, epochs)
```

参数说明如下。

(1)data：进行模型训练的数据集数据。

(2)labels：进行模型训练的数据集标签。

（3）batch_size：批量大小。

（4）epochs：训练轮次。

3. 评估模型

evaluate 函数在独立的测试数据集上评估模型的性能。其调用格式如下。

```
model. evaluate(test_data, test_labels,
                batch_size =None, verbose =1, sample_weight =None, steps =None)
```

参数说明如下。

（1）test_data：进行模型评估的数据集数据。

（2）test_labels：进行模型评估的数据集标签。

（3）batch_size：批量大小，可选参数，默认为全局设置或模型编译时指定的值。控制每次评估过程中处理的数据量。

（4）verbose：详细信息输出，可选参数，控制评估过程中的信息显示详细程度。1 表示展示进度条，0 表示不显示进度信息。

（5）sample_weight：样本权重，可选参数，默认为均匀权重。允许用户为每个数据点指定不同的权重，以调整其在总体评估中的影响。

（6）steps：评估步数，可选参数，默认将处理所有输入数据。可以指定一个整数来限制评估的步数。

4. 预测模型

predict 函数对新输入的数据进行预测。其调用格式如下。

```
model. predict(new_data, batch_size =None, verbose =0, steps =None, callbacks =None)
```

参数说明如下。

（1）new_data：预测数据。可以是 NumPy 数组、TensorFlow 张量、tf. data. Dataset、生成器或 keras. utils. Sequence 实例。如果模型有多个输入，那么 x 应该是一个包含多个数组或张量的列表。

（2）batch_size：批量大小，可选参数，默认为 32。当输入是 Dataset 时，不需要指定此参数。它控制每次预测处理的数据量，对于内存和计算效率的管理至关重要。

（3）verbose：详细信息输出，可选参数，控制预测过程中的信息显示详细程度。0 表示静默模式，1 表示输出进度条记录。

（4）steps：预测步数，可选参数，通常设置为 None，表示对输入的所有数据进行预测。适用于数据量大且不想拆分数据集的情况。

（5）callbacks：回调函数，可选参数，在预测过程中的不同时间点调用的回调函数列表。这可以用于监视预测过程或执行其他自定义操作。

5. 保存模型

使用 model. save( ) 方法可以保存训练好的模型，以便将来使用。

6. 部署模型

部署模型是将训练好的模型部署到各种平台，如移动设备或云端服务器。TensorFlow 提供了多种工具和格式支持模型的导出和部署，如 TensorFlow Serving、TensorFlow Lite 等。

9.2.4 实例

1. 创建图像数据集

本实例创建一个图像数据的数据集 dataset，对数据集进行预处理、乱序和重复数据处理，输出可视化数据。

扫码看视频

创建图像数据集的操作步骤如下。

步骤 01 启动 PyCharm，打开名为 ch_12 的项目。然后在该项目中新建一个名为 example_1203. py 的 Python 文件。

步骤 02 在命令编辑窗口输入如下程序。

```
#! /usr/bin/env python3                          #定义头文件
# -* - coding: UTF-8 -* -                         #定义编码格式
import tensorflow as tf
import numpy as np
import matplotlib. pyplot as plt
#定义数据预处理函数


def preprocess_data(data):
    #对数据进行预处理,例如归一化、标准化等
    normalized_data = data / 255. 0
    return normalized_data


#创建数据集并进行乱序和重复数据操作
#定义形状为(100, 28, 28, 1)的图像数据集
size = (100, 28, 28, 1)
images = np. random. randint(0, 256, size =size). astype(np. float32)

#将 NumPy 数组转换为 TensorFlow 张量
images_tensor = tf. convert_to_tensor(images)

#使用 tf. data. Dataset. from_tensor_slices 创建数据集
dataset = tf. data. Dataset. from_tensor_slices(images_tensor)

#对数据集中的每个元素应用预处理函数
dataset = dataset. map(preprocess_data)
```

```
#对数据集进行乱序操作
dataset = dataset.shuffle(buffer_size =100)

#对数据集进行重复操作
dataset = dataset.repeat()

#预取数据
#设置预取缓冲区大小
buffer_size = 10
#使用 prefetch 方法预取数据
dataset = dataset.prefetch(buffer_size)

#输出可视化数据:
#获取一个批次的数据
batch_size = 10
for images in dataset.batch(batch_size):
    #显示前 9 个图像
    for i in range(9):
        plt.subplot(3, 3, i + 1)
        plt.imshow(images[i, :, :, 0], cmap ='gray')
        plt.axis('off')
    plt.show()
    break
```

步骤 03 在命令行窗口顶部下拉列表中选择“当前文件”，单击“运行”按钮，运行结果如图 9-5 所示。

2. Digits 数据集模型训练

本实例使用 sklearn 加载 Digits（手写数字）数据集，并使用数据缩放方法进行了预处理，使用 TensorFlow 构建一个简单的卷积神经网络模型，并对其进行了编译。最后，使用训练好的模型对测试集进行评估，并输出了测试集上的准确率，进行可视化分析，展示模型训练过程中的准确率变化情况。

扫码看视频

Digits 数据集模型训练的操作步骤如下。

步骤 01 启动 PyCharm，打开名为 ch_12 的项目。然后在该项目中新建一个名为 example_1204.py 的 Python 文件。

步骤 02 在命令编辑窗口输入如下程序。

```
#! /usr/bin/env python3                        #定义头文件
# -* - coding: UTF-8 -* -                      #定义编码格式
import tensorflow as tf
from tensorflow.keras import layers, models
```

```
from sklearn. model_selection import train_test_split
from sklearn. preprocessing import MinMaxScaler
from sklearn. datasets import load_digits
import matplotlib. pyplot as plt

#加载 Digits(手写数字)数据集
data = load_digits(). data
#数据预处理,使用数据缩放方法
scaler = MinMaxScaler()
data_scaled = scaler. fit_transform(data)

#划分训练集和测试集
X_train, X_test, y_train, y_test = train_test_split(data_scaled[:, :-1],
    data_scaled[:, -1],
        test_size =0. 2,
            random_state =42)

#将数据转换为 TensorFlow 张量
X_train = tf. convert_to_tensor(X_train, dtype =tf. float32)
X_test = tf. convert_to_tensor(X_test, dtype =tf. float32)
y_train = tf. convert_to_tensor(y_train, dtype =tf. float32)
y_test = tf. convert_to_tensor(y_test, dtype =tf. float32)

#构建卷积神经网络模型
model = models. Sequential([
    layers. Conv1D(32, kernel_size =3, activation ='relu', input_shape =(X_train. shape[1], 1)),
    layers. MaxPooling1D(pool_size =2),
    layers. Flatten(),
    layers. Dense(64, activation ='relu'),
    layers. Dense(1, activation ='sigmoid')
])

#编译模型
model. compile(optimizer ='adam', loss ='binary_crossentropy', metrics =['accuracy'])

#训练模型
history = model. fit(X_train, y_train, epochs =10, validation_data =(X_test, y_test))

#评估模型
test_loss, test_acc = model. evaluate(X_test, y_test)
print('Test accuracy:', test_acc)

#可视化分析
plt. plot(history. history['accuracy'], label ='accuracy')
plt. plot(history. history['val_accuracy'], label ='val_accuracy')
plt. xlabel('Epoch')
plt. ylabel('Accuracy')
plt. legend(loc ='lower right')
plt. show()
```

步骤 03 在命令行窗口顶部下拉列表中选择“当前文件”，单击“运行”按钮，运行结果如下。

```
Test accuracy: 0.949999988079071
```

运行结果如图 9-6 所示。

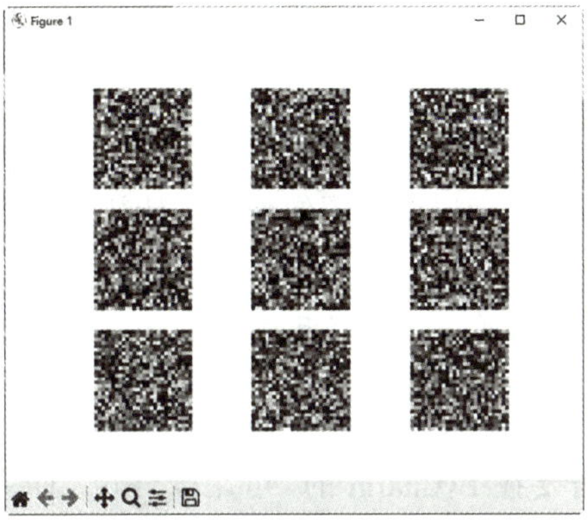

图 9-5　图像数据前九个图像

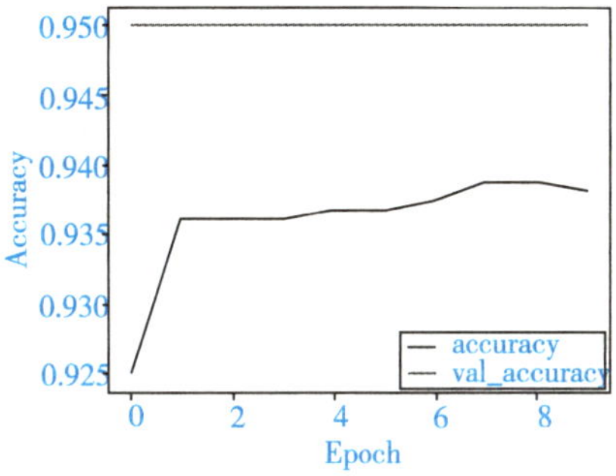

图 9-6　Digits 数据集模型训练准确率变化

任务评价

评价内容	评价标准	分值	自评	师评
TensorFlow 库	能够使用 pip 下载安装 TensorFlow 库	25		
	能够简述在 TensorFlow 中的预处理工具	25		
	能够简述 TensorFlow 库提供了哪些方式来构建深度学习模型	25		
	能够简述 TensorFlow 库模型训练涉及哪些阶段	25		
总分		100		

任务 3　计算机视觉的应用

任务描述

本任务主要介绍 OpenCV 在计算机视觉中的应用。

任务分析

OpenCV 作为开源的计算机视觉和机器学习软件库，已经广泛应用于各个领域。其丰富的功能、高效的性能，以及跨平台的兼容性，使其成为开发者在进行计算机视觉任务时的首选工具。通过本任务的学习，读者能够掌握 OpenCV 的使用方法和核心功能。

任务重点与实施

在计算机视觉领域，Python 的 OpenCV 和 PIL 库提供了图像处理、特征提取、对象识别等功能，是开发计算机视觉应用的重要工具。

使用 pip 下载安装 OpenCV 库，在 cmd 窗口中输入下面的程序。

```
pip3 install opencv- python
```

下载 OpenCV 库文件并安装成功后。还需要在 PyCharm 的“可用软件包”对话框中安装模块库 OpenCV，如图 9-7 所示。

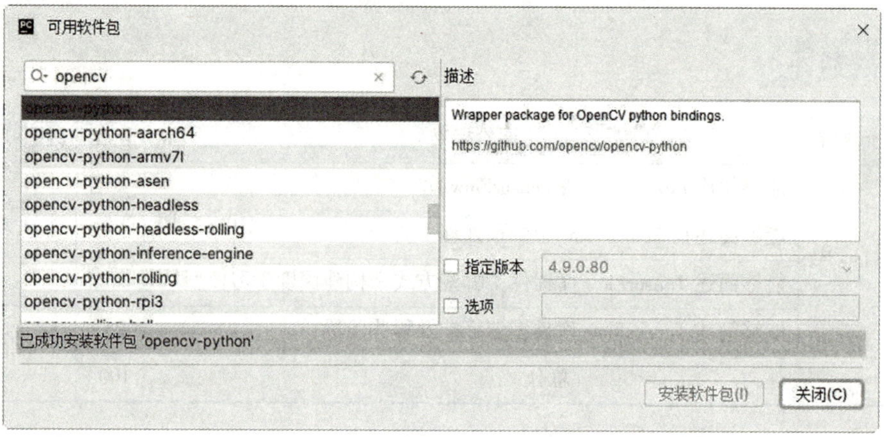

图 9-7　安装模块库 opencv-python

在 PyCharm 安装 OpenCV 库后，在程序中使用该模块库，还需要导入该模块，例如：

```
import cv2        #导入模块
```

9.3.1　图像读取和显示

计算机处理的都是数字化的信息，图像必须转化为数字信息以后才能被计算机识别并处理。借助计算机数字图像处理技术，可以在工作区中浏览不同形式的图像，并对它们进行处理，创作出现实世界无法拍摄到的图像。

1. 图像读取

在 cv2 中，imread 命令用来读入各种图像文件，其调用格式如下。

```
cv2. imread(filename[, flags])
```

参数说明如下。

(1) filename：要读取的图像文件名(包括路径)。

(2) flags：可选参数，用于指定读取图像的方式。

另外，cv2. IMREAD_COLOR 用来读取彩色图像，cv2. IMREAD_GRAYSCALE 用来读取灰度图像。

2. 图像显示

在 cv2 中，imshow 用于图像的显示，将数字图像转化为适合人们使用的形式，便于人们观察和理解。其调用格式如下。

```
cv2. imshow(window_name, image)
```

参数说明如下。

(1) window_name：窗口名称，用于标识显示的图像。

(2) image：要显示的图像。

3. 颜色转换

在 cv2 中，cv2. cvtColor 函数用于将图像从一种颜色空间转换为另一种颜色空间。其调用格式如下。

```
dst = cv2. cvtColor(src, code[, dst[, dstCn]])
```

参数说明如下。

(1) src：输入图像，可以是彩色或灰度图像。

(2) code：目标颜色空间的代码，指定转换后的颜色空间类型。常见的颜色空间代码包括以下几种。

① cv2. COLOR_BGR2GRAY：将彩色图像转为灰度图像。

② cv2. COLOR_GRAY2BGR：将灰度图像转为彩色图像。

③ cv2. COLOR_BGR2HSV：将彩色图像转为 HSV(色调、饱和度、亮度)颜色空间。

④ cv2. COLOR_BGR2RGB：将彩色图像从 BGR 格式转为 RGB 格式。

⑤ cv2. COLOR_RGB2BGR：将彩色图像从 RGB 格式转为 BGR 格式。

⑥ cv2. COLOR_BGR2LAB：将彩色图像转为 LAB(亮度、A 通道、B 通道)颜色空间。

9.3.2　图像变换

OpenCV 中常用的图像变换包括缩放、旋转和裁剪等。

1. 缩放

在 cv2 中，resize( )函数用来对图像进行缩放操作。其调用格式如下。

```
cv2. resize(src, dsize[, dst[, fx[, fy[, interpolation]]]])
```

参数说明如下。

(1)src：原图像。

(2)dsize：目标尺寸，是一个元组，如(width，height)。

(3)dst：输出图像，可选参数。

(4)fx：水平方向的缩放因子，可选参数。

(5)fy：垂直方向的缩放因子，可选参数。

(6)interpolation：插值方法，可选参数，默认为 cv2. INTER_LINEAR(双线性插值)。

2. 旋转

在 cv2 中，rotate( )函数用于对图像进行旋转操作。其调用格式如下。

```
cv2. rotate(src, rotateCode[, dst[, center[, scale[, interpolation]]]])
```

参数说明如下。

(1)src：原图像。

(2)rotateCode：旋转方式，可以是 cv2. ROTATE_90_CLOCKWISE、cv2. ROTATE_90_COUNTERCLOCKWISE 等。

(3)dst：输出图像，可选参数。

(4)center：旋转中心，是一个元组，如(x，y)，默认为(src. width/2，src. height/2)。

(5)scale：缩放因子，可选参数。

(6)interpolation：插值方法，可选参数，默认为 cv2. INTER_LINEAR(双线性插值)。

3. 裁剪

在 cv2 中，src 函数通过切片操作对图像进行裁剪。其调用格式如下。

```
sub_image = src[y_start:y_end, x_start:x_end]
```

参数说明如下。

(1)src：原图像。

(2)y_start：裁剪区域的上边界(行坐标)。

(3)y_end：裁剪区域的下边界(行坐标)。

(4)x_start：裁剪区域的左边界(列坐标)。

(5)x_end：裁剪区域的右边界(列坐标)。

9.3.3　图像增强

OpenCV 提供了一系列图像增强函数，这些函数可以提高图像的视觉效果，使图像中的细节更加清晰，或者使图像更适合计算机处理。

1. 对比度增强

在 cv2 中，convertScaleAbs( ) 函数将像素值缩放到指定范围，增强图像的对比度。其调用格式如下。

```
cv2. convertScaleAbs(src, alpha[, beta[, dst]])
```

参数说明如下。

(1) src：原图像。

(2) alpha：缩放因子，影响对比度。

(3) beta：加到缩放结果上的值，影响亮度。

(4) dst：输出图像，可选参数。

2. 直方图均衡化

在 cv2 中，equalizeHist( ) 函数显示经过直方图均衡化后的图像，增强图像的对比度。其调用格式如下。

```
cv2. equalizeHist(src[, dst])
```

9.3.4　图像复原

OpenCV 提供了一系列的图像复原函数，通过调用这些函数并合理配置参数，可以有效地去除图像中的噪声和模糊，恢复图像的清晰度。常见的滤波方法有均值滤波、高斯滤波和中值滤波等。

1. 去噪

在 cv2 中，fastNlMeansDenoisingColored( ) 函数用来去除图像中的噪声。其调用格式如下。

```
cv2. fastNlMeansDenoisingColored(src, None, 10, 10, 7, 21)
```

参数说明如下。

(1) src：输入的源图像。

(2) None：该参数保留为空，表示自动计算算法的参数。

(3) 后续的数字参数是算法的内部参数，通常不需要用户调整。

2. 均值滤波

在 cv2 中，blur( ) 函数通过计算像素周围区域的均值来平滑图像，减少噪声。调用格式如下。

```
cv2. blur(src, ksize[, dst[, anchor[, borderType]]])
```

参数说明如下。

(1) src：输入图像。

(2) ksize：核大小，一个元组，表示核的行数和列数。

(3) dst、anchor、borderType：可选参数，分别表示输出图像、锚点位置和边界模式。

3. 高斯滤波

在 cv2 中，GaussianBlur( )函数通过高斯核来平滑图像，适用于去除高斯噪声，其调用格式如下。

```
cv2. GaussianBlur(src, ksize, sigmaX[, dst[, sigmaY[, borderType[, borderValue]]]])
```

参数说明如下。

(1) ksize：核大小。

(2) sigmaX 和 sigmaY：高斯核在 X 和 Y 方向上的标准偏差。

4. 中值滤波

在 cv2 中，medianBlur( )函数通过用邻域像素的中值替换原像素值来去噪，尤其对于椒盐噪声效果好。其调用格式如下。

```
cv2. medianBlur(src, ksize[, dst])
```

参数说明如下。

(1) filename：要读取的图像文件名(包括路径)。

(2) flags：可选参数，用于指定读取图像的方式，如 cv2. IMREAD_COLOR(默认值，读取彩色图像)、cv2. IMREAD_GRAYSCALE(读取灰度图像)等。

9.3.5 图像分割

图像分割是将数字图像细分为多个像素集合的过程，其目的是简化或改变图像的表示形式，使其更容易分析。OpenCV 提供了多种图像分割方法，如阈值处理、区域生长和分水岭算法等。这些技术在从背景中分离对象、标记图像区域和计算图像中的物体数量等方面非常有用。

1. 阈值分割

在 cv2 中，threshold( )函数将图像二值化，对图像进行阈值分割。其调用格式如下。

```
cv2. threshold(src, thresh, maxval, type[, dst])
```

参数说明如下。

(1) thresh：阈值。

(2) maxval：当像素值超过阈值时的最大值。

(3) type：二值化操作的类型。

2. 聚类分割

在 cv2 中，kmeans( ) 函数对图像进行聚类分割，其调用格式如下。

```
retval, bestLabels, centers = kmeans(data, K, bestLabels,
                                      criteria, attempts, flags, centers=None)
```

参数说明如下。

(1) data：需要分类的数据。

(2) K：要创建的簇的数量。

(3) bestLabels：预设的分类标签或者为 None。

(4) criteria：迭代停止的模式选择。

(5) attempts：重复试验 kmeans 算法的次数。

(6) flags：算法标志。

(7) centers：可选参数，用于指定初始的簇中心。

(8) compactness：紧密度，即每个点到其相应簇中心的距离平方和。这是衡量聚类质量的一个指标，较低的值通常表示较好的聚类效果。

(9) labels：每个数据点的簇标签，表明该数据点被分配到哪一个簇。

(10) centers：各簇的中心点，对于图像处理而言，这些中心代表了聚类后的代表性颜色或特征。

9.3.6　图像识别

图像识别是计算机视觉中一项高级的应用，它利用预训练的检测级联分类器检测图像中的特定特征来实现对目标的自动识别和定位。

1. LBPH 算法

局部二值模式直方图(local binary patterns histograms，LBPH)是一种有效的人脸识别算法，它提取人脸图像的局部纹理信息作为特征，并将这些特征组合成直方图来表示人脸。

(1) 加载级联分类器

在 cv2 中，CascadeClassifier 类用来加载级联分类器文件。其调用格式如下。

```
cv2. face. LBPHFaceRecognizer_create
```

创建 LBPH 人脸识别器对象时，可以传入一系列参数来定制识别器的行为。

① radius：定义 LBP 操作的邻域半径。

② neighbors：定义每个圆周上样本点的数目。

③ grid_x 和 grid_y：指定在人脸图像上划分的网格数目，用于细胞直方图的计算。

④ threshold：是一个阈值，用于在比较直方图时，决定两个直方图是否相似。

(2)人脸识别算法步骤

人脸识别算法具体步骤如下。

① 收集数据：收集不同人的面部图像，并确保每个图像都有一个与之关联的唯一标识符。

② 预处理图像：将收集到的图像转换为灰度图像，并进行归一化处理，以确保所有图像具有相同的尺寸。

③ 创建识别器：使用 cv2. face. LBPHFaceRecognizer_create( )创建 LBPH 人脸识别器。

④ 训练识别器：调用 train 方法，传入预处理后的图像和对应的标签进行训练。

⑤ 保存模型：使用 write 方法保存训练好的模型，以便后续进行人脸识别。

⑥ 加载模型：在需要识别新人脸时，使用 read 方法加载已保存的模型。

⑦ 进行预测：使用加载的模型对新的人脸图像进行预测，以确定其身份。

(3)算法数据集

在 site-packages \ cv2 \ data 文件夹中，通常包含的数据集样本主要用于算法的开发、测试和演示目的。这些数据集可能包括多种类型的数据，例如，人脸图像、行人图像、车辆图像等，它们被用于训练和测试 OpenCV 中实现的各种机器学习算法和计算机视觉功能。具体包含的数据集和它们的功能如下。

① 人脸检测数据集：如 haarcascade_frontalface_default. xml。这个数据集包含了许多人脸的图像用于训练人脸检测的级联分类器。

② 眼部检测数据集：如 haarcascade_eye. xml。该数据集包含了许多标定好眼睛位置的图像，用于训练能够检测眼睛的级联分类器。

③ 车牌识别数据集：如某些国家的车牌识别数据集，用于训练能够识别特定国家或类型车牌的模型。

④ 行人检测数据集：如使用 HOG+SVM 进行行人检测的预训练模型。

⑤ 其他特定物体或场景的数据集：如不同种类的汽车、路标、动物等。

⑥ 描述符和匹配测试数据集：如用于测试 SIFT、SURF 等特征描述符和匹配算法的图像数据集。

⑦ 深度学习模型数据集：如果 OpenCV 集成了深度学习功能(如 OpenCV4 以后的版本)，那么可能需要一些用于训练深度学习模型的数据集。

(4)训练

使用 train 方法来训练识别器，使其能够识别特定的人脸集。其调用格式如下。

```
train(images, labels[, flags])
```

参数说明如下。

① images：这是一个包含所有训练图像的列表，其中每个元素都是一个灰度图像(二维 NumPy 数组)。这些图像应该是归一化并且大小一致的人脸图像。

② labels：这是一个与 images 列表对应的标签列表，包含每个训练图像所属人员的标识符(整数)。这个列表必须与图像列表保持相同的顺序，以确保每个图像都被正确标记。

③ flags：这是一个可选参数，用于指定训练过程中的不同选项。例如，cv2. face. LBPHFaceRecognizer. FLAG_KNN 可以用于启用 k-近邻分类器。

(5)保存模型

使用 write 方法保存训练好的模型，以便后续进行人脸识别。其调用格式如下。

```
recognizer. write('trainer/trainer. yml')
```

(6)加载模型

在需要识别新人脸时，使用 read 方法加载已保存的模型。其调用格式如下。

```
read(filename)
```

参数说明如下。

filename：要加载的模型文件的名称或路径。应该是之前使用 write 方法保存的模型文件。

(7)预测

创建 LBPH 人脸识别器对象后，通常需要使用 predict 方法来预测给定的人脸图像属于哪个已知的人脸类别。其调用格式如下。

```
predict(image[, scaleFactor[, neighbors]])
```

参数说明如下。

① image：这是输入的单个人脸图像，通常是一个灰度图像。该图像将被用来与人脸数据库中的已知人脸进行匹配。

② scaleFactor：这是一个可选参数，用于调整图像分辨率以进行匹配。默认值为1.0，即原始图像大小。

③ neighbors：也是一个可选参数，指定要检查的最接近的邻居数量。默认值为3，表示考虑最接近的3个邻居。

该方法返回以下两个值。

① label：一个整数，表示与输入图像最匹配的人脸类别的标签。如果找不到匹配项，则返回-1。

② confidence：一个浮点数，表示预测置信度。置信度越高，表示识别结果越可靠。

2. 检测图像

OpenCV 中 CascadeClassifier 类的方法也可以用于在图像中检测对象。它基于 Haar 特征的级联分类器进行检测，可以检测出图像中的多个目标对象。算法流程如下。

加载级联分类器文件，如人脸检测的级联分类器。

读取待检测的图像，并将其转换为灰度图。

使用 detectMultiScale 函数对图像进行多尺度检测。该函数会返回一个包含检测到的对象的矩形框坐标的列表。

遍历检测到的对象，并在原始图像上绘制矩形框。

显示带有矩形框的图像。

(1)多尺度检测

在 cv2 中，detectMultiScale()函数用于检测图像中的对象，如人脸、眼睛等。其调用格式如下。

```
detectMultiScale(image[, scaleFactor[, minNeighbors[, flags[, minSize[, maxSize]]]]])
```

参数说明如下。

① image：输入的待检测图像，通常为灰度图。

② scaleFactor：表示图像缩放比例的参数，用于在图像金字塔中进行多尺度检测。默认值为 1.1。

③ minNeighbors：表示每个候选矩形应该保留的邻居数量。默认值为 3。

④ flags：可选参数，用于控制检测过程中的一些特定行为。默认值为 0。

⑤ minSize：表示检测对象的最小尺寸。默认值为(30，30)。

⑥ maxSize：表示检测对象的最大尺寸。默认值为 None。

⑦ 返回一个包含检测到的对象的矩形框坐标的列表，每个矩形框由四个整数表示：(x，y，w，h)，其中(x，y)表示矩形框左上角的坐标，w 和 h 分别表示矩形框的宽度和高度。

(2)绘制矩形框

在 cv2 中，rectangle ()函数用于在图像上绘制矩形。其调用格式如下。

```
rectangle(img, pt1, pt2, color[, thickness[, lineType[, shift]]])
```

参数说明如下。

① img：输入的图像，将在其上绘制矩形。

② pt1：矩形的一个顶点坐标(x1，y1)。

③ pt2：矩形的对角顶点坐标(x2，y2)。

④ color：线条的颜色，以 BGR 格式表示。例如，蓝色为(255，0，0)，绿色为(0，255，0)，红色为(0，0，255)。

⑤ thickness：可选参数，表示线条的厚度。如果未指定，默认厚度为 1。

⑥ lineType：可选参数，表示线条的类型。可以是 8(8-连接线)、4(实线)或 CV_AA(抗锯齿线)。如果未指定，默认为 8-连接线。

⑦ shift：可选参数，用于存储区域直方图的小浮点数位数。默认值为 0。

9.3.7 实例

1. 图像变换示例

扫码看视频

本实例演示图像的显示和各种变换结果。

图像的显示和各种变换的操作步骤如下。

步骤 01 启动 PyCharm，打开名为 ch_12 的项目。然后在该项目中新建一个名为 example_1205.py 的 Python 文件。

步骤 02 在命令编辑窗口输入如下程序。

```
#! /usr/bin/env python3                    #定义头文件
# -* - coding: UTF-8 -* -                  #定义编码格式
import cv2

#读取图像
image = cv2. imread('sunflower. jpg', cv2. IMREAD_COLOR)

#设置缩放比例
scale_percent = 50
#计算新的尺寸
width = int(image. shape[1] *  scale_percent / 100)
height = int(image. shape[0] *  scale_percent / 100)
new_dimensions = (width, height)
#缩放图像
resized_image = cv2. resize(image, new_dimensions,
                            interpolation =cv2. INTER_LINEAR)


#获取图像中心点
center = (image. shape[1] // 2, image. shape[0] // 2)
#设置旋转角度和缩放比例
angle = 45
scale = 1. 0
#获取旋转矩阵
rotation_matrix = cv2. getRotationMatrix2D(center, angle, scale)
#旋转图像
rotated_image = cv2. warpAffine(image, rotation_matrix,
                                (image. shape[1], image. shape[0]))


#设置裁剪区域
crop_rect = (150, 150, 500, 500)
#裁剪图像
cropped_image = image[crop_rect[1]:crop_rect[1]+crop_rect[3],
                      crop_rect[0]:crop_rect[0]+crop_rect[2]]


#显示图像
cv2. imshow('Original Image', image)
cv2. imshow("Resized Image", resized_image)
cv2. imshow("Rotated Image", rotated_image)
cv2. imshow("Cropped Image", cropped_image)
#等待按键,然后关闭窗口
cv2. waitKey(0)
cv2. destroyAllWindows()
```

步骤 03 在命令行窗口顶部下拉列表中选择“当前文件”，单击“运行”按钮，运行结果如下。运行结果如图 9-8 所示。

图 9-8　图像变换结果

2. 图像对比度增强示例

本实例演示图像的对比度增强和直方图均衡化。

图像对比度增强示例的操作步骤如下。

扫码看视频

步骤 01 启动 Py Charm，打开名为 ch_ 12 的项目。然后在该项目中新建一个名为 example_ 1206. py 的 Python 文件。

步骤 02 在命令编辑窗口输入如下程序。

```
#! /usr/bin/env python3                              #定义头文件
# -* - coding: UTF-8 -* -                             #定义编码格式
import cv2

#读取图像
image = cv2. imread('tomatoes. jpg', cv2. IMREAD_COLOR)

#将图像转换为灰度图
gray_image = cv2. cvtColor(image, cv2. COLOR_BGR2GRAY)
#对灰度图进行直方图均衡化
equalized_image = cv2. equalizeHist(gray_image)
```

```
#显示原始图像和增强后的图像
cv2. imshow('Original Image', image)
cv2. imshow('Enhanced Image', equalized_image)


cv2. waitKey(0)
cv2. destroyAllWindows()
```

步骤 03 在命令行窗口顶部下拉列表中选择“当前文件”，单击“运行”按钮，运行结果如图 9-9 所示。

(a)　　(b)

图 9-9　对比度增强图像

任务评价

评价内容	评价标准	分值	自评	师评
OpenCV 库	能够使用 pip 下载安装 OpenCV 库	20		
	能够简述 OpenCV 中常用的图像变换包括哪些	20		
	能够简述 OpenCV 提供了哪些图像增强函数	20		
	能够简述常见的滤波方法有哪些	20		
	能够简述 OpenCV 提供了哪些图像分割方法	20		
总分		100		

项 目 小 结

本项目主要介绍了 Python 的三个开源库：Scikit-learn、TensorFlow 和 OpenCV 的相关知识。首先介绍了获取数据集和数据预处理；其次介绍了模型预测和模型构建；最后介绍了图像读取和显示、图像增强和图像识别等内容。通过本项目的学习，读者不仅掌握了 Scikit-learn、TensorFlow 和 OpenCV 的使用方法和核心功能，还通过实际案例加深了它们在实际应用中的理解和认识，能更好地利用这些库推动数据科学和人工智能领域的发展。

项 目 习 题

一、 简答题

1. Scikit-learn 库提供了哪些内置的数据集？
2. Scikit-learn 用哪些机器学习算法对数据集进行训练？
3. TensorFlow 库提供了哪些方式来构建深度学习模型？
4. TensorFlow 库模型训练涉及哪些阶段？
5. OpenCV 中常用的图像变换包括哪些？
6. OpenCV 提供了哪些图像分割方法？

二、 上机操作题

本题演示使用鸢尾花数据集提取特征，将数据划分为训练集和测试集。创建逻辑回归模型，进行模型训练、预测准确率、交叉验证分数等评估指标。最后绘制了散点图和拟合线，以可视化预测结果。

操作提示如下。

(1)新建一个 Python 文件。

(2)在命令编辑窗口输入如下程序。

```
#! /usr/bin/env python3                          #定义头文件
# -* - coding: UTF-8 -* -                        #定义编码格式
from sklearn import datasets
from sklearn. model_selection import train_test_split, cross_val_score
from sklearn. linear_model import LogisticRegression
from sklearn. metrics import accuracy_score
import joblib
import matplotlib. pyplot as plt
import numpy as np
#加载鸢尾花数据集
iris = datasets. load_iris()
X = iris. data[:, :2]  #只取前两个特征
y = (iris. target ! = 0) * 1  #将标签转换为二分类问题

#划分训练集和测试集
X_train, X_test, y_train, y_test = train_test_split(X, y, test_size =0. 2, random_state =42)

#创建逻辑回归模型
model = LogisticRegression()

#使用训练集训练模型
model. fit(X_train, y_train)
```

```
#使用测试集进行预测
y_pred = model. predict(X_test)

#计算准确率

accuracy = accuracy_score(y_test, y_pred)
print("精确率:", accuracy)

#使用交叉验证评估模型性能
cv_scores = cross_val_score(model, X, y, cv=2)
print("交叉验证分数:", cv_scores)
'''
#可视化分析
plt. figure('鸢尾花数据集逻辑回归模型可视化分析')
plt. scatter(X_test, y_test, color='gray')
plt. plot(X_test, y_pred, color='red', linewidth=2)
plt. show()
'''
#保存模型到文件
joblib. dump(model, 'iris_model. pkl')

#可视化
plt. scatter(X_test[y_test == 0][:, 0], X_test[y_test == 0][:, 1], color='red', label='0')
plt. scatter(X_test[y_test == 1][:, 0], X_test[y_test == 1][:, 1], color='blue', label='1')

#绘制决策边界
x1_min, x1_max = X[:, 0]. min(), X[:, 0]. max()
x2_min, x2_max = X[:, 1]. min(), X[:, 1]. max()
xx1, xx2 = np. meshgrid(np. linspace(x1_min, x1_max), np. linspace(x2_min, x2_max))
grid = np. c_[xx1. ravel(), xx2. ravel()]
probs = model. predict_proba(grid)[:, 1]. reshape(xx1. shape)
plt. contour(xx1, xx2, probs, levels=[0. 5], cmap="Greys", vmin=0, vmax=0. 6)

plt. legend()
plt. show()
```

(3)在命令行窗口顶部下拉列表中选择“当前文件”，单击“运行”按钮。运行结果如图 9-10 所示。

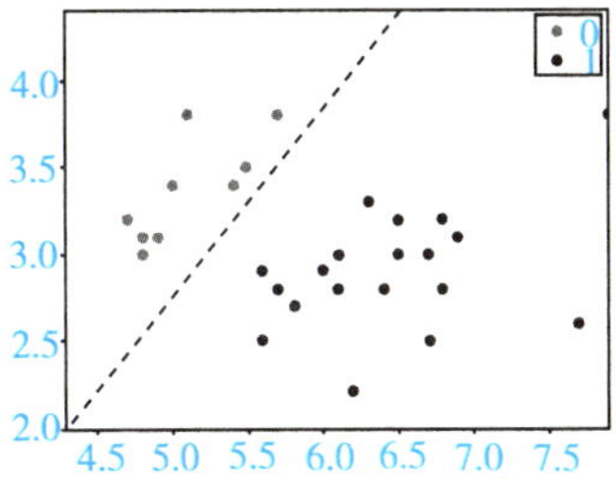

图 9-10　鸢尾花数据集逻辑回归模型可视化分析结果

参考文献

[1]郑东耀．大数据与人工智能[M]．北京：清华大学出版社，2022.

[2]梁龙男，金善泳．大数据及人工智能分析概论[M]．北京：经济管理出版社，2022.

[3]吕云翔，钟巧灵．大数据与人工智能技术(微课版)[M]．北京：清华大学出版社，2022.

[4]薛亚许．大数据与人工智能研究[M]．吉林：吉林大学出版社，2023.

[5]韩博．大数据与人工智能导论(微课版)[M]．北京：人民邮电出版社，2024.

[6]涂智，张明．大数据与人工智能技术基础[M]．北京：高等教育出版社，2024.